W0180699

Zusätzliche digitale Inhalte für Sie!

Zu diesem Buch stehen Ihnen kostenlos folgende digitale Inhalte zur Verfügung:

- @ Online-Version ✓
- Online-Training
- Aktualisierung im Internet
- Zusatz-Downloads

- App
- Digitale Lernkarten
- WissensCheck

Schalten Sie sich das Buch inklusive Mehrwert direkt frei.

Scannen Sie den QR-Code **oder** rufen Sie die Seite **www.nwb.de** auf. Geben Sie den Freischaltcode ein und folgen Sie dem Anmeldedialog. Fertig!

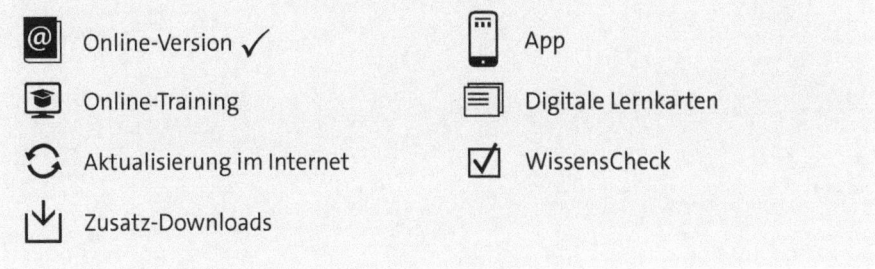

Ihr Freischaltcode

CFVM-RHWZ-FMSQ-JUCY-GNUC-OP

Zukunftsorientiertes Controlling

Praktische Umsetzung in
kleinen und mittleren Unternehmen

Von
Florian Fahr
und
Lucas Kock

1. Auflage

ISBN 978-3-482-**67721**-2
1. Auflage 2021

© NWB Verlag GmbH & Co. KG, Herne 2021
www.nwb.de

Satz: SATZ-ART Prepress & Publishing GmbH, Bochum
Druck: Elanders GmbH, Waiblingen

Pleonasmus – so nennt man ein rhetorisches Stilmittel, bei dem sich sinngleiche, aber verschiedene Wörter wiederholen. Eine runde Kugel, ein kaltes Eis, bunte Farben. Man könnte meinen, dass auch „zukunftsorientiertes Controlling" ein Pleonasmus ist. Hat nicht „Controlling" stets eine zukunftsgerichtete Funktion? Sicherlich. Das vorliegende Buch wird jedoch erklären, warum es sich beim zukunftsorientierten Controlling weder um einen weißen Schimmel noch um einen alten Hut handelt. Außerdem finden Sie Antworten auf die Fragen: „Was tut man, wenn die Motorkontrollleuchte leuchtet?", „In welchem Zusammenhang stehen Umsatz und Hochsprung?" und „Wie viel Bier wird im nächsten Sommer gekauft werden?".

Zunächst wollen wir auf die zentrale Frage „Was ist zukunftsorientiertes Controlling?" anhand eines Beispiels eingehen.

Früher war es üblich, mittels Straßenatlas zu navigieren. Informationen zu Staus wurden über den Verkehrsfunk abgerufen. Der Anteil der manuellen Arbeit in Form des Kartenlesens war hoch. Von Vorteil war es, während der Fahrt einen Beifahrer zu haben, der auf Änderungen der Verkehrssituation reagiert und die Route entsprechend anpasst. Heutzutage hat jedes Handy ein Navigationssystem. Es errechnet die geschätzte Ankunftszeit, berücksichtigt die Verkehrslage und aktualisiert sich laufend. Mit der Möglichkeit, die Anwendung auf individuelle Bedürfnisse einzustellen, ist es dem Atlas ebenfalls überlegen. Diese Entwicklung hat zahlreiche Vorteile:

1. Der Fahrer erhält entscheidungsrelevante Informationen, um das Auto zu steuern und sicher ans Ziel zu bringen. Dabei ist er nicht auf die dauerhafte Unterstützung durch einen Beifahrer angewiesen.

2. Basis der Steuerung ist der Blick in die Zukunft. Auf einen Stau wird im Voraus hingewiesen, so dass dieser umfahren werden kann.

3. Die Prognosen sind wissensbasiert. Staumeldungen werden umso genauer, je mehr Daten erfasst werden.

4. Der Mensch als Fahrer trifft die Entscheidung und wird lediglich unterstützt. Seine Erfahrung und Kompetenz sind entscheidend.

Dieses Beispiel verdeutlicht wesentliche Aspekte des zukunftsorientierten Controllings:

1. Neue technologische Entwicklungen schaffen neue Möglichkeiten. Insbesondere kleine und mittlere Unternehmen profitieren von der Automatisierung und der verbesserten Auswertung der Unternehmensdaten mithilfe von Algorithmen und Methoden des maschinellen Lernens, da sie im Gegensatz zu Großkonzernen im Regelfall keine eigene Controlling-Abteilung haben.

2. Kernstück des zukunftsorientierten Controllings, wie es in diesem Buch vorgestellt wird, ist die Automatisierte Auswertung eines umfangreichen Kennzahlensystems. Neben den IST-Daten werden hier auch Planungsdaten sowie Zukunftsszenarien in Form des Forecasts berücksichtigt. Auf diesem Wege wird eine maßnahmenorientierte Unternehmenssteuerung ermöglicht, die stets im Blick behält, ob alle Ziele erreicht werden können.

3. Durch die ergänzende Betrachtung potenzieller Zukunftsszenarien ermöglicht das zukunftsorientierte Controlling, Risiken in Form von Planabweichungen frühzeitig zu erkennen und dadurch proaktiv zu minimieren. Die gewonnene Zeit kann dafür genutzt werden, Entscheidungen besser zu durchdenken und passgenauere Maßnahmen zur Beeinflussung der Entwicklung zu entwickeln. Gleichzeitig kann zukunftsorientiertes Controlling helfen, unternehmensspezifisches Wissen über Prozesse und Wirkzusammenhänge zu erhalten und zu vermehren.

4. Der Mensch Und seine Erfahrungen werden in das System eingebunden. Zukunftsorientiertes Controlling hilft, zusätzliche Denkanstöße anzuregen, ersetzt jedoch nicht die bewusste und unabhängige Entscheidungsfindung.

Dieses Buch zeigt Ihnen auf, wie Sie Ihr Unternehmen zukunftsorientiert steuern können. Zu Beginn werden wir grundlegend in das Thema Reporting einführen. Mit der Budgetplanung wird dann im Anschluss auf eine erste zukunftsgerichtete Perspektive eingegangen, die wir später um eine zweite Perspektive in Form des Forecasts erweitern. Zukunftsorientiertes Controlling betrifft das ganze Unternehmen. Exemplarisch betrachten wir das Vertriebscontrolling, die Mitarbeiterzufriedenheit und das Nachhaltigkeitscontrolling, da diese besonders geeignet sind, um Frühwarnindikatoren für kleine und mittlere Unternehmen abzuleiten.

Umfangreiche Praxisbeispiele stellen dar, wie diese Transformation in kleinen und mittelständischen Unternehmen gelingen kann. Anhand der fiktiven Brauerei Mälzers, die sich als roter Faden durch die Kapitel zieht, wird der Prozess hin zum zukunftsorientierten

Controlling nachvollziehbar gemacht. Zu Illustrationszwecken sind alle Beispiele bewusst einfach gehalten. Aus diesem Grund wird im Buch auch die gewohnte männliche Sprachform verwendet. Dies soll niemanden benachteiligen oder diskriminieren.

Unser Buch setzt kein tiefes Fachwissen voraus. Ganz im Gegenteil: Dieses Buch richtet sich bewusst an Praktiker, die im Begriff sind, sich ihr eigenes zukunftsorientiertes Controlling aufzubauen oder die ihre Prozesse dahingehend transformieren möchten.

Zu allen Werkzeugen, die in diesem Buch vorgeschlagen werden, finden sich ausdrücklich ihre entsprechenden Mehrwerte, so dass Sie leicht entscheiden können, ob Ihr Unternehmen dieses Tools bedarf. Da der Fokus auf der praktischen, aber theoretisch fundierten Umsetzung liegt, findet sich am Ende jedes Kapitels eine Übersicht mit typischen Fallstricken, die Sie umgehen können.

An dieser Stelle ist es uns wichtig jenen zu danken, ohne die das Schreiben dieses Buches nicht möglich gewesen wäre. Zunächst möchten wir uns bei unserem Verlag insbesondere bei Kristina Arndt und Daniel Knorr für die vertrauensvolle Zusammenarbeit bedanken.

Herzlich danken wir Ludwig Andrione, Felix Assion, Werner Bachler, Ronald Braun, Florian Fleßner, Alexander Grad, René Gruber, Frank Gutzeit, Sydney Paltra, Markus Rid, Simon Schön und Alexander Volkmann für ihre wertvollen Hinweise, Anregungen und den konstruktiven Austausch. Sie alle haben das Buch entscheidend geprägt.

Auch bedanken wir uns bei Hannah Witting und Martin Sailer von B.A.U.M. Consult GmbH für die umfangreichen Beiträge, den Austausch und Einblick in die Beratungspraxis zum Thema Nachhaltigkeit. Dies trägt sehr zur Anschaulichkeit und Umsetzungsorientierung des Kapitels bei.

Ein besonderer Dank gilt Jennifer, Frederick und Felicitas für ihren Rückhalt und ihre Unterstützung.

Wir wünschen Ihnen viel Freude beim Lesen und beste Controlling-Ergebnisse in Ihrem Unternehmen!

Berlin und München, *Florian Fahr*
Juni 2020 *Lucas Kock*

INHALTSVERZEICHNIS

1. Reporting

Alfred Mälzers hat als Unternehmer eine erfolgreiche Brauerei aufgebaut. Nun möchte er seine Tochter Marlene stärker in die Unternehmensführung einbinden, da sie das Unternehmen langfristig übernehmen soll. Marlene merkt schnell, dass der unternehmerische Erfolg stark von ihrem Vater abhängt. Sie stellt sich daher die Frage, wie sie gezielt und strukturiert von ihm lernen kann.

Dazu fragt sie ihren Vater: „Wie verschaffst du dir einen Überblick über unser Unternehmen und für deine Entscheidungen?"

Ihr Vater zeigt ihr einen Bericht in Papierform und erklärt Marlene: „Vom Steuerberater erhalte ich – ungefähr am 20. Tag des Folgemonats – diese Betriebswirtschaftliche Auswertung (BWA). Die sagt mir, wie es um unsere Erlöse und Kosten steht. Zudem schaue ich jeden Tag auf meinen Kontostand und weiß ungefähr, was an Rechnungen rein- und rausgeht."

Marlene sieht sich die betriebswirtschaftliche Auswertung an und bemerkt: „Die Betriebswirtschaftliche Auswertung ermöglicht uns aber nur zu sehen, wie erfolgreich wir WAREN. Wir bekommen sie nur zeitverzögert und sie enthält auch keine Indikation für den zukünftigen Umsatz. Beim Kontostand ist es ähnlich, wobei du ihn um einen Blick in die nahe Zukunft ergänzt. Ist es nicht schwierig auf dieser Basis, frühzeitig auf negative Entwicklungen zu reagieren?"

Alfred Mälzers überlegt: „Dazu berücksichtige ich noch Folgendes: Ich weiß, ob die Produktion reibungslos läuft oder ob es Ausfälle, Stillstände etc. gab. Auch habe ich einen guten Überblick, welche neuen Kunden wir gewonnen haben. Beides beeinflusst das zukünftige Ergebnis. Diese Informationen sind aber leider nicht im Bericht enthalten."

Marlene nickt zustimmend: „Dann geht es doch darum, den Bericht so aufzubauen, dass er uns unterstützt, gute Entscheidungen zu treffen. Entsprechend sollte er alle Informationen enthalten, die du dafür brauchst. Das würde auch mir helfen, deine Entscheidungen besser nachzuvollziehen und von dir zu lernen."

Das ergibt für Alfred Mälzers sehr viel Sinn und erleichtert ihn auch ein wenig. Er hatte nämlich lange überlegt, wie er seine Erfahrung und auch sein „Bauchgefühl", das er über die vielen Jahre als Unternehmer entwickelt hat, an Marlene weitergeben könnte.

1.1 Was ist Reporting?

Die Aufgabe des Reportings ist, der Geschäftsführung bzw. den Entscheidern **steuerungsrelevante Informationen** über das Unternehmen **bereitzustellen**, auf deren Grundlage **rechtzeitig** die richtigen **Entscheidungen getroffen** werden können. Dabei handelt es sich im Regelfall um einen **analogen oder digitalen Bericht**, den die Geschäftsführung meistens monatlich, in manchen Fällen auch täglich, erhält und auf dessen Basis die Unternehmenssituation (mit-)bewertet werden kann. Gerade in kleinen und mittleren Unternehmen hat das Reporting in der Praxis oft nicht den Stellenwert, den es verdient, da Kosten und Aufwand überschätzt werden, während der Nutzen nicht gesehen wird. Durch die zunehmende **Digitalisierung** wird die Erhebung, Auswertung und Verknüpfung steuerungsrelevanter Informationen vereinfacht und beschleunigt. Damit sinken die Kosten. Ziel des Reportings ist, die wesentlichen Daten zu filtern und für die Unternehmensführung als Entscheidungshilfe aufzubereiten.

Das Reporting wird häufig von der Finanzabteilung erstellt, was nicht dazu führen sollte, dass es sich nur auf die Finanzen bezieht. Die **Finanzen** sind jedoch ein Pflicht-Bestandteil des Reportings, da sie den **Unternehmenserfolg** und die **Liquidität** messen. Um der Geschäftsführung zu helfen, bessere Entscheidungen zu treffen, sollten jedoch auch die **Wirkungszusammenhänge**, die zum Unternehmenserfolg führen, beschrieben werden.

BEISPIEL ▶ *Finanzen sind vergleichbar mit Schulnoten. Sie messen die Leistung eines Schülers, geben jedoch keine Aussage darüber, wie die Leistung zustande kam.*

Idealerweise enthält das Reporting neben der **Analyse der IST-Daten** auch eine Beschreibung der **bisherigen Entwicklung** sowie eine **Prognose** der zukünftigen Geschäftsentwicklung. Auf diesem Weg können die Fragen „Wo steht das Unternehmen aktuell?", „Wie hat sich das Unternehmen entwickelt?" und „Wie könnten zukünftige Entwicklungen des Unternehmens aussehen?" beantwortet werden. Eine weitere Dimension des Reportings ist die **Dokumentation** von Abweichungsanalysen.

Die inhaltliche Gestaltung ist ein wesentlicher Faktor für den Erfolg des Reportings.

Neben dem Inhalt trägt auch die Form, also das Design, zur Akzeptanz und Nutzung des Reporting bei. Das Design sollte den Entscheider oder die Entscheider unterstützen, die wesentlichen Informationen stets und schnell im Blick zu haben.

1.2 Was bringt Reporting für einen Mehrwert?

Im Zuge einer Kosten-Nutzen-Abwägung gehen wir zunächst auf die Mehrwerte des Reportings ein. So können die Kosten, die mit der Erstellung eines Reportings einhergehen, gut begründet werden.

1.2.1 Ziele erreichen

Jeden Morgen ist eine der ersten Tätigkeiten von Alfred Mälzers die Überprüfung seines Kontostands. Auf diesen Kontostand addiert er ausstehende Rechnungen, von denen er weiß, dass sie in Kürze überwiesen werden. Dann subtrahiert er zu zahlende Lieferantenrechnungen. So hat er jeden Tag einen Überblick über seine kurzfristige Liquidität und Zahlungsfähigkeit. Treten Engpässe auf, versucht er, mit Lieferanten das Zahlungsziel zu strecken, und hält die pünktliche Zahlung ausstehender Rechnungen sorgfältig nach.

In dem Beispiel hat Alfred Mälzers das **Ziel**, die kurzfristige Zahlungsfähigkeit sicherzustellen. Die Zielerreichung **kontrolliert** er mithilfe eines Berichts, dem Kontoauszug, welcher die IST-Daten darstellt. Ist das Ziel in Gefahr, ergreift er **Maßnahmen**. Dieser Prozess wird als Controlling-Regelkreis bezeichnet und hilft, die geplanten Ziele zu erreichen.

ABB. 1: Controlling-Regelkreis

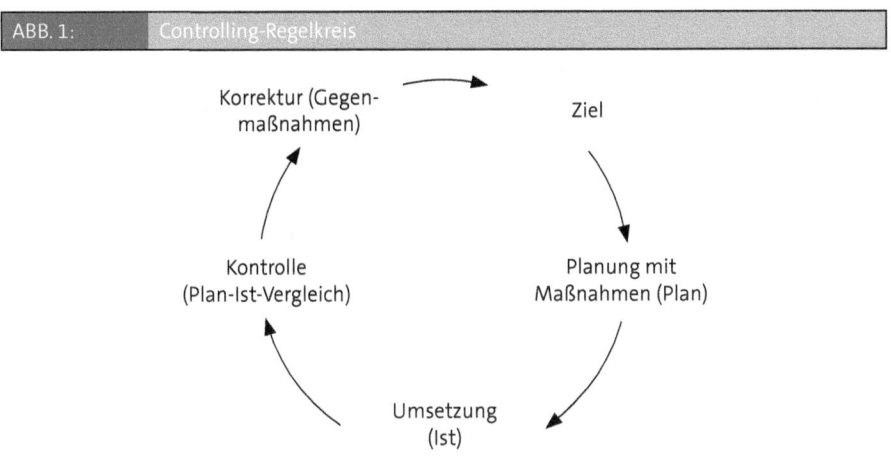

In dem Regelkreis ist das Reporting ein wichtiger Baustein. Es garantiert, dass die **gesetzten Ziele nachgehalten** werden. Der **Plan-Ist-Vergleich** mittels Reporting hilft, die Zielerreichung zu kontrollieren, und ermöglicht das Setzen von passgenauen Gegenmaßnahmen. Damit erhöht sich die Wahrscheinlichkeit, die Ziele zu erreichen.

Dieses Beispiel zeigt auf, dass Controlling als Funktion nicht nur von Controllern durchgeführt wird, sondern **Teil unternehmerischen Handelns** ist.

1.2.2 Entscheidungen verbessern

Am 20. Tag des Folgemonats erhält Alfred Mälzers von seinem Steuerberater die Betriebswirtschaftliche Auswertung mit Vorjahresvergleich. Anhand dieser stellt er fest, dass sein Jahresergebnis per April um 20 % unter dem Vorjahr liegt. Eine genauere Betrachtung ergibt, dass die Abweichung in den höheren Personalkosten begründet liegt. Das erklärt sich durch die Einstellung eines neuen Vertriebsmitarbeiters. Alfred Mälzers hatte gehofft, dass dieser kurzfristig den Umsatz steigert. Der Umsatz bewegt sich jedoch auf Vorjahresniveau. Die Gründe sind nicht eindeutig, da es keine abgestimmte Planung mit dem neuen Vertriebsmitarbeiter gab und Alfreds Einschätzung eher ein Bauchgefühl war. Gemeinsam mit dem Vertriebsmitarbeiter wird diese Zielplanung nachgeholt. Die Zielerreichung wird durch einen Plan-Ist-Vergleich kontrolliert und Alfred wird so in der Unternehmenssteuerung unterstützt. Davon profitiert auch der Vertriebsmitarbeiter. Er erhält eine klare Zielvorgabe und kann seine Aktivitäten danach ausrichten.

Reporting hat die Aufgabe, der Geschäftsführung **entscheidungsrelevante Informationen** zur Verfügung zu stellen. Bereits ein einfaches (Finanz-)Reporting in Form einer Betriebswirtschaftlichen Auswertung verbessert Entscheidungen.

BEISPIEL ► Eine Investition, deren Umsetzung nicht zeitkritisch ist, soll getätigt werden (Plan). Wenn nun die finanziellen Ergebnisse, sei es der Umsatz oder der Gewinn, deutlich hinter den Erwartungen zurückbleiben (Kontrolle/Plan-Ist-Vergleich), wird die Entscheidung kritisch hinterfragt und die Investition ggf. verschoben (Korrektur/Gegenmaßnahme).

Die Erwartungen ergeben sich durch den Vergleich mit dem Vorjahr, dem Plan oder einer Hochrechnung des Jahresergebnisses mithilfe eines Forecasts. Die letztgenannten Konzepte bieten sehr viele Vorteile und werden im Verlauf des Buches detailliert vorgestellt.

1.2.3 Wissen vergrößern

Marlene überlegt, welche Inhalte der Reporting-Bericht haben soll. Ihre Idee ist, in kleinen Schritten vorzugehen, daher startet sie mit den Kennzahlen, die bereits erfasst werden: Umsatz, Ergebnis und Liquidität. Mit ihrem Vater erarbeitet sie erste grobe Zielwerte. Im Folgemonat treten Abweichungen beim Umsatz auf. Als Ursache wird die verspätete Stellung einiger Rechnungen identifiziert, da der verantwortliche Mitarbeiter krank und die Kollegin nicht genau instruiert war.

Als Maßnahme werden für kritische Stellen genaue Tätigkeitsbeschreibungen und Vertretungsregeln erarbeitet, so dass im Krankheitsfall Klarheit besteht.

Bereits dieser erste sehr einfache Bericht bestätigt Alfred Mälzers und seine Tochter darin, das Reporting weiter auszubauen. Denn vorher war ihnen nicht bewusst, wie bedeutsam die Wissensdokumentation und -weitergabe sind.

Die Konzeption eines Reportings beinhaltet die **bewusste Auseinandersetzung** mit den Wirkungszusammenhängen eines Unternehmens, um die **steuerungsrelevanten Inhalte** zu filtern und im Reporting zu integrieren. Dieses Wissen wird über die Berichte gezielt weitergegeben und geteilt. Durch die **Dokumentation** entsteht ein Austausch, der ein Lernen bewirkt.

Neben Daten und Fakten beinhaltet das Reporting auch Erklärungen zu den wesentlichen Abweichungen. Idealerweise sind die erarbeiteten Gründe bereits um Vorschläge zu Gegenmaßnahmen ergänzt. Durch die Dokumentation der Gründe und die Erfolgsüberprüfung der Maßnahmen bleibt Wissen erhalten und kann vergrößert/multipliziert werden. Darunter verstehen wir, dass die Analyse zu einem späteren Zeitpunkt wieder genutzt werden kann, und auch, dass sie anderen Mitarbeitern zur Verfügung steht und sie so von dem Wissen profitieren. Wichtig ist, dass auf die Kommentierung an allen Stellen zurückgegriffen werden kann, wo sie benötigt wird.

1.2.4 Ausfallrisiken minimieren

Alfred Mälzers hat ein Gespräch mit dem Bankberater bezüglich der Finanzierung eines Investitionsvorhabens. Der Bankberater fragt nach dem Risikomanagement, insbesondere geht es ihm darum, was passiert, wenn Alfred Mälzers ausfällt. Neben den gerade überarbeiteten Konzepten zu Tätigkeitsbeschreibungen und Vertretungsregelungen schildert Alfred Mälzer, wie er und seine Tochter das Controlling-System eingeführt haben, in dem es auch um den Erhalt seines Wissens geht. Er erklärt dem Berater, wie der Analyseprozess erfolgt, Maßnahmen festgelegt und diese im Nachgang eruiert werden. Mit diesem Konzept wird sein unternehmerisches Wissen erhalten und seine Tochter befähigt, Entscheidungen auch ohne ihn zu treffen. Der Bankberater findet diesen Ansatz sehr schlüssig und klug durchdacht. Die Bewertung fällt entsprechend positiv aus.

Das Wissen um die Wirkungsweise des Unternehmens fließt bei Unternehmern in Form von Erfahrung in ihr „unternehmerisches Bauchgefühl". Dieses Wissen ist ein immaterieller Vermögenswert des Unternehmens, auch wenn er nicht wie ein Anlagegut in der Bilanz ausgewiesen wird. Selten wird dieses Wissen konsequent und systematisch festgehalten. Das ist ein Risiko, falls der Entscheidungsträger ausfällt oder das Unternehmen verlässt.

Da Reporting dazu beiträgt, das Wissen zu dokumentieren und zu transferieren, hilft es, Ausfallrisiken zu minimieren.

1.3 Was zeichnet gutes Reporting aus?

Gelingt es, das Reporting so zu gestalten, dass die Geschäftsführung bessere Entscheidungen treffen kann, trägt das Reporting dazu bei, den Unternehmenserfolg nachhaltig zu steigern. Um dieses Ziel zu erreichen, gibt es zahlreiche Faktoren, die zu beachten sind. Bevor wir uns anschauen, wie das Reporting konkret im Unternehmen umgesetzt werden kann, wollen wir die fünf wichtigsten dieser Faktoren genauer betrachten.

ABB. 2: Erfolgsfaktoren von Reporting

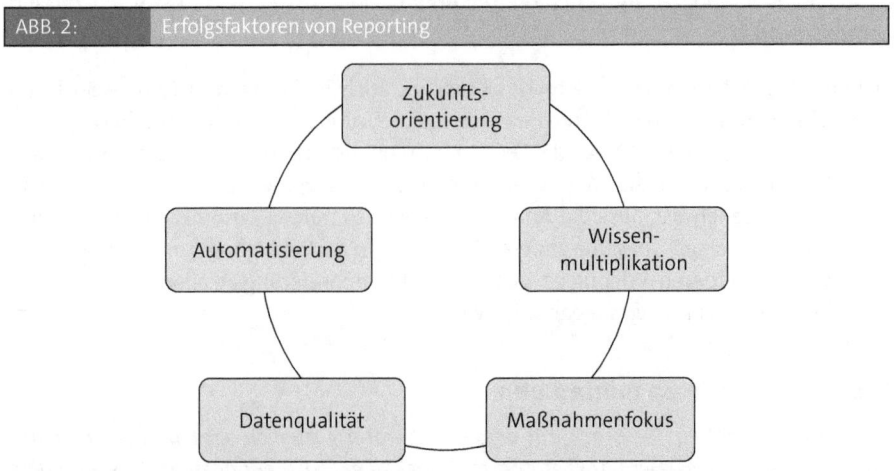

1.3.1 Zukunftsorientierung

Mehr Zeit schafft mehr Optionen und Handlungsmöglichkeiten. Daher sollte das Reporting, Informationen frühzeitig bereitstellen, um der Geschäftsführung möglichst viel Zeit zu geben, Handlungsmöglichkeiten zu sondieren und Entscheidungen zu treffen. Werden Entwicklungen (zu) spät erkannt, reduzieren sich die Handlungsmöglichkeiten oder es gibt im schlimmsten Fall keine mehr. Beinhaltet das Reporting Prognosen und Hochrechnungen, kann das Risiko einer Zielabweichung frühzeitig festgestellt werden. Gemäß dem Controlling-Regelkreis ermöglicht dies ein Gegensteuern hin zur Erreichung des ursprünglichen Ziels. Im Verlauf dieses Buchs werden wir dazu verschiedene Werkzeuge kennenlernen.

BEISPIEL *Das Navigationssystem im Auto weist frühzeitig auf einen Stau hin und schlägt sogar eine alternative Route vor. Der frühzeitige Hinweis ermöglicht, den Stau zu umfahren. Dies wird umso leichter je früher der Hinweis kommt. Ein Navigationssystem, das auf einen Stau hinweist, wenn das Auto bereits 15 Minuten steht, würde nichts bringen und wäre vermutlich sogar ärgerlich.*

Entsprechend dem Beispiel ist Zukunftsorientierung teilweise sogar die Voraussetzung, dass aus einer Information Nutzen gezogen werden kann. Das Fehlen dieser Zukunftsorientierung und der starke Fokus auf der Vergangenheit mag auch eine Ursache dafür sein, dass Berichte nicht in der Intensität gelesen werden, die nötig ist.

1.3.2 Wissensmultiplikation

Im Reporting werden entscheidungsrelevante Informationen komprimiert dargestellt, häufig in Zahlenform. Abweichungen werden analysiert und ggf. Gegenmaßnahmen eingeleitet. Dieses Wissen schafft einen Mehrwert für das Unternehmen und ist entsprechend im Reporting zu integrieren und verfügbar zu halten. Eine Dokumentation der Kommentierung in Form einer E-Mail empfiehlt sich entsprechend nicht, da die Gefahr groß ist, dass das Wissen verloren geht. Im Kontext Wissen geht es auch um eine einheitliche Definition der Reporting-Inhalte. Wenn nicht klar ist, was einzelne Zahlen aussagen, wie sie berechnet oder interpretiert werden, können sie nicht als Entscheidungsgrundlage genutzt werden. Entsprechend wichtig ist die Dokumentation und durchdachte Bereitstellung dieser Informationen. Eine Möglichkeit ist ein Kennzahlenhandbuch.

Marlene Mälzers ist sehr motiviert durch den ersten Erfolg, den sie mit dem Reporting erzielt haben. Die Vertretungsregelung hat bei der nächsten Krankheit gut funktioniert. Nun stellt sich Marlene die Frage, was passierte, wenn ihr Vater mal ausfiele. Wie sollte sie Entscheidungen treffen? Wie hat ihr Vater Entscheidungen getroffen? Dies beschäftigt sie sehr, denn sie ist sich ihrer Verantwortung um den Fortbestand des Familienunternehmens bewusst. Ihre Erkenntnis ist, dass getroffene Maßnahmen in jedem Fall im Reporting integriert werden müssen, damit das Wissen erhalten bleibt. So kann sie das Reporting nutzen, um auf die Erfahrungen ihres Vaters zurückzugreifen. Sie bespricht sich mit ihrem Vater.

1.3.3 Maßnahmenfokus

Basierend auf den Erkenntnissen aus dem Reporting sollen Entscheidungen getroffen und Maßnahmen gesetzt werden, um beispielsweise die Ziellücke, also die Differenz zwischen erwartetem Jahresergebnis und Zielsetzung, zu schließen. Wird die Nachverfolgung dieser Maßnahmen in Form das **Maßnahmencontrollings** in das Reporting integriert, wird die Umsetzung nachgehalten und Lerneffekte (was war gut, schlecht?) werden dokumentiert. Bei einem ähnlich gelagerten Problem kann so auf erprobte Lösungen zurückgegriffen werden. Ein Beispiel soll den Ansatz verdeutlichen.

BEISPIEL ▸ *Im Autocockpit (Reporting) leuchtet eine Fehlermeldung auf, die der Fahrer nicht kennt. Er nutzt das Bordhandbuch, um herauszufinden, was die Meldung bedeutet, und stellt fest, dass sie mit dem Motor zusammenhängt. Als Maßnahme wird ihm nahegelegt, direkt und in langsamem Tempo die nächste Werkstatt aufzusuchen.*

In diesem Beispiel wird auf eine Abweichung zum Planzustand hingewiesen und eine Maßnahme aufgezeigt. Auf diese Maßnahme können auch Nutzer zurückgreifen, die mit dieser Problemstellung noch nicht zu tun hatten. Analog könnten auch im Reporting Maßnahmenvorschläge hinterlegt werden. So kann beispielsweise auf eigene Erfahrungswerte und Hinweise aus Fachbüchern zurückgegriffen werden.

1.3.4 Datenqualität

Der Punkt Datenqualität ist eine Selbstverständlichkeit und Grundvoraussetzung für ein funktionierendes Reporting. Dennoch nennen wir ihn, da er besonders bei der Einführung oder Anpassung eines Reportingsystems zu beachten ist. Eine Möglichkeit, insbesondere bei den Finanzdaten die Datenqualität sicherzustellen, sind **Checks**.

KENNZAHLEN

*Die **Liquidität** i. S. des Kontostands ist ein Bestandteil des Reportings. Es soll aufgezeigt werden, woher der Geldzufluss in einer Periode kam und wohin das Geld abgeflossen ist. Diese Information kann über die Kapitalflussrechnung nach der indirekten Methode errechnet werden. Wichtig ist in dem Kontext der Datenqualität, dass die Finanzdaten dazu in sich konsistent sein müssen. Andernfalls ist das errechnete Ergebnis fehlerhaft. Diese Datenkonsistenz kann in Form von Checks überprüft werden.*

1.3.5 Automatisierung

Bei dem Aufbau eines Controllingsystems gilt es, Kosten und Nutzen gegeneinander abzuwägen. Ein großer Hebel, die Kosten zu senken, ist die Automatisierung.

Insbesondere beim Einlesen und ersten Validieren der Daten gibt es Möglichkeiten der Automatisierung. Der Automatisierungsgrad wird auch bedingt durch die Auswahl der Software. Die freigesetzte Zeit kann für wertschöpfende Tätigkeiten wie die Analyse und Gegensteuerung genutzt werden.

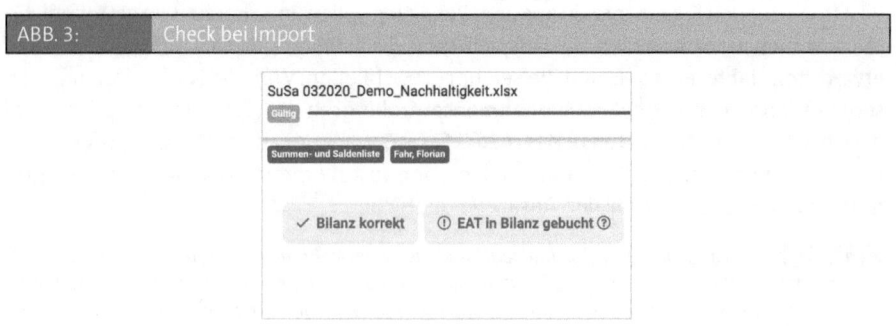

ABB. 3: Check bei Import

Da Finanzdaten immer ein Bestandteil des Reportings sind, müssen die Daten integriert werden. Eine häufig verwendete Methode ist, die Daten in ein Excel-Dokument einzutragen. Hierbei können Fehler entstehen. Mit speziellen Softwarelösungen kann der Import der Daten automatisiert werden, was gleichzeitig Übertragungsfehler minimiert, den Prozess beschleunigt und eine erste Validierung durchführt.

1.4 Was soll gemessen werden?

Nachdem wir geklärt haben, was Reporting ist, welche Mehrwerte es bietet und welche Charakteristika von Bedeutung sind, geht es nun um die praktische Umsetzung im Unternehmen. Der Prozess wird durch drei Fragen geprägt:

► Was soll gemessen werden?

► Wie soll es gemessen werden?

► Wie soll es dargestellt werden?

1.4.1 Kennzahlen als Messgrößen

Die bewährteste Möglichkeit, „Messgrößen" für den Unternehmenserfolg zu finden, ist die Betrachtung von Kennzahlen. Kennzahlen sind dazu da, Informationen zu strukturieren, zu verdichten und sie in einen Zusammenhang zu stellen. Damit ermöglichen sie,

► betriebliche Sachverhalte zu messen und zu beurteilen,

► komplexe Sachverhalte zu vereinfachen,

► kritische Erfolgsfaktoren zu benennen und

► Ziele zu definieren.

Kennzahlen gibt es in unterschiedlicher Komplexität. In einfacher Form, beispielsweise als Umsatz und Gewinn nach Steuern, sind sie jedoch i. d. R. sehr vertraut. Weitere Kennzahlen können eine Aussage über die Produktivität geben, indem sie Verhältnisse widergeben, z. B. Umsatz pro Mitarbeiter.

Kennzahlen werden bewertet, indem man sie mit dem Vorjahr, dem Budget oder einer Benchmark vergleicht. Im Kapitel „Frühwarnsystem" setzen wir uns ausführlich mit diesen verschiedenen Analyse-Methoden auseinander.

Kennzahlen können unterschieden werden in finanzielle und nicht finanzielle Kennzahlen.

Finanzielle Kennzahlen sind ein integraler Bestandteil des Reportings, denn ohne die Erfüllung von Liquiditäts- und Rentabilitätszielen ist ein Unternehmen nicht überlebensfähig.

Die Finanzdaten geben einen Überblick über zahlreiche für den Unternehmenserfolg relevante Faktoren. Denn in den Finanzen sind die Prozesse von Vertrieb (Umsatz) über Einkauf (Wareneinsatz, Working-Capital-Kennzahlen) und Verwaltung (Personal) bewertet und verdichtet.

Die Finanzdaten liegen in Form von Zahlen vor. Damit sind sie einfach verständlich und gut interpretierbar.

Zusätzlich sind sie – nicht nur aufgrund gesetzlicher Vorgaben – gut und zeitnah gepflegt und man erhält einfach Auswertungen/Berichte vom Steuerberater oder aus dem eigenen Buchhaltungssystem. Dadurch ist der Aufwand, diese Daten für das Reporting zu erfassen, gering.

Finanzielle Kennzahlen können die Ursachen der Ergebnisse nicht ausreichend beschreiben und ihr Zukunftsbezug ist eingeschränkt. Daher sollten für ein ganzheitliches Unternehmensbild auch **nicht-finanzielle Kennzahlen** betrachtet werden. Beispiele für nicht-finanzielle Kennzahlen sind Mitarbeiter- und Kundenzufriedenheit oder Reklamationsquoten.

In den Kapiteln „Vertriebscontrolling", „Mitarbeiterzufriedenheit" und „Nachhaltigkeitscontrolling" führen wir diverse weitere Beispiel an.

1.4.2 Auswahl der Kennzahlen

Bei der Auswahl der Inhalte ist darauf zu achten, dass die Erfolgsfaktoren des Unternehmens bestmöglich beschrieben werden. Dazu werden **unternehmensindividuelle Schlüsselkennzahlen** definiert, die einen besonders großen Einfluss auf den Erfolg haben. Dieses Ziel verdeutlicht, dass es keine pauschale Lösung im Sinne einer Blaupause für die Erstellung eines Reportings gibt. Vielmehr ist es ein individueller Prozess, wobei Finanzdaten immer ein Bestandteil des Reportings sind.

Alfred und Marlene setzten sich zum Ziel, die Schlüsselkennzahlen der Brauerei zu bestimmen.

Im ersten Schritt überlegen sie, was Schlüsselkennzahlen auszeichnet. Sie kommen zu dem Schluss, dass diese nicht nur den Unternehmenserfolg messen, sondern auch möglichst frühzeitig auf negative Tendenzen hinweisen sollten.

Die Finanzdaten beschreiben, z. B. in Form von Ergebnis, Rendite und Liquidität, wie erfolg-reich das Unternehmen gewirtschaftet hat. Allerdings erhält man die Daten immer erst nachgelagert, weshalb sie nicht als Frühwarnindikatoren genutzt werden können.

Entsprechend, so ist die Überlegung von Alfred und Marlene, sind die vorgelagerten Schrit-te zu beschreiben, die zum Erfolg geführt haben. Ihnen fällt auf, dass es nun etwas komple-xer wird, denn was genau sind die Erfolgsfaktoren? Alfred und Marlene identifizieren dazu die Prozesse wie Einkauf, Produktion, Qualitätssicherung, Produktentwicklung und Vertrieb. Die Prozessperspektive ergänzen sie um Mitarbeiter, Kunden und Lieferanten, da diese Be-ziehungen ebenfalls wesentlich sind für den Unternehmenserfolg. Nachdem sie auch diese Punkte aufgenommen haben, wollen die beiden die Komplexität nicht weiter steigern.

Nachdem sie die Stellschrauben für den Unternehmenserfolg kennen, suchen Alfred und Marlene nach Kennzahlen, die den Erfolg beschreiben. Sie sammeln diese in Form eines Brainstormings. Für den Einkauf fällt ihnen die Liefertermintreue und die Reklamationsquo-te ein. In der Produktion sind es beispielsweise der Ausschuss und die Auslastung. Um auf bestehende Erfahrungen zurückzugreifen, ergänzen sie die erste Liste nach einer kurzen Re-cherche um weitere etablierte Kennzahlen. Das Resultat ist eine ziemlich lange Liste an Kennzahlen. Alfred: „Spitze! Diese Kennzahlenliste müssen wir nun noch kürzen und dann haben wir die Schlüsselkennzahlen der Brauerei!"

Der nächste Schritt ist die **Verdichtung der Kennzahlenliste** zu den Schlüsselkennzahlen, das sind die wichtigsten Kennzahlen des Unternehmens, die auch als KPI (Key Perfomance Indicator) bezeichnet werden. Im Reporting geht es um entscheidungsrelevante Informa-tionen. Da das Handeln der Geschäftsführung von der Erreichung der strategischen Ziele mitbestimmt wird, muss die Auswahl der Kennzahlen auf die Strategie abgestimmt sein. Außerdem werden Kennzahlen gestrichen, die sich nur sehr schwer beeinflussen lassen, da diese nicht zur Unternehmenssteuerung genutzt werden können.

Alfred und Marlene machen sich nun an die Kürzung der Liste. Zwar hat Alfred keine formal abgeleitete Strategie für die Brauerei erarbeitet, folgende Punkte sind ihm aber wichtig und Leitfaden für seine Entscheidungen:

▶ *Zufriedene Kunden*

▶ *Finanzielle Unabhängigkeit von Banken*

▶ *Beitrag zu einer besseren Umwelt leisten*

Auf dieser Basis verdichten sie die Kennzahlen. Abschließend überlegen Alfred und Marlene, ob es sinnvoll ist, einen Wirkungszusammenhang zwischen den Kennzahlen herzustellen und wie dies funktionieren könnte.

Ein Beispiel für die Darstellung des Wirkungszusammenhangs von Kennzahlen ist der ROI-Baum nach Du Pont.

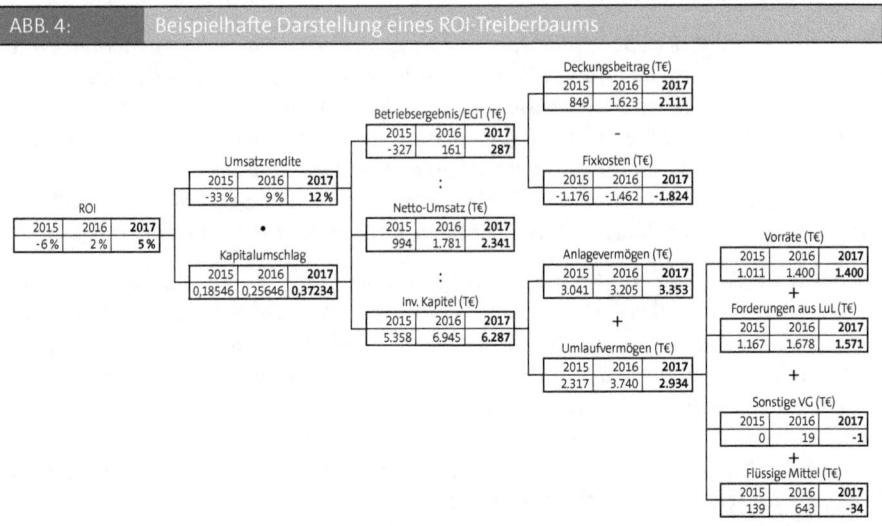

ABB. 4: Beispielhafte Darstellung eines ROI-Treiberbaums

Auf Basis der Spitzenkennzahl ROI (Return on Investment) wird beschrieben, durch welche Kennzahlen der ROI beeinflusst wird. Fällt die Spitzenkennzahl schlechter aus als erwartet, kann durch die Darstellung die Ursache leichter identifiziert werden.

Alfred und Marlene ordnen die Kennzahlen nach den Wirkungszusammenhängen. Als Ergebnis sind für sie das Betriebsergebnis und die Liquidität wesentliche finanzielle Kennzahlen. Kennzahlen wie Auftragseingang und die Anzahl der Neuprodukte als Gradmesser für den Innovationsgrad sollen Ursachen und negative Entwicklungen frühzeitig aufzeigen. Gut finden sie an diesem Prozess, dass deutlich wird, welche Kennzahlen frühzeitig darauf hinweisen, dass der Finanzkennzahl eine Verschlechterung droht. Da sie insgesamt nur acht Kennzahlen haben, verzichten sie auf die Darstellung in Form eines Treiberbaums.

Zu beachten ist im späteren Verlauf, dass die Kennzahlen je nach Empfänger variieren können. Der Geschäftsführer hat einen anderen Fokus als der Produktions- oder Vertriebsleiter, ggf. auch andere Berechtigungen. Dennoch sind alle Kennzahlen aufeinander abgestimmt.

Die Kennzahlen sind ausgewählt. In einem letzten Schritt ist zu überprüfen, ob die benötigten Daten für die Kennzahlen mit einem vertretbaren Aufwand erfasst werden können. Dazu ist zu definieren:

► wie die Kennzahlen berechnet werden (Formel) und

► woher die Kennzahlen kommen (Quelle).

Dieser Schritt ist sehr wichtig und es ist durchaus möglich, dass ausgewählte Kennzahlen gestrichen werden müssen, da eine Erfassung nicht möglich oder zu zeitintensiv/teuer ist.

Zum Abschluss fassen wir den Prozess nochmals grafisch zusammen. Der Prozess beschreibt ein sehr ausführliches und methodisches Vorgehen. Natürlich kann auch pragmatisch mit bestehenden Kennzahlen begonnen werden, die in einem iterativen Prozess angepasst werden.

ABB. 5: Prozessschritte bei der Auswahl der Kennzahlen

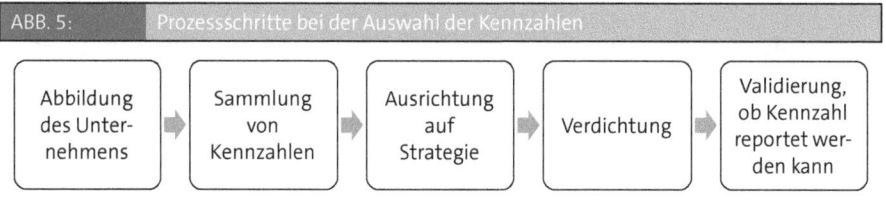

1.5 Wie soll es gemessen werden?

1.5.1 Kennzahlenhandbuch

Nachdem die Kennzahlen ausgewählt sind, ist es förderlich, diese genau zu beschreiben und die Informationen in einem Kennzahlenhandbuch zusammenzufassen.

Das Kennzahlenhandbuch kann beispielsweise folgende Fragen beantworten:

► Was bedeutet die Kennzahl?

► Woher kommen die Daten zur Berechnung?

► Wie errechnet sich die Kennzahl?

► Wie wird die Kennzahl bewertet?

Diese Informationen können mit dem Benutzerhandbuch eines Autos oder eines anderen Gebrauchsgegenstands verglichen werden. In der Regel wird es nicht benötigt, hat man aber eine Fehlermeldung, dann sind die Informationen sehr wichtig. Analog sind auch die

Informationen des Kennzahlenhandbuchs einzuordnen. Diese müssen also schnell verfügbar sein, aber nur auf einer tieferen Detailebene, die der Nutzer bei Bedarf aufsucht.

Nicht weit verbreitet, aber sehr sinnvoll ist die Verknüpfung mit ersten **Maßnahmenvorschlägen.** Hier können allgemeine Vorschläge aus der Literatur oder bereits erfolgreich umgesetzte Maßnahmen gesammelt werden.

Alfred Mälzers betrachtet das monatliche Reporting. Eine Kennzahl fällt ihm auf: Vorratsreichweite. Er weiß nicht genau, was diese aussagt und wie sie interpretiert werden sollte. In den Details zur Kennzahl werden ihm nicht nur diese Fragen beantwortet, sondern auch die Berechnung dargestellt und erste Maßnahmen vorgeschlagen. Beim Lesen fallen ihm dazu zwei weitere Maßnahmen ein, die er vor Jahren durchgeführt hat, um die Kennzahl zu verbessern. Darauf meint er zu Marlene: „Zu der Kennzahl Vorratsreichweite habe ich vor Jahren zwei Maßnahmen erfolgreich durchgeführt. Diese fehlen bei den Vorschlägen. Können wir diese ergänzen? Denn sollte ich mal ausfallen, helfen Dir diese und ich hätte ein besseres Gefühl."

ABB. 6: Beispielhafte Detailebene der Kennzahl

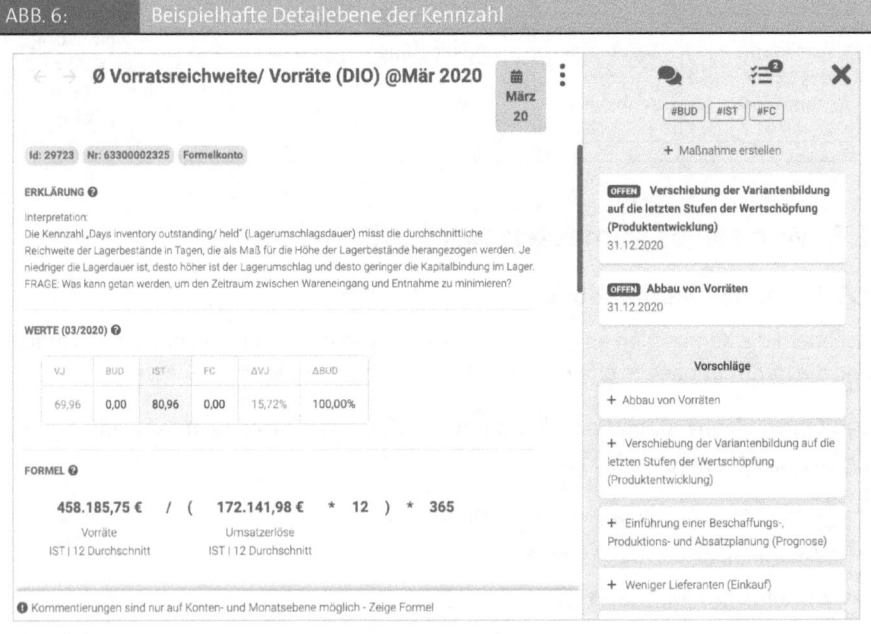

1.5.1.1 Berechnung

Für die Interpretation einer Kennzahl ist es wichtig zu wissen, wie sie berechnet wird. Beispielsweise kann die Rendite von der Gesamtleistung ausgehen (s. Grafik) oder vom Umsatz. Mit Ergebnis kann das operative Ergebnis gemeint sein (EBIT), das Ergebnis vor Steuer (EBT) oder nach Steuer (EAT).

BEISPIEL ▶ *für Formel Gesamtleistungsrendite*

$$\frac{EAT\ (Ergebnis\ nach\ Steuern)}{Gesamtleistung} = \frac{8.034,26\ €}{217.927,41\ €}$$

Selbst bei einfachen Kennzahlen wie „Anzahl der Mitarbeiter" ist zu klären, wer z. B. als Mitarbeiter zählt (Azubis, Mitarbeiter in Elternzeit etc.) und ob zwischen Voll- und Teilzeit unterschieden wird.

Ebenso ist festzuhalten, welche Einheit die Kennzahl hat und wie sie zu interpretieren ist.

1.5.1.2 Vergleichsgröße und -zeitraum

Bei der Vergleichsgröße wird festgelegt, mit welcher Dimension der IST-Wert verglichen wird. Üblicherweise gibt es folgende Möglichkeiten:

► Budget

► Forecast

► Vorjahr

► Externe Benchmark

► Interne Benchmark

Zudem ist der zu betrachtende Zeitraum zu bestimmen. Übliche Formate sind:

► Monat

► Kumuliertes Ergebnis (Zeitraum)

► Jahr

► Letzte zwölf Monate

Werden spezielle Visualisierungs- oder Controlling-Software-Lösungen genutzt, kann i. d. R. sowohl der Vergleichswert als auch die Periode vom Berichtsempfänger gewechselt werden.

1.5.1.3 Datenquellen

Im nächsten Schritt gilt es festzulegen, aus welcher Quelle die Daten erhoben werden. Klassische Quellen sind:

► Finanzbuchhaltung

► ERP (Enterprise-Resource-Planning)

► CRM (Customer-Relationship-Management)

► ...

Die Liste lässt sich beliebig verlängern und ist unternehmensindividuell zu betrachten.

Wichtig ist auch zu bestimmen, wer für die „Lieferung" der Kennzahl verantwortlich ist.

Als Quelle für die **Finanzdaten** bietet sich die **Summen- und Saldenliste** an. Diese ist ein Standardexport aus allen Buchhaltungssystemen und enthält alle nötigen Informationen für eine Gewinn- und Verlustrechnung, Bilanz und Cashflowrechnung. Diese Informationen sind auf Kontenebene dargestellt. Dieser Detailgrad reicht i. d. R. aus. Bei Daten, die einmal im Monat aktualisiert werden, wie den Finanzdaten ist eine Direktanbindung, die häufig kostenintensiv ist, nicht erforderlich.

Bei Daten, die täglich oder sogar live benötigt werden, ist über eine Direktanbindung nachzudenken. So kann es sinnvoll sein, beispielsweise Ausfallzeiten, Reklamationsquoten, Umsatz, Auftragsbestand oder Liquidität täglich zu betrachten.

Im Verlauf des Buches werden wir einige wichtige Kennzahlen nach folgender Struktur darstellen, die einem stark vereinfachten Kennzahlenhandbuch entspricht.

KENNZAHLEN

Eigenkapitalrentabilität:
Die Kennzahl gibt die **Verzinsung** des von den **Eigenkapitalgebern** eingesetzten **Kapitals** an.

$$\frac{\text{Gewinn}}{\text{Eigenkapital}}$$

Die Einheit der Kennzahl ist % und der Wert **sollte möglichst hoch** sein.

Ein Beurteilung der Kennzahl ist stark branchenabhängig. Anlagenintensive Unternehmen haben tendenziell eine geringere Eigenkapitalrendite als arbeitsintensive Unternehmen.

Eine Verbesserung der Eigenkapitalquote kann durch die Aufnahme von Fremdkapital erfolgen. Dieser Hebeleffekt durch Fremdkapital nennt sich Leverage

---

Fassen wir die bisherigen Schritte zusammen. Wir haben die Kennzahlen ausgewählt, die – ausgerichtet auf die Strategie – die Ergebnistreiber des Unternehmens beschreiben. Damit sind die Informationen für die Geschäftsführung entscheidungsrelevant. Ein weiterer Punkt, den das Reporting erfüllen soll, ist, die Informationen rechtzeitig bereitzustellen. Das heißt, die Daten müssen aktuell sein.

1.5.2 Datenaktualität

Marlene erhielt die Daten aus der Buchhaltung zunächst um den 25. des Folgemonats. Sie besprach, was getan werden kann, um die Abgabe vorzuziehen. Ein Hauptgrund war, dass gar nicht das Ziel bestand, die Zahlen möglichst schnell fertigzustellen. Nun erhält Marlene die Zahlen am 10. des Folgemonats, was die Entscheidungsrelevanz des Reportings erhöht.

Damit ist die zeitnahe Bereitstellung und Weiterverarbeitung der Daten eine Voraussetzung dafür, dass das Reporting seinen Zweck erfüllt. Erfolgt diese mit großem Zeitversatz, mindert das den Wert des Reportings erheblich, da Zeit verloren geht.

1.5.3 Datenqualität

Marlene überprüft die Krankenstandsquote. Dabei fällt ihr auf, dass diese im April ziemlich hoch ist. Sie geht dem nach und stellt fest, dass ein Mitarbeiter im März drei Wochen krank war und sein letzter Krankentag der 1.4. war. Nun wurden die drei Wochen des März dem April zugerechnet. Durch eine Änderung der Einstellungen kann Marlene den Fehler beheben.

Neben der Aktualität ist auch die Qualität der Daten Grundvoraussetzung für ein aussagekräftiges Reporting. In Form von Checks lässt sich diese kontrollieren und erhöhen.

Eine Plausibilisierung der Daten aufgrund der unternehmerischen Erfahrung ist ebenfalls sehr wichtig. Hierzu gehört beispielsweise die Überprüfung folgender Punkte:

► Gibt es auffällige Kontowerte? Sind Werte besonders hoch? Sind Konten, die üblicherweise bebucht werden, nicht bebucht?

► Entsprechen Umsatz und Ergebnis der Erwartung?

► Finden sich getätigte Investitionen im Cashflow aus Investitionstätigkeit wieder?

► Finden sich Finanzierungen aus Eigen- oder Fremdkapital im Cashflow aus Finanzierungstätigkeit wieder?

► Gibt es starke Abweichungen zu Planwerten?

Die Fragen der groben Plausibilität können durch ein Lesen der aggregierten Gewinn- und Verlustrechnung sowie der Cashflowrechnung beantwortet werden. Neben der Monats- und Zeitraumansicht hilft auch die Betrachtung der Zeitreihe. Sind die Daten in einer Software gepflegt, können die Ansichten schnell gewechselt werden.

1.6 Auf welche Art sollen die Daten präsentiert werden?

Die richtige Präsentation der Daten hat eine hohe Bedeutung für den Erfolg des Reportings.

Marlene hatte einen Termin mit ihrem Steuerberater und fragte ihn, welche Finanzberichte er als Standard anbietet. Marlene war über die Vielzahl überrascht und nahm sie mit in das Gespräch mit ihrem Vater. Alfred Mälzers meinte dazu: „Ja, ich erinnere mich daran, dass mir unser Steuerberater diese mal gezeigt hat. Ich habe sie mir am Anfang auch alle schicken lassen. Nur war es mir zu viel an Information, die ich in dem Moment nicht brauchte. Daher habe ich mich nicht weiter damit auseinandergesetzt und irgendwann gebeten, das Paket zu verkleinern." Marlene erwidert: „Mh, da müssen wir eine Lösung finden, denn die Informationen sind schon wichtig, nur nicht immer. Daher würde ich sie auch gerne schnell anschauen können und auch nicht immer auf unseren Steuerberater angewiesen sein."

Die Präsentation wird sowohl durch die **Struktur des Berichts** als auch durch das **Design** in Form von Layout, Tabellen und Grafiken beeinflusst.

Üblicherweise werden die Informationen in einem sog. **Cockpit** verdichtet, das durch **Detailberichte** ergänzt wird.

1.6.1 Struktur

Ein **Cockpit** sollte einen einfachen Überblick über die Lage des Unternehmens geben, d. h., dem Empfänger schnell die für ihn entscheidungsrelevanten Informationen bereitstellen. Dazu haben wir diejenigen Kennzahlen selektiert, die die Ursachen des Unternehmenserfolgs am besten beschreiben.

Tiefergehende Informationen sollten in **Detailberichten** zur Verfügung gestellt werden. Diese sind für die weitergehende Analyse nötig, wenn im Cockpit Abweichungen ersichtlich werden.

Zu viele Information schrecken leicht ab und lenken vom Wesentlichen ab. Aus diesem Grund haben wir Informationen zu Kennzahlen verdichtet und diese in einem Selektionsprozess weiter reduziert.

Durch die Struktur sollte erreicht werden, dass Information genau dann gegeben werden, wenn sie gebraucht werden. Das gelingt durch einen klugen Aufbau des Cockpits und der Verlinkung zu den Detailberichten.

Diese Möglichkeit ist natürlich vor allem bei Softwarelösungen gegeben. Bei ausgedruckten Berichten ist die Übersichtlichkeit in Form des Inhaltsverzeichnisses zu gewährleisten.

1.6.2 Cockpit

Ein Cockpit ist die erste Seite in einem gedruckten Bericht oder einer Software. Das Cockpit dient dazu, den Empfänger schnell und aussagekräftig über die wichtigsten Erfolgsfaktoren zu informieren.

Das gelingt durch die Darstellung der relevanten Kennzahlen. Farben ermöglichen es, gezielt auf kritische Abweichungen hinzuweisen, z. B. durch die Signalfarbe rot.

Die Ausgestaltung eines Cockpits ist wie die Auswahl der steuerungsrelevanten Kennzahlen unternehmensindividuell.

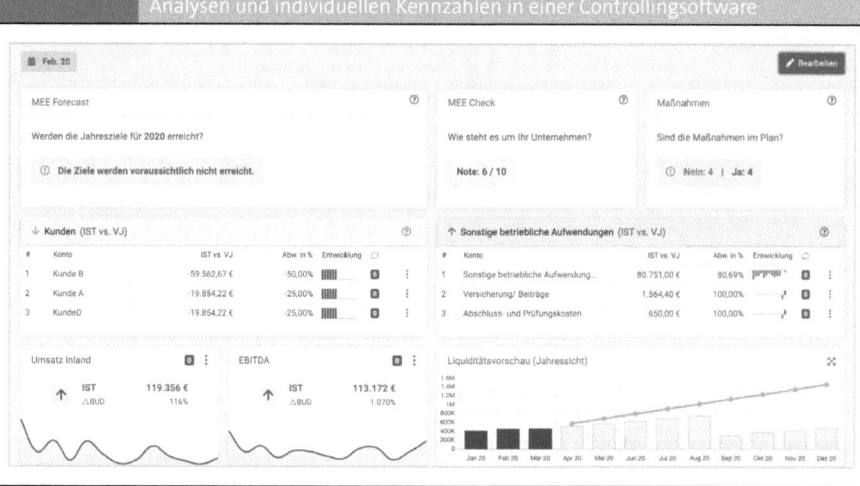

ABB. 7:   Cockpit mit Hochrechnung, Frühwarnsystem, Maßnahmen, automatischen Analysen und individuellen Kennzahlen in einer Controllingsoftware

Die obige Grafik stellt ein beispielhaftes Cockpit dar, das folgende Elemente enthält:

► eine Hochrechnung des Jahresergebnisses,

► ein Frühwarnsystem und

► den Überblick über die Maßnahmen.

Weitere Bestandteile sind

► automatisierte Abweichungsanalysen in Form der Top- und Flop-Konten,

► empfängerindividuelle Kennzahlen (Umsatz und EBITDA) und

► Liquiditätsvorschau.

Um sorgsam mit der Zeit des Lesers umzugehen, gilt es, ihm Informationen erst zu geben, wenn er sie benötigt.

BEISPIEL ► *Dieses Prinzip wird auch im Autocockpit umgesetzt. Eine Warnleuchte wird dann aktiv, wenn die Aufmerksamkeit des Fahrers benötigt wird. In der restlichen Zeit ist die Warnleuchte passiv und lenkt so nicht von anderen wichtigen Informationen ab.*

In Excel ist die Möglichkeit von Verknüpfungen ebenfalls möglich. Eine beispielhafte Darstellung eines Cockpits in Excel ist in der folgenden Grafik dargestellt.

ABB. 8: Cockpit in Excel, Kennzahlen IST und Forecast mit Abweichung zum Plan und im Zeitverlauf

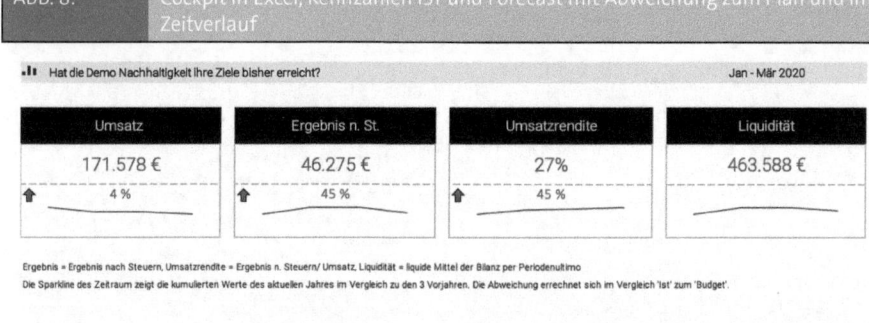

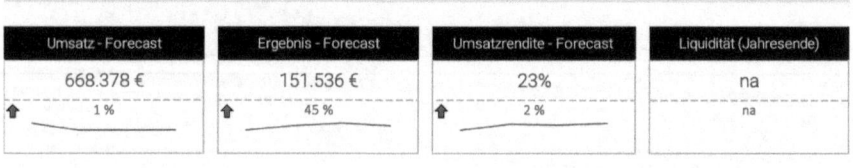

Es gibt nicht das eine korrekte Cockpit mit den immer gleichen Inhalten und Darstellungen. Vielmehr wird ein gutes Reporting an die **Bedürfnisse des Empfängers** angepasst oder der Empfänger passt es eigenständig an.

Je nach Empfänger sind andere Kennzahlen von Interesse. Den Geschäftsführer interessiert beispielsweise vor allem der Überblick über Umsatz, Gewinn und Liquidität. Der Vertriebsleiter ist eher am Umsatz und vielleicht der Anzahl angesprochener Kontakte interessiert. Der Produktionsleiter steuert nach der Auslastungsquote und dem Ausschuss.

Zudem ändern sich die relevanten Kennzahlen zum Teil im Zeitverlauf.

Ein Beispiel hierfür ist das **Kostencontrolling.** Die Erfahrung zeigt, dass manchen Kosten eine gewisse Zeit zu beobachten sind und an Bedeutung verlieren, wenn die Maßnahmen gegriffen haben und sich das Kostenniveau auf Planniveau eingependelt hat.

Alfred Mälzers fällt bei der Analyse des Monatsreportings auf, dass die Werbekosten deutlich über dem Vorjahr liegen. Der Grund liegt, wie sich herausstellt, in höheren Kosten für eine Kampagne als veranschlagt. Daraufhin stimmt er sich mit Marlene ab und sie entscheiden, das Budget für andere Aktionen zu reduzieren. Um zu überprüfen, ob die Maßnahmen greifen, nehmen sie die Werbekosten als Kennzahl im Cockpit auf. Drei Monate später sind die Werbekosten wieder auf dem gewünschten Niveau und sie entfernen die Kennzahl aus dem Cockpit. Alfred Mälzers findet dieses Vorgehen sehr bereichernd: „Früher ging es mir oft so, dass ich – weil so viel zu tun war – manche Maßnahmen nicht nachverfolgt habe. Da habe ich doch viel Potenzial nicht genutzt!"

Es sollten nur die relevanten Kennzahlen sichtbar sein. Wird eine Maßnahme gesetzt, sollte die dazugehörige Kennzahl im Cockpit erscheinen bzw. die Umsetzung der Maßnahmen transparent dargestellt werden. Dabei ist entscheidend, dass Kennzahlen wieder aus dem Cockpit entfernt werden, sobald das Interesse an ihnen gesunken ist, da das Reporting ansonsten schnell unübersichtlich wird.

1.6.3 Detailberichte

Zielsetzung des Cockpits ist es, einen Überblick zu vermitteln und aufzuzeigen, wo es Abweichungen gibt. Weitergehende Informationen werden in Form von Detailberichten bereitgestellt. Die Finanzberichte, vor allem die Gewinn- und Verlustrechnung, sind für alle Unternehmen anwendbar und sollten in jedem Fall verwendet werden. Weitere Berichte sind unternehmensindividuell zu gestalten. Im Sinne einer Ursachendarstellung sollten die Berichte tiefergehende Informationen zu den Ergebnistreibern liefern.

ABB. 9: Darstellung einer Gewinn-und Verlustrechnung mit Drill-Down

Konto	Verlauf	VJ	BUD	IST	VJ%	BUD%	🗩
⌄ Gewinn- und Verlustrechnung							🛈
⌄ Umsatzerlöse	▁▌▌▁▐▌▁▌	117.206 €	316.667 €	217.927 €	86%	-31%	🗨
⌄ Umsatz	▁▌▌▁▐▌▁▌	116.656 €	316.121 €	217.675 €	87%	-31%	🗨
44000 Umsatzerlöse Inland	▁▌▁▁▁▁	555 €	3.519 €	232 €	-58%	-93%	🛈
42000 Umsatzerlöse Ausland EU	▁▌▌▁▐▌▁▌	116.100 €	312.617 €	217.442 €	87%	-30%	🗨
48410 Umsatzerlöse Sonstiges Ausland	---------	0 €	0 €	0 €	0%	0%	🛈
47320 Kundenskonto	⊤------	0 €	-15 €	0 €	0%	100%	🛈

HINWEIS

Die Darstellung der Gewinn- und Verlustrechnung ist in obiger Grafik beispielhaft dargestellt. Eine Sparkline, wie sie sich beispielsweise mithilfe von Excel über den Reiter „Einfügen" erstellen lässt, zeigt den Verlauf der letzten zwölf Monate. Diese ermöglicht eine schnelle visuelle Einordnung, ob es sich bei dem Monatsergebnis um einen Ausreißer handelt. Das Monatsergebnis ist in der grau hinterlegten Spalte und wird so optisch hervorgehoben. Das Vorjahr ist in grauer Schrift dargestellt, das Budget ist schwarz. Auf diese Art werden die Spalten optisch differenziert. Prozentuale Abweichungen können farblich rot bzw. grün gekennzeichnet werden. Wurde ein Konto kommentiert, wird dies in der Spalte mit der Sprechblase angezeigt.

1.7 Wie soll es dargestellt werden?

In einem letzten Schritt ist das Layout des Reportings festzulegen. Generell soll das Layout den Empfänger dabei unterstützen, die Information schnell zu erfassen, da Zeit und Aufmerksamkeit knappe Güter sind.

Dazu gibt es verschiedene Mittel, auf die wir exemplarisch und nicht abschließend eingehen.

1.7.1 Ampel oder Farbsysteme

Eine Möglichkeit, die Aufmerksamkeit des Empfängers zu lenken, ist ein **Ampel- oder Farbsystem**. Darüber sollte sofort ersichtlich sein, wo kritische Abweichungen bestehen, denn diese werden i. d. R. vorrangig betrachtet (s. Warnleuchte im Auto). Zusätzlich zu dem Ampelsystem besteht die Möglichkeit, die Kennzahlen je nach Zielerreichung rot oder grün einzufärben. Dadurch ist gewährleistet, dass die Abweichungen und damit die interessanten Punkte schnell erfasst werden können. Beide Mittel sind sparsam und bedacht einzusetzen, da der Effekt andernfalls ins Gegenteil ausschlägt.

Marlene prüft das aktuelle Reporting. Fast alle Kennzahlen sind grün, nur die Kennzahl Auftragseingang ist rot gefärbt und sticht ihr sofort ins Auge. Marlene freut sich zunächst, dass das Cockpit sie so schnell auf die wichtige Kennzahl hinweist. Die Abweichung zum Plan ist hoch. Marlene bespricht die Abweichung mit ihrem Vater. Alfred Mälzers stellt fest, dass zwei größere Kunden weniger bestellt haben als die letzten Jahre. Es wird unmittelbar ein Gesprächstermin vereinbart, um herauszufinden, woran dies liegt.

1.7.2 Tabellen und Grafiken

Die klassische Darstellungsform der Daten ist in Form von Tabellen und Grafiken.

Beispiele für Tabellen sind:

1.7.2.1 Tabellen mit Filtermöglichkeiten

ABB. 10: Tabellen mit Filtermöglichkeiten

In der Tabelle werden die offenen Maßnahmen aufgeführt. Einen Überblick über den Status aller Maßnahmen gibt die Zusammenfassung oberhalb der Tabelle:

► Beschreibung der Maßnahme

► Status

► Verantwortlicher

► Deadline

► Kennzahl, die positiv beeinflusst werden soll

Diese Art der Darstellung eignet sich auch für die Auflistung von Vertriebskontakten.

1.7.2.2 Brückendiagramm

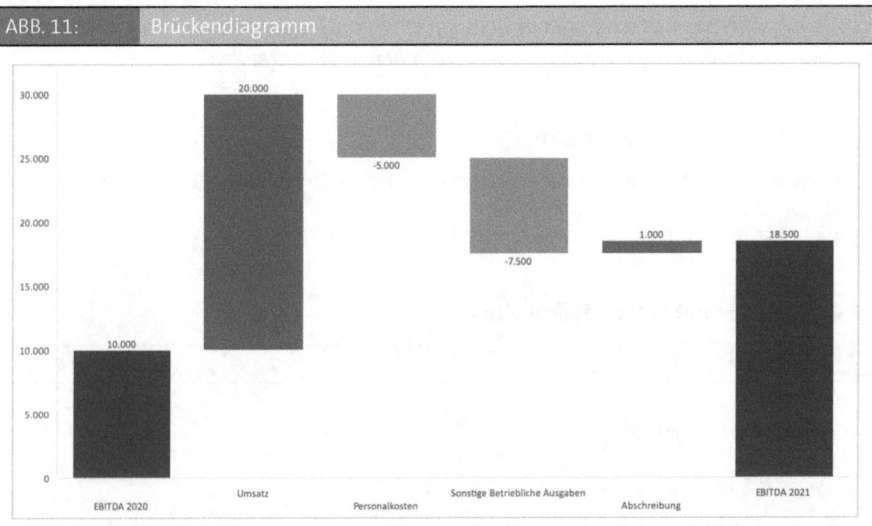

ABB. 11: Brückendiagramm

Ein Brückendiagramm eignet sich beispielsweise dafür, **Ergebniseffekte** zu erklären.

In obiger Grafik wird erklärt, welche Effekte dazu führen, dass des EBITDA von 10.000 im Jahr 2020 auf 18.500 im Jahr 2021 steigt. Die Gründe sind:

► Umsatzanstieg: +20.000

► Personalkostenerhöhung: −5.000

► Erhöhung sonstiger Kosten: −7.500

► Verminderung der Abschreibung: +1.000

1.7.2.3 Säulendiagramm zur Trendanalyse

ABB. 12: Säulendiagramm zur Trendanalyse

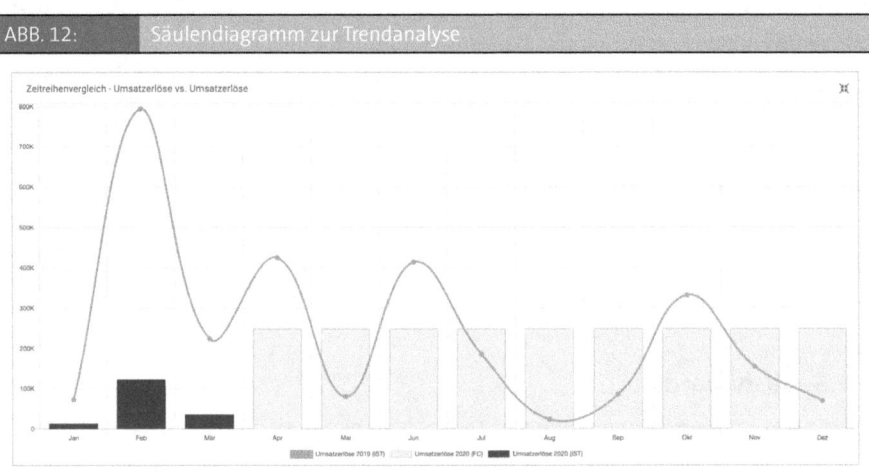

Die Analyse des Trends ist hilfreich, um eine Zahl zu bewerten. Mithilfe einer Zeitreihe, wie sie oben dargestellt ist, lässt sich diese Analyse einfach umsetzen.

Die erste Frage, welche die Zeitreihe beantworten soll, ist:
Wie entwickelt sich die Zahl: Steigt sie? Bleibt sie konstant? Sinkt sie?

Mithilfe einer Grafik lässt sich diese Frage häufig schneller beantworten als über eine Tabelle.

1.7.2.4 Liniendiagramm mit Zielerreichung

ABB. 13: Grafik mit Kostenentwicklung und Kennzeichnung (Strich), ab der die Einsparung greift

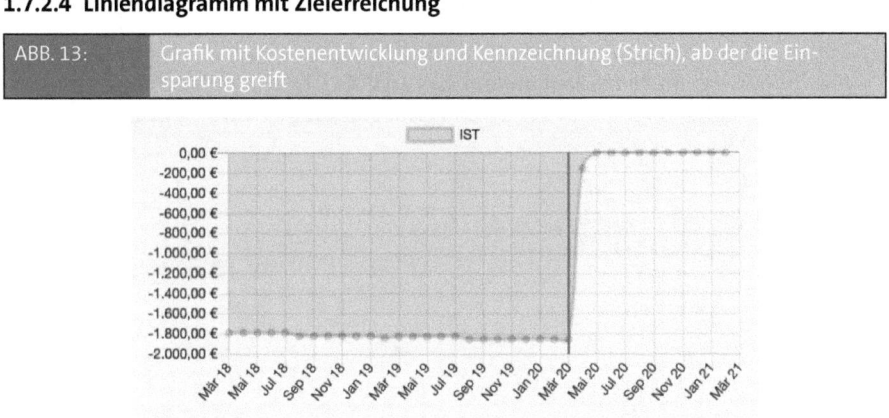

Eine Bewertung des Erfolgs einer Maßnahme kann häufig erst einige Zeit nach Abschluss der Maßnahme erfolgen. Daher ist die Verknüpfung mit der zu verbessernden Kennzahl sehr hilfreich. Eine Analyse kann mittels einer einfachen Grafik erfolgen. Nach der Deadline (senkrechte Linie) sollte sich die Kennzahl verbessern, was sich anhand der Grafik zeigt.

Alfred Mälzers betrachtet sein neues Reporting und möchte kontrollieren, wie erfolgreich umgesetzte Maßnahmen waren. Ihn interessieren die Marketingkosten. Anhand der Grafik sieht er, ob ab dem Zeitpunkt der Umsetzung die Kennzahl besser oder schlechter wird. Diese Art der Kontrolle gefällt ihm: „Vorher habe ich die Maßnahmen nicht schriftlich festgehalten, da ich so viele andere Dinge zu tun hatte. Diese Methode ist sehr einfach und die Nachverfolgung finde ich auch gut, denn ich muss nichts ausrechnen und sehe trotzdem einfach, ob eine Verbesserung eingetreten ist."

1.7.3 Dashboards

Für die **komprimierte Darstellung von Kennzahlen** bieten sich **Kacheln/Dashboards** an.

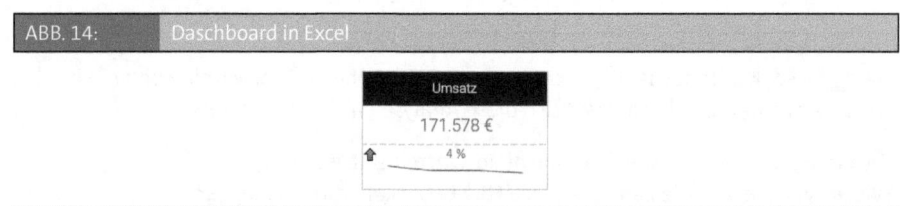

ABB. 14: Daschboard in Excel

Obiges Beispiel zeigt die Kennzahl und in Form des Pfeiles und der Prozentzahl eine Bewertung. Die Bewertung kann mittels eines Vergleichs zum Budget, Vorjahr oder Forecast erfolgen. Zusätzlich wird mit einer Trendlinie gearbeitet. Diese zeigt die Kennzahl im Vergleich zu den letzten vier Jahren an. Der Vergleichsraum kann entsprechend den Anforderungen angepasst werden.

Da ein Cockpit sich im Zeitverlauf ändern kann, ist die Flexibilität in der Anpassung der Kennzahlen wichtig. Dies spart viel Zeit und ermöglicht dem Nutzer, eigene Kennzahlen zu definieren.

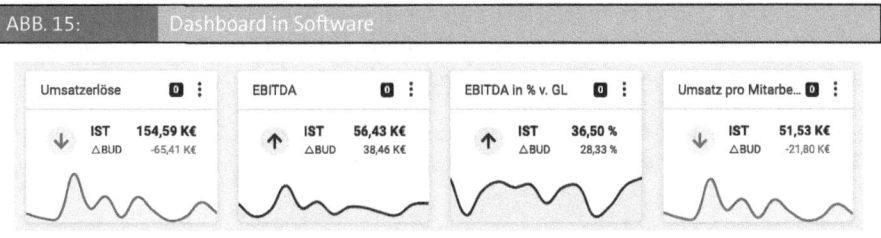

ABB. 15: Dashboard in Software

1.7.3.1 Dashboards mit Fragen

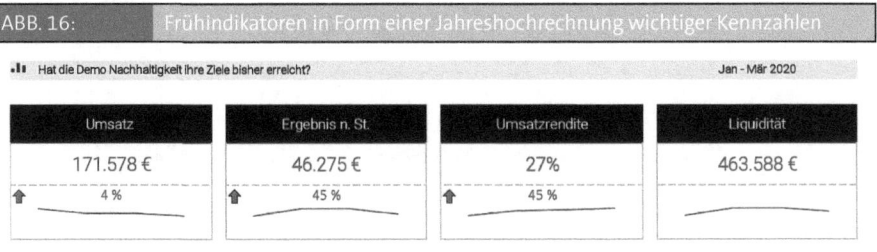

ABB. 16: Frühindikatoren in Form einer Jahreshochrechnung wichtiger Kennzahlen

Dashboards können mit Fragen kombiniert werden, um den Bericht zu strukturieren. Empfänger, die nicht so geübt im Umgang mit Kennzahlen sind und das Reporting nur einmal im Monat erhalten, kann auf diese Art bei der Interpretation der Kennzahl geholfen werden. Obiges Dashboard zeigt kumulierte Jahreswerte, die sich aus IST-Werten kombiniert mit Planwerten zusammensetzen. Die zugehörige Erklärung ist nicht dargestellt.

In der folgenden Grafik wird die Idee der Fragen konsequent weitergedacht und das Dashboard darauf reduziert. Dies geht so weit, dass darauf verzichtet wird, die Kennzahlen, die hinter der Antwort stehen, anzuzeigen.

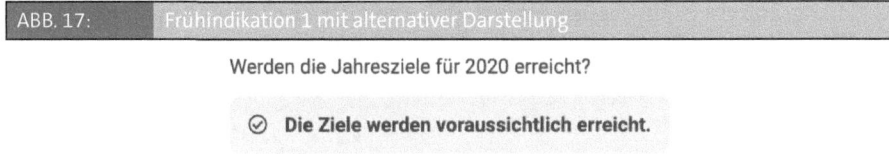

ABB. 17: Frühindikation 1 mit alternativer Darstellung

Idee dahinter ist, zunächst nur plakativ die Frage und die Antwort darzustellen. Die Zielerreichung wird farblich im Sinne eines Ampelsystems unterstrichen, in diesem Fall in grün, was heißt, dass die Jahresziele voraussichtlich erreicht werden.

Bei Bedarf können weitere Informationen ausgeklappt werden. Diese werden textlich erklärt, wie auch die Kennzahlen an sich erklärt werden, wenn man auf die Fragezeichen klickt.

ABB. 18:	Frühindikation 2: Nächste Detailebene der Jahresziele mit Begründung der Werte

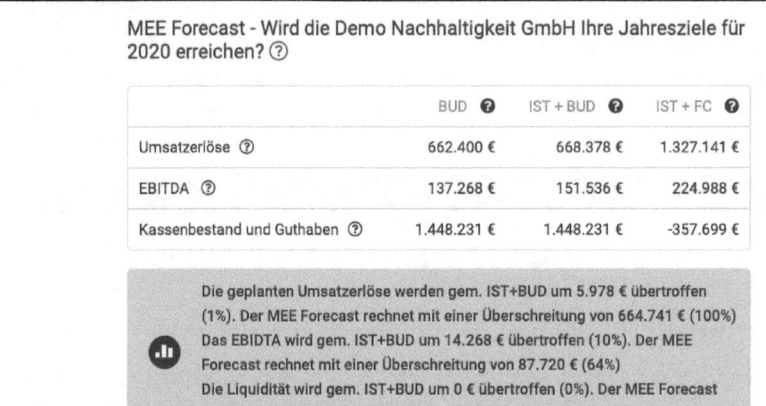

MEE Forecast - Wird die Demo Nachhaltigkeit GmbH Ihre Jahresziele für 2020 erreichen? ⑦

	BUD ❷	IST + BUD ❷	IST + FC ❷
Umsatzerlöse ⑦	662.400 €	668.378 €	1.327.141 €
EBITDA ⑦	137.268 €	151.536 €	224.988 €
Kassenbestand und Guthaben ⑦	1.448.231 €	1.448.231 €	-357.699 €

> Die geplanten Umsatzerlöse werden gem. IST+BUD um 5.978 € übertroffen (1%). Der MEE Forecast rechnet mit einer Überschreitung von 664.741 € (100%)
> Das EBIDTA wird gem. IST+BUD um 14.268 € übertroffen (10%). Der MEE Forecast rechnet mit einer Überschreitung von 87.720 € (64%)
> Die Liquidität wird gem. IST+BUD um 0 € übertroffen (0%). Der MEE Forecast rechnet mit einer Unterschreitung von 1.805.930 € (-125%)

1.7.3.2 Dashboards für Maßnahmen

Um die Unternehmensziele zu erreichen, ist der Plan-Ist-Abgleich sehr wichtig. Um im Fall von Abweichungen die Ziellücke zu schließen, bedarf es Gegenmaßnahmen. Dies führten wir einleitend unter dem Punkt Maßnahmenfokus aus.

Aufgrund der Bedeutung von Maßnahmen und dem engen Zusammenhang mit der Abweichungsanalyse ist es überlegenswert, diese im Cockpit darzustellen. In folgendem einfachen Dashboard geben wir ein Beispiel, wie dies aussehen könnte. Das Dashboard gibt eine Übersicht nach den beiden Kategorien „im Plan" und „im Verzug".

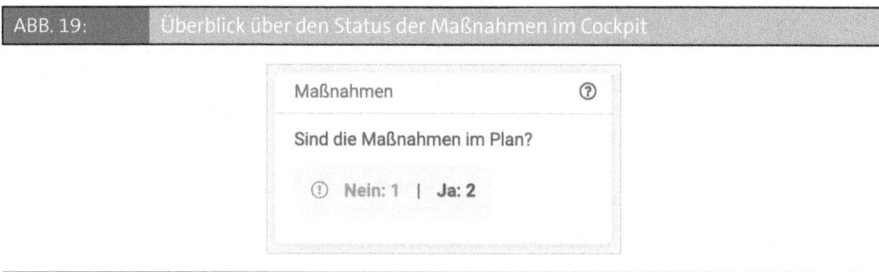

ABB. 19: Überblick über den Status der Maßnahmen im Cockpit

Im Cockpit soll nur ein Überblick gegeben werden. Für die erste Information reicht die Aussage, ob die beschlossenen Maßnahmen im Plan sind oder ob es zeitliche Verzögerungen gibt. Für die Nachverfolgung der Maßnahmen bedarf es weiterer Informationen, die beispielsweise in der Form der Tabelle mit Filtermöglichkeiten dargestellt werden können.

1.7.4 Top- und Flop-Listen

ABB. 20: Top- und Flop-Listen

Entsprechend dem Regelkreis ist eine wichtige Aufgabe des Reportings, **Plan-Ist-Abweichungen zu identifizieren**. Ein Umsetzungsbeispiel sind Top- und Flop-Listen.

Hierbei werden die größten absoluten Abweichungen, positiv wie negativ, aufgelistet. Das hat den weiteren Vorteil, dass **Kompensationseffekte** aufgedeckt werden.

So kann der „Umsatz Inland" deutlich über Plan liegen und die negative Entwicklung des „Auslandsumsatzes" kompensieren. Wird im Cockpit nur der Gesamtumsatz angezeigt, fällt diese negative Entwicklung nicht auf.

29

Das kann leicht passieren, da im Cockpit bewusst nur eine geringe Anzahl an Kennzahlen angezeigt wird. Die **Top und Flops** filtern diese Abweichungen jedoch heraus. Auch helfen sie, die Abweichung des Ergebnisses zu analysieren, da die größten **Ergebnistreiber** aufgelistet sind. Konten, die eine auffällige Abweichung aufweisen und in der Zukunft überwacht werden sollen, können leicht dem Cockpit hinzugefügt werden.

Weitere Informationen in der Liste sind

► die Höhe der Abweichung absolut und relativ wie

► eine Zeitreihe (Eigenvergleich) und

► die Anzeige, ob die Abweichung bereits kommentiert wird.

Das Mittel der Tops und Flops ist eine einfache Möglichkeit, einen Kernprozess des Controllings, die Abweichungsanalyse, zu automatisieren.

Zudem sind Top- und Flop-Listen ein Mittel der Plausibilisierung und ein erster Analyseschritt durch die Identifikation wesentlicher Treiber des finanziellen Ergebnisses.

BEISPIEL ► *Als ein Top-Konto wird die Abschreibung aufgeführt. Die Abweichung zum Budget ist +100 %, da der Kontowert 0 ist. In diesem Fall wurde die Abschreibung noch nicht gebucht, was umgehend nachgeholt wird. Bei einer reinen Betrachtung des Ergebnisses vor Steuern als Kennzahl wäre nicht ersichtlich geworden, dass die Abschreibung nicht gebucht wurde und damit das Ergebnis höher dargestellt wird, als es tatsächlich ist.*

1.8 Wie werden die Daten durch Kommentierung und Maßnahmen angereichert?

Kommentare können die Kennzahlen um weitere Informationen anreichern. Wichtig ist, dass die Kommentare auf wesentliche Informationen beschränkt werden, die dem Entscheider einen Mehrwert geben. Stellt der Kommentar einen Bezug zur Zukunft her und gibt beispielsweise eine Indikation, ob Ziele erreicht werden, erhöht dies zusätzlich den Wert der Kommentierung. Zudem kann die Kommentierung um eine **Handlungsempfehlung** (Maßnahmenvorschlag) ergänzt werden.

Beispielhaft könnten Kommentare so aussehen:

1. *Abschreibung um 10 T€ unter Plan aufgrund der zeitlichen Verschiebung der Investition in die neue Lagerhalle.*

Diese Information geht ohne Kommentierung verloren, was zu falschen Rückschlüssen und Entscheidungen führen kann.

2. *Umsatzsteigerung im Bereich der Bestandskunden um 10 % höher als geplant. Daraus ergibt sich eine Erhöhung des erwarteten Jahresumsatzes von 20 T€.*

3. *Maßnahmen zur Reduzierung der Marketingkosten:*
   Einsparung i. H. von 5 T€ durch Verschiebung der Werbeaktion xy in das Folgejahr.

Diese Art der Kommentierung erweitert das Wissen um die Hintergründe der Ab.weichung und macht es anderen Personen im Unternehmen zugänglich. Aus der Gegenüberstellung mit den Prämissen der Planung können ebenfalls Erkenntnisse gezogen werden. Waren die Umsatzannahmen bei Neukunden zu konservativ? Wurden die geplanten Kostenpuffer überschritten? Was ist der Lerneffekt für zukünftige Planungen?

Auch in kleinen Unternehmen ist es sehr sinnvoll, auf diese Art zu kommentieren. Durch die Dokumentation werden Ausfallrisiken minimiert, da Dritte schnell und einfach auf wichtige Abweichungen, deren Gründe und mögliche Gegenmaßnahmen hingewiesen werden.

Für eine **zielgerichtete Kommentierung** können folgende Regeln gelten:

In der Kürze liegt die Würze.
Die Kommentare sollten sich auf eine **Kernaussage** konzentrieren. Weitere Informationen allgemeiner Art (Aussage, Berechnung) sollten im Kennzahlenhandbuch aufgeführt werden.

In jedem Fall sollten **auffällige Kennzahlen** im Cockpit kommentiert werden. Weitere Kennzahlen sollten mit Bedacht – und nur, wenn für den Empfänger dringend notwendig – kommentiert werden.

Eine Wiederholung der Zahlen sollte nur erfolgen, wenn sie dem Verständnis dienlich ist. Den Leser interessieren vielmehr der Grund bzw. die Interpretation der Abweichung.

Komplementäreffekte
Kennzahlen, die sich durch zwei gegenläufige Effekte ausgleichen und dadurch stetig erscheinen, sollten kommentiert werden. Ein Beispiel hierfür ist die Kennzahl Umsatz, die im Plan ist. Das Unterkonten „Umsatz Inland" weicht allerdings stark vom Plan ab und wird nur durch das gute Konto „Umsatz Ausland" ausgeglichen.

Sachliche Formulierungen

Es empfiehlt sich ein sachlicher Schreibstil, der Wertungen vermeidet und auf blumige Adjektive verzichtet. Kennzahlen reduzieren die Komplexität, weswegen die Kommentierung diese nicht wieder erhöhen sollte.

Bildelemente verwenden

Es gibt Berichtsempfänger, die eher visuell geprägt sind, welche von Grafiken besser abgeholt werden als von Zahlen und Text.

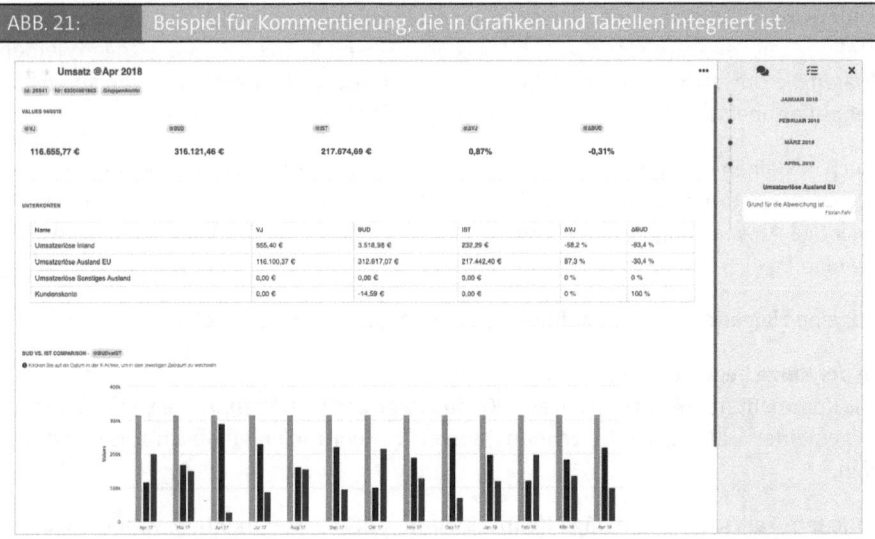

ABB. 21: Beispiel für Kommentierung, die in Grafiken und Tabellen integriert ist.

Handlungsempfehlungen geben

Die Kommentierung gewinnt deutlich an Mehrwert für den Empfänger, wenn sie Handlungsempfehlungen aufzeigt. Die Vorschläge unterstützen den Empfänger bei der Entscheidungsfindung und können diese beschleunigen.

Lernen – Auseinandersetzung mit den Annahmen

In der Planung wurden Annahmen getroffen. Die Qualität der Kommentierung erhöht sich, wenn auf die Annahmen Bezug genommen wird. Zudem ermöglicht dies Lerneffekte.

Marlene stellt fest, dass sich die Personalkosten nicht wie geplant entwickelt haben. Ein kurzer Blick auf die im Budget getroffenen Annahmen gibt ihr die Lösung: Ein Mitarbeiter wurde früher eingestellt als geplant, weil sein Profil gut gepasst hat und er sich initiativ beworben hatte. Sie will nun im Auge behalten, ob die Kosten anderweitig kompensiert werden müssen. Im Kommentar notiert sie: Die negative Abweichung der Personalkosten i. H. von 5 T€ im Vergleich zum Plan begründen sich in der vorgezogenen Neueinstellung. Dieser Effekt wird das Jahresergebnis um diesen Betrag verschlechtern.

Neben den vorgestellten Kriterien, die bei der Kommentierung zu beachten sind, möchten wir zwei allgemeine „Denkanstöße" teilen, die den Wert der Kommentierung weiter heben.

Austausch
Moderne Softwarelösungen ermöglichen den Austausch im Sinne eines **Chatsystems.** Dadurch können Fragen direkt im Reporting bei den betreffenden Kennzahlen gestellt werden. Der Austausch, der durch die Fragen und Antworten entsteht, bleibt so erhalten. Die Fragen können auch für andere Berichtsleser von Interesse sein und müssen folglich nur einmal vom Ersteller beantwortet werden. Gleichzeitig erweitern die Fragen und Antworten den Blickwinkel aller Adressaten. Auf Dauer lernt der Berichtsersteller so auch besser, Fragen zu antizipieren und in seinen Kommentierungen darauf einzugehen.

Durchgängige Darstellung
Häufig ist es so, dass negative Abweichungen andere Kennzahlen beeinflussen. Eine Umsatzabweichung beeinflusst beispielsweise das Ergebnis und die Liquidität. Doppelte Kommentierungen sind zeitaufwendig und können vergessen werden, gleichzeitig sollte die Information an beiden Stellen verfügbar sein. Auf diese Herausforderung ist bei der Konzeption des Berichts zu achten. Eine Automatisierung kann hier erfolgen, indem die Kommentare einmalig eingegeben werden und sich an allen benötigten Stellen wiederfinden.

Zusammenfassend ist ein wichtiger Aspekt des Reportings die **Kommunikation** mit folgenden Aspekten:

▶ Informationen müssen empfängergerecht aufbereitet werden.

▶ Das Wesentliche muss schnell erkennbar sein.

▶ Das Ergebnis der Abweichungsanalyse muss dokumentiert werden.

▶ Maßnahmen müssen dokumentiert und ihr Erfolg nachgehalten werden.

▶ Wenn alle Schritte dokumentiert sind, können auch andere Mitarbeiter darauf zurückgreifen: Wissen wird multipliziert und Risiken (Ausfall) reduziert.

Eine fehlende Dokumentation von Annahmen und Kommentierung von Abweichungen führt zu folgenden **Risiken:**

▶ Ausfallrisiko: Wissensträger fallen durch Krankheit aus.

▶ Wissen geht verloren: Wissensträger verlassen das Unternehmen.

► Abhängigkeit/Kultur von Wissenshoheit: Wissen gehört nicht dem Unternehmen, sondern einzelnen Personen.

► Verschwendung: Zeitintensive Analysen werden in E-Mails formuliert und sind im Nachgang möglicherweise nicht mehr präsent. Das Wissen wird ggf. für neue Entscheidungen nicht genutzt.

1.9 Typische Fallstricke

► **Die Zielerreichung wird nicht nachverfolgt:** Bei wesentlichen Planabweichungen sollten Maßnahmen gesetzt werden.

► **Der zeitliche Aufwand der Erstellung des Reportings ist zu hoch:** Die Auswahl der Reporting-Inhalte sollte nach einer Kosten-Nutzen-Analyse erfolgen.

► **Reiner Finanzblick:** Neben den Finanzen sollten auch Frühwarnindikatoren integriert werden, um Risiken rechtzeitig zu erkennen.

► **Keine klaren Verantwortlichkeiten:** Es sollten klare Zuständigkeiten mit Deadlines für die Erstellung, Besprechung und Maßnahmen festgelegt werden.

► **Berechnungsfehler:** Es sind Checks und Plausibilisierungen einzubauen, um die Qualität zu gewährleisten und Fehler schneller zu entdecken.

► **Fehlende Vertretungsregel:** Die Funktionsweise der Dateien ist gut zu dokumentieren, um die Abhängigkeit vom Ersteller zu reduzieren.

► **Keine kontinuierliche Verbesserung:** Die Einführung eines Reportings ist kein einmaliger Vorgang, sondern ein laufender Prozess. Es ist wichtig, dies bei der Einführung zu beachten und zu kommunizieren. Daher ist wichtig zu starten, auch wenn noch nicht alle gewünschten Kennzahlen erfasst werden (können) oder das System noch nicht optimal eingerichtet ist.

► **Keine Unterstützung der Geschäftsführung:** In der Einführungsphase ist die Unterstützung der Geschäftsleitung wichtig, um allen Beteiligten die Bedeutung zu signalisieren. Damit wird erreicht, dass die benötigten Daten auch geliefert werden. Im weiteren Verlauf ist das Reporting von der Geschäftsführung als Steuerungsinstrument zu nutzen. Das äußert sich durch Rückfragen, Besprechung und Nachverfolgung von Maßnahmen und Nutzung des Tools.

► **Das Reporting ist unübersichtlich gestaltet:** Durch eine empfängerorientierte Gestaltung wird der Fokus auf die relevanten Informationen gelenkt.

2. Budgetplanung

Alfred Mälzers und seine Tochter treffen sich, um den aktuellen Status des Controlling-Projekts zu besprechen. Der Vater ist mit den ersten Ergebnissen zufrieden: „Sehr gut finde ich, dass wir das Reporting neu aufgebaut haben. Die systematische Dokumentation und Analyse hat zu Erkenntnissen geführt, die im Alltagsgeschäft untergegangen wären. Das hat gute Verbesserungen nach sich gezogen. Ohne diese Instrumente ging es zwar auch, aber das Unternehmen war sehr abhängig von meinem Wissen und Bauchgefühl. Zudem wird mir bewusst, welche Potenziale wir nicht genutzt haben."

Marlene ergänzt: „Aktuell beurteilen wir die Kennzahlen nur über den Vorjahresvergleich. Zwar hat es mir sehr geholfen zu verstehen, was sich zum Vorjahr warum geändert hat, allerdings haben wir auch gemerkt, dass für eine gute Beurteilung der aktuellen Lage ein Vorjahresvergleich nicht reicht. Denn der Vorjahresvergleich zeigt nur, wie wir uns entwickelt haben. Es wäre aber auch wichtig zu sehen, ob wir unsere Erwartungen und Ziele erreichen konnten. Auch bräuchte ich noch ein besseres Verständnis dafür, wie du Entscheidungen triffst. Da würde mir helfen zu verstehen, wie du planst."

Alfred Mälzers bestätigt seine Tochter: „Ja, mit dem Vorjahresvergleich stoßen wir immer wieder an Grenzen und wir sollten uns mit einer Planung im Sinne einer Zielvorgabe beschäftigen. Das würde mir bei Entscheidungen helfen, wie z. B. bei Investitionen oder Mitarbeitereinstellungen. Und bei größeren Finanzierungen wird es auch seitens der Bank gefordert."

Marlene ergänzt: „Auch im Falle eines Verkaufs steigert eine vorliegende Planung bzw. ein Planungsprozess den Unternehmenswert. Es ist also nicht nur für uns selber gut, Ziele zu haben, sondern wird auch sehr positiv von Externen bewertet."

Alfred findet das sehr gut: „Meine Planung beschränkt sich auf die Festlegung des Umsatzes und eine grobe Planung der Kosten auf Basis der Vorjahreswerte. Ich freue mich zu lernen, was es für weitere Möglichkeiten gibt und welche Vorteile diese bringen."

2.1 Was ist eine Budgetplanung?

Eine **Budgetplanung** ist eine **Zielvorgabe** für ein Unternehmen. Die Ziele werden **verdichtet in Form** von **Kennzahlen**, wie z. B.: Umsatz, Kosten, Ergebnis und Liquidität.

Die Budgetplanung hat verschiedene **Bestandteile**.

In der **Ergebnisplanung** werden die Umsätze geplant. Auf Basis der Umsätze können die Kosten geplant werden, die für die Erzielung des Umsatzes nötig sind. Dadurch wird beschrieben, welche Ein- und Ausgaben erwartet werden.

Der **Cashflow** erklärt die Liquiditätsflüsse des Unternehmens, d. h., woher dem Unternehmen Geld zugeflossen und wohin das Geld abgeflossen ist.

In der **Bilanzplanung** werden die Vermögensgegenstände eines Unternehmens und ihre Finanzierung geplant, also die Aktiva und Passiva der Bilanz.

Umfasst eine Planung die Bereiche Ergebnis, Bilanz und Liquidität und sind diese miteinander verknüpft, spricht man von einer **integrierten Planung**. Die konkrete Umsetzung einer integrierten Planung werden wir uns im Detail ansehen.

Eine Budgetplanung umfasst zusätzliche **Teilberichte**. Diese werden für die Modellierung wesentlicher Ergebnistreiber wie Umsatz oder Personalkosten genutzt.

2.2 Was bringt eine Planung für einen Mehrwert?

Jeder Unternehmer plant, häufig ist der Prozess jedoch nicht strukturiert und dokumentiert.

Das mag daran liegen, dass die Mehrwerte einer guten Planung nicht ausreichend bekannt sind. Entsprechend ist die Bereitschaft, Zeit zu investieren, nicht groß genug. Bevor wir uns die praktische Umsetzung anschauen, widmen wir uns zunächst ausführlich den Mehrwerten einer Budget-/Zielplanung.

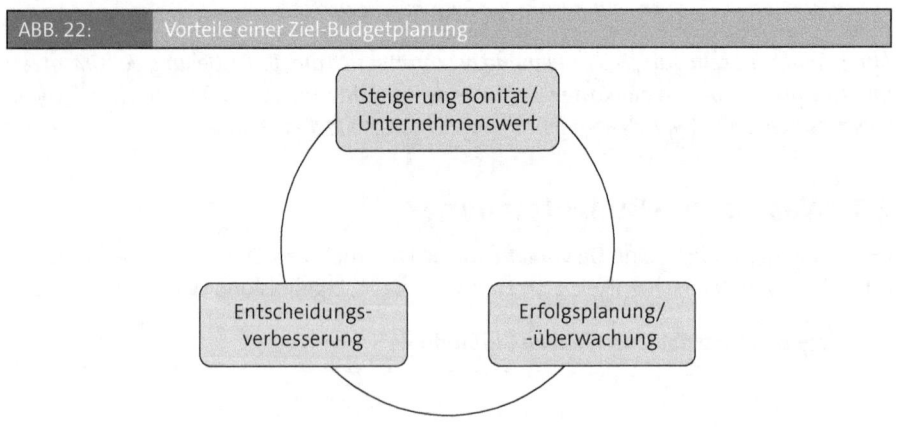

ABB. 22:   Vorteile einer Ziel-Budgetplanung

2.2.1 Steigerung von Bonität und Unternehmenswert

Das Instrument der **Planung** wird häufig **nur auf externen Druck**, z. B. von Banken oder Investoren, angewandt. Das konkrete Ziel ist dann die **Gewährung eines Kredits** oder die **Gewinnung eines Eigenkapitalgebers**. Für externe Kapitalgeber ist eine Planung i. V. mit einem Reporting häufig Grundvoraussetzung für ein Engagement. Für Banken gilt dies ab einem gewissen Kreditvolumen, für Investoren generell.

Nun stellt sich die Frage, warum der Einfluss von Planung und Reporting auf Bonität und Unternehmenswert so groß ist. Versetzten wir uns dazu in die Rolle eines potenziellen Käufers.

Es besteht eine **Informationsasymmetrie**. Das Unternehmen hat einen immensen Informationsvorsprung. Kapitalgeber verfügen häufig nur über die Informationen, die ihnen bereitgestellt werden. Aus diesem Grund sind die Informationspflichten bei Investoren i. d. R. vertraglich geregelt. Transparente und gute Information tragen also dazu bei, Vertrauen aufzubauen.

Ist dagegen ein Großteil der Information „unternehmerisches Bauchgefühl" und nicht dokumentiert, kann das den Wert und die Bonität eines Unternehmens nur senken. Das Bauchgefühl kann sehr richtig sein, aber es lässt sich nicht verkaufen, bewerten oder von Dritten einschätzen.

BEISPIEL ▶ *Dies ist vergleichbar mit Kochrezepten. Wenn jemand ein Rezept sehr gut kennt und es ohne Anleitung kochen kann, schmeckt das Essen ohne Frage köstlich. Es wird aber niemand in der Lage sein, das Gericht nachzukochen. Ist das Rezept gut dokumentiert, ist es für andere nachvollziehbar und nachkochbar. Es gewinnt an Wert.*

Ist die **Unternehmensstrategie** in Form einer Budgetplanung operativ „runtergebrochen", gut dokumentiert und wird die Einhaltung durch ein Reporting überwacht, kann darüber nachgewiesen werden, welche **Stellschrauben** den **Unternehmenserfolg** beeinflussen.

Damit wird das Erfolgskonzept dokumentiert und reproduzierbar, wodurch die Abhängigkeit von einzelnen Personen, häufig dem oder den Gründern, sinkt. Ein fremder Dritter kann auf Erfahrungen zurückgreifen und das Unternehmen damit besser verstehen und führen.

Ohne diese Instrumente könnten große Konzerne oder nicht-inhabergeführte Unternehmen schwer gesteuert werden.

Eine weitere Folge ist also, dass Wachstum leichter möglich ist und damit die Skalierbarkeit eines Geschäftsmodells erhöht wird.

2.2.2 Erfolgsplanung und Erfolgsüberwachung

Planung ist das Herzstück des Controllings, denn nur durch die Planung und Formulierung unternehmerischer Ziele können diese in einem bewussten Prozess erreicht und damit der Erfolg gesteigert werden.

Wie das genau funktioniert, lässt sich am besten anhand des bereits genannten Controlling-Regelkreises erklären.

ABB. 23: Elemente des Controlling-Regelkreis

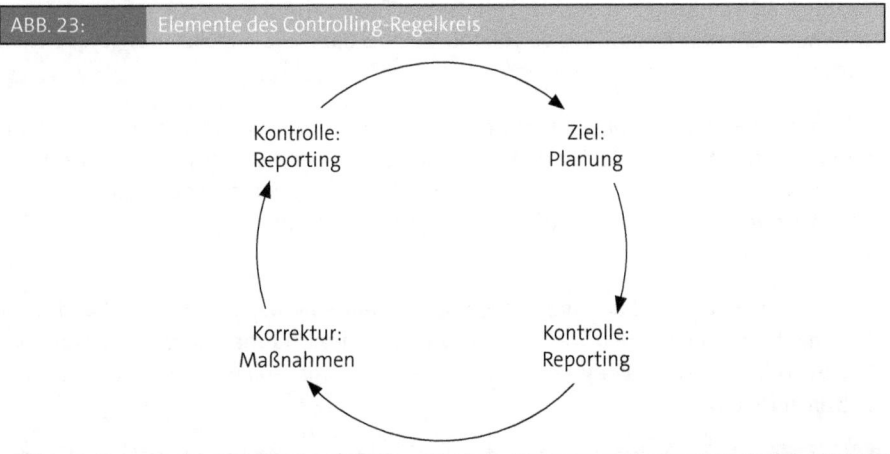

Ziel/Planung: Die Planung dient dazu, Ziele zu definieren und mit geeigneten Maßnahmen zur Erreichung dieser Ziele zu verknüpfen.

Kontrolle/Reporting: Das Reporting liefert regelmäßig Informationen über die Zielerreichung, indem es den Ist- mit dem Plan-Zustand vergleicht. Zu der Kontrolle gehört auch eine Analyse der Abweichungsursachen und – idealerweise – die Prüfung, ob das angestrebte Jahresziel voraussichtlich erreicht werden wird.

Korrektur/Maßnahmen: Auf Grundlage dieser Analyse werden geeigneten Maßnahmen festgelegt, um „gegenzusteuern" und das Ziel zu erreichen. Dieser Kreislauf wiederholt sich, bis das Ziel erreicht ist. Das Controlling hat also eine zukunftsgerichtete, regulierende Funktion.

2.2.3 Entscheidungsverbesserung

Planung ist das **geistige Durchdenken von Handlungsschritten** und **Maßnahmen**, die nötig sind, um ein Ziel zu erreichen. Planung beinhaltet also das Ziel, den möglichen Weg und die benötigten Ressourcen.

Auf diese Art kann überprüft werden, ob die Einstellung eines Mitarbeiters oder eine Investition finanziert werden kann. Sollte dem nicht so sein, besteht die Möglichkeit der Optimierung, z. B. durch eine Verschiebung des Einstellungsdatums oder des Baubeginns.

Die Auswirkungen verschiedener Aktionen können im Voraus überprüft werden. **Schlechte Szenarien** können **ausgeschlossen** werden und **verbessern** die **Gesamtentscheidung**.

Eine Budgetplanung ist also ein System, mit dessen Hilfe Ziele strukturiert erreicht werden können. Was sind die „Kosten" einer Planung?

Der größte **Kostenfaktor** ist die Zeit der verantwortlichen Mitarbeiter. Je nach Detailtiefe, Prozess und technischer Ausstattung kann der zeitliche Aufwand erheblich sein, was ein häufiger Kritikpunkt gerade in größeren Unternehmen ist. Daher ist die kluge Ausgestaltung der Planung unter Berücksichtigung von Kosten und Nutzen sehr wichtig.

2.3 Was zeichnet eine gute Planung aus?

Im Folgenden stellen wir Faktoren dar, die sich bewährt haben und zur erfolgreichen Umsetzung einer Planung beitragen.

ABB. 24: Charakteristika einer erfolgreichen Planung

Fokus	Flexibilität
Maßnahmen	Automatisierung

2.3.1 Fokus auf wesentliche Einflussfaktoren

Die Planung sollte auf **steuerungsrelevante Inhalte** und **wesentliche Einflussfaktoren** beschränkt werden.

Es gilt, die Planung so einfach wie möglich und ausführlich wie nötig zu halten.

Als Maß für die Ausführlichkeit/Tiefe der Planung können die **Wesentlichkeit** und der **Aufwand** für die Datenerfassung und den Plan-Ist-Vergleich herangezogen werden.

Insbesondere bei Umsatz und Materialeinsatz (bei Handel und produzierendem Gewerbe) ist darauf zu achten.

2.3.2 Flexibilität

Die Annahmen, die im Zuge einer Planung getroffen wurden, treten nicht immer ein. Ebenso können externe Ereignisse dazu führen, dass die Prämissen nicht mehr gelten. Das macht es nötig, **schnell reagieren** zu können und die geänderten Umstände in die neue Planung mit einfließen lassen zu können.

Voraussetzung dafür ist, dass die Annahmen gut **dokumentiert** sind und Änderungen an den richtigen Stellen gemacht werden können. Ist beispielsweise eine tarifliche Erhöhung der Löhne und Gehälter von 2 % geplant gewesen, tatsächlich waren es aber 3 %, sollte diese Anpassung schnell möglich sein. Wichtig ist, dass das langfristige Ziel durch die neue Planung nicht angepasst wird, sondern versucht wird, die Abweichungen zu kompensieren.

2.3.3 Maßnahmen

Die Ziele sind zu konkretisieren. Dazu gehört ein **Aktions- oder Maßnahmenplan**, der aufzeigt, wie die Ziele erreicht werden sollen. Intuitiv wird dieser Schritt bei Planungen durchgeführt, indem man sich die Frage stellt, welches Jahresziel realistisch ist bzw. was nötig ist, um es zu erreichen. Eine formale Darstellung sorgt dafür, dass die Annahmen hinterfragt und plausibilisiert werden. Zudem können Planabweichungen besser nachgehalten werden, wenn die Verbindung zwischen Zielwert und dazugehöriger Maßnahme eindeutig ist. Ein weiterer Vorteil ist, dass unternehmerisches Wissen erhalten bleibt und für spätere Analysen genutzt werden kann.

Diese Informationen sollten überall dort zugänglich sein, wo sie gebraucht werden. Sehr hilfreich ist es, im Fall von **Plan-Ist-Abweichungen** der tatsächlichen Situation die Annahmen gegenüberzustellen.

Deshalb führen wir das Konzept, Kommentare durchgängig dort anzuzeigen, wo sie gebraucht werden, anhand des Controlling-Regelkreises weiter aus.

ABB. 25: Kommentierung im Verlauf des Controlling-Regelkreises

Budgetplanung:
Berücksichtigung
von Lerneffekten
vorhergehender
Planungen

Budgetplanung:
Dokumentation der
Annahmen und
Maßnahmen

Reporting:
Festlegung von
Maßnahmen

Reporting:
Kommentierung von
Planungsabweichungen

Im Zuge der Planung werden **Annahmen** zu wichtigen Positionen notiert. Da eine Planung stets unter Unsicherheit erfolgt, ist es wichtig zu verstehen, inwiefern die Annahmen eingetroffen sind, und aus Abweichungen zu lernen. Entsprechend müssen die Annahmen der Budgetplanung im Zuge des monatlichen Reportings verfügbar sein, um sie mit den tatsächlichen Entwicklungen abzugleichen.

Alfred Mälzers hat im Zuge der Umsatzplanung einen neuen Großkunden mit ersten Umsätzen im April eingeplant. Aufgrund von administrativen Verzögerungen beim Kunden verzögert sich der Vertriebsstart um zwei Monate. Marlene kann bei der Erstellung des monatlichen Reportings auf die Annahmen bei der Planung zurückgreifen und so die Abweichung gut erklären. Zudem weiß sie, dass die Verschiebung das Jahresergebnis reduzieren wird, weswegen Korrekturmaßnahmen besprochen werden müssen.

2.3.4 Automatisierung

Der Punkt Automatisierung zielt auf ein gutes **Kosten-Nutzen-Verhältnis** bei der Planungserstellung ab. Ein wichtiger Punkt ist, Tätigkeiten, die sehr zeitaufwendig manuell durchgeführt werden, zu automatisieren. Dies kann beispielsweise die Befüllung einer Planungsdatei mit den Vorjahreswerten sein. Dadurch wird Zeit freigesetzt für wertschöpfende Tätigkeiten, wie z. B. die Validierung der Planungswerte anhand der Vorjahreswerte durch die Analyse von Abweichungen. Gleichzeitig sinkt das Fehlerpotenzial, welches diese Art von repetitiven Tätigkeiten innehaben. Eine **Automatisierung** kann vor allem mittels einer professionellen Controlling-Software erfolgen. Die Kosten und der Aufwand von Implementierung und Nutzung der Software sind dem Aufwand der häufig verwendeten Excel-Lösung gegenüberzustellen. Innerhalb einer Kosten-Nutzen-Analyse sollte auch der Stundenaufwand multipliziert mit dem Stundensatz betrachtet werden. Insbesondere bei reinen Excel-Lösungen sind die so entstehenden Kosten sehr hoch und werden oft unterschätzt.

2.4 Wie setzte ich es um?

Alfred und Marlene treffen sich wie vereinbart, um zu besprechen, welche Ziele mit der Planung verfolgt werden und wie sie diese umsetzten. Wichtig ist Alfred Mälzers, ein gutes Kosten-Nutzen-Verhältnis im Blick zu behalten. Zu Beginn des Meetings stellt Alfred den Status quo vor:

„Im ersten Schritt plane ich den Umsatz. Dazu nehme ich den Vorjahresumsatz als Basis und gehe von einer Steigerung von i. d. R. um 5 % aus. Den benötigten Materialeinsatz berechne ich anhand der Quote des Vorjahres. Die Kosten lasse ich so wie im Vorjahr, es sei denn, es ändert sich etwas wesentlich.“

Als Zielvorgabe findet Marlene dies gut: „Unser Ziel ist, die Budgetplanung als Steuerungsinstrument i. S. des Controlling-Regelkreises zu nutzen. Mit dem aktuellen Stand können wir nur feststellen, ob wir im Plan sind. Eine detaillierte Abweichungsanalyse ist nicht möglich. Wir müssen uns also überlegen, welchen Umfang und welche Tiefe die Planung haben muss, damit wir unsere wesentlichen Erfolgsfaktoren steuern können. Entsprechend unserer Kennzahlenauswahl wären dies vor allem: Ergebnis, Liquidität und Kunden.“

Bei der Umsetzung der Planung ist es hilfreich, sich an folgenden Fragen zu orientieren:

► Wie soll die Struktur der Planung aufgebaut werden? Mit Struktur ist der Aufbau der Excel-Tabelle oder die Eingabestruktur einer Software gemeint.

► Soll eine Erfolgsplanung oder integrierte Planung verwendet werden?

► Welche Detailpläne, z. B. für Umsatz oder Personal, sind nötig?

2.4.1 Struktur

Nachfolgende Grafik zeigt eine beispielhafte Struktur auf, die folgende Fragen einfach beantworten soll:

► Wie entwickelt sich der **Umsatz?**

► Verbessert sich die **Marge**, das ist der Umsatz abzüglich der dem Umsatz direkt zurechenbaren Kosten, z. B. die Materialkosten (Hinweis auf Wettbewerbsvorteil und Alleinstellungsmerkmal), oder verschlechtert sie sich (Kostensteigerung im Einkauf oder Preisdruck der Kunden)?

► Wie entwickeln sich die **großen Kostenblöcke** im **Verhältnis zum Umsatz?**

► Gibt es **positive Kosteneffekte** im Zuge des Wachstums (Skaleneffekte)?

► Können **Kostensteigerungen** im **Personal kompensiert** werden?

► Ist **ausreichend investiert** worden oder gibt es möglicherweise einen **Investitionsstau?**

► Gibt es **Einmaleffekte** im Finanz- und/oder Außerordentlichen Ergebnis?

ABB. 26: Vereinfachtes Beispiel für eine grobe Ergebnisplanung

in TEUR	Vorjahre			Aktuelles Jahr		Annahmen		Budget
	IST 2017	IST 2018	IST 2019	BUD 2020	IST + BUD 2020	IST 2017-2020	Plan 2021-2025	2021
Ergebnisplanung								
Umsatzerlöse	90	95	99	104	106	5,7%	5,7%	112
						Wachstum		
Bestandsveränderung								
Gesamtleistung	90	95	99	104	106			112
Materialeinsatz/ Wareneinkauf	-45	-47	-50	-52	-53	50,0%	50,0%	-56
						% Umsatz		
Rohertrag 1 (DB1)	45	47	50	52	53			56
	50%	50%	50%	50%	50%			50%
Personalaufwand	-30	-30	-30	-30	-30	30,9%	30,9%	-35
	33%	32%	30%	29%	28%	% Umsatz		31%
Sonstige betr. Aufwendungen	-8	-8	-8	-8	-8	7,7%	7,7%	-9
	8%	8%	8%	7%	7%	% Umsatz		8%
EBITDA	8	10	12	15	16			13
	8%	10%	12%	14%	15%			11%
Abschreibung	-5	-5	-5	-5	-5	5,1%	5,1%	-6
	6%	5%	5%	5%	5%	% Umsatz		5%
EBIT/ Betriebsergebnis	3	5	7	10	11			7
	3%	5%	7%	9%	10%			6%
Finanzergebnis								-2
						% Umsatz		
EBT/ Ergebnis v. Steuern	3	5	7	10	11			5
	3%	5%	7%	9%	10%			4%

43

Die **Zeilen** enthalten die **wichtigsten Einflussfaktoren:**
Umsatz, Kosten und Zwischenergebnisse.

Die **Spalten** enthalten die **Vorjahre** sowie das aktuelle Jahr mit dem budgetierten Wert und einer Kombination des kumulierten IST-Wertes mit dem Budget des Restjahres.

In den Spalten „Annahmen" werden die **Ø-Wachstumsraten des Umsatzes** der Vorjahre und des IST+BUD Wertes errechnet.

Die **Kosten** werden **mit dem Umsatz** ins **Verhältnis** gesetzt und es wird ein durchschnittlicher Wert berechnet. Dieser dient als Vorschlagswert für einen ersten Planungsansatz des Budgetjahres 2021. Diese Annahmen können angepasst werden.

Der Aufbau ist vor allem eine einmalige Aufgabe, die aber viel Zeit kosten kann. Durch vorgefertigte Strukturen (z. B. mittels Controlling-Software), die auf die Bedürfnisse des Unternehmens angepasst werden, lässt sich dieser Prozessschritt teilautomatisieren. Zudem sind bei der integrierten Planung die Zusammenhänge zwischen der Gewinn- und Verlustrechnung, der Bilanz und der Cashflowrechnung bereits validiert.

Die laufende Aktualisierung der Planung durch IST-Daten bietet Optimierungspotenzial, insbesondere wenn Excel genutzt wird. Die Datenerfassung und -verarbeitung kann durch Softwareunterstützung beschleunigt werden.

2.4.2 Erfolgsplanung vs. integrierte Planung

Die einfachste Variante einer Planung, wie sie bisher von Alfred Mälzers durchgeführt wird, ist die **Erfolgsplanung** und berücksichtigt Umsatz und Kosten auf einer sehr aggregierten Ebene.

Sie beantwortet folgende Fragen:

► Wie wird sich der Umsatz entwickeln?

► Welcher Materialeinsatz ist nötig?

► Welchen Personalbedarf gibt es?

► Was sind weitere Kosten, die nötig sind?

► Wie wird sich in Folge mein **Ergebnis entwickeln**?

Bei der Planung wird auch betrachtet, welche Ausgaben nötig sind, um den Umsatz **langfristig** zu erzielen. Das sind z. B. Ausgaben für Forschung und Entwicklung, aber auch Investitionen, die sich in Form der Abschreibung und bei Investitionen als Zinsen in der

Ergebnisplanung widerspiegeln. Ein ausführliches Beispiel zu den Investitionen stellen wir in der integrierten Planung vor.

Zum besseren Verständnis betrachten wir ein vereinfachtes Zahlenbeispiel.

ABB. 27:   Beispiel einer einfachen Erfolgsplanung

	A	B	C
1		Vorjahr	Plan
2	Umsatz	100	105
3	- Materialeinsatz	-50	-52,5
4	**= Deckungsbeitrag**	**50**	**52,5**
5	*Deckungsbeitrag % Umsatz*	*50%*	*50%*
6	- Personalkosten	-30	-30
7	- Sonstige Kosten	-7,5	-7,5
8	- Abschreibung	-5	-5
9	**= Ergebnis**	**7,5**	**10**

Der **Umsatz** kann mittels einer Wachstumsrate geplant werden.

Umsatz Plan = Umsatz Vorjahr • (1 + Wachstumsrate)

ABB. 28:   Umsatzplanung mit Wachstumsrate

	A	B	C
1		Vorjahr	Plan
2	Umsatz	100	=+B2*105%

Der **Materialeinsatz** ist i. d. R. eine Funktion vom Umsatz und wird entsprechend modelliert.

$$\text{Materialeinsatz Plan} = \text{Umsatz Plan} \cdot \frac{\text{Materialeinsatz Vorjahr}}{\text{Umsatz Vorjahr}}$$

ABB. 29:   Planung Materialeinsatz mittels Vorjahresquote

		Vorjahr	Plan
1		Vorjahr	Plan
2	Umsatz	100	105
3	- Materialeinsatz	-50	=-B5*C2
4	**= Deckungsbeitrag**	**50**	**52,5**
5	*Deckungsbeitrag % Umsatz*	*50%*	*50%*

Personalkosten lassen sich gut planen, da die Mitarbeiter und ihre Bruttolöhne bekannt sind. Tarifliche Anpassungen können ermittelt werden. Bei Neueinstellung sind die Rahmenbedingungen im Voraus ebenfalls klar.

Andere Kosten können auf Basis des Vorjahres oder, wenn sie abhängig sind vom Umsatz, als Funktion des Umsatzes geplant werden.

Es ist denkbar, eine einfache Cashflowplanung aus dem Ergebnis abzuleiten, z. B. durch Addition der Abschreibung und Berücksichtigung der in der Bilanz zu aktivierenden Investitionen.

ABB. 30:	Beispiel einer einfachen Cashflowplanung

	A	B	C
1	✛	Vorjahr	Plan
2	Umsatz	100	105
3	- Materialeinsatz	-50	-52,5
4	**= Deckungsbeitrag**	**50**	**52,5**
5	*Deckungsbeitrag % Umsatz*	*50%*	*50%*
6	- Personalkosten	-30	-30
7	- Sonstige Kosten	-7,5	-7,5
8	- Abschreibung	-5	-5
9	**= Ergebnis**	**7,5**	**10**
10	+ Abschreibung	5	5
11	**= Cashflow**	**12,5**	=+C9+C10

Die **Integrierte Planung** ist die **zweite Stufe** und umfasst:

▶ **Gewinn- und Verlustrechnung** (Ergebnis)

▶ **Bilanz** (vor allem Investitionen, Finanzierung, Vorräte)
Die Planung der Bilanz ist weniger verbreitet, bietet aber den Vorteil, dass wesentliche **Liquiditätstreiber nur in der Bilanz zu sehen** sind und in einer einfachen Ergebnisplanung nicht berücksichtigt werden können. Das sind vor allem das **Working Capital** (Forderungen, Verbindlichkeiten und Vorräte), **Investitionen, Finanzierungen** und **Kapitalmaßnahmen** (Ausschüttung). In Branchen, wo diese Faktoren von Bedeutung sind, empfiehlt es sich, eine Bilanzplanung zu erstellen.

▶ **Cashflow** (Liquidität)
Es wird unterschieden zwischen operativem Cashflow, Cashflow aus Investitionen und Cashflow aus Finanzierung.

Der Cashflow wird bei der integrierten Planung über die Bilanz abgeleitet.

BEISPIEL 1 ▶ *Auch die Funktionsweise der integrierten Planung stellen wir anhand des Beispiels dar. Wir treffen dazu folgende stark vereinfachte Annahmen:*

▶ *Investition in das Anlagevermögen = 10, Abschreibung über fünf Jahre.*

▶ *100 % Finanzierung der Investition mit einem endfälligen Darlehen (keine Tilgung), Zins = 1 %.*

▶ *Andere Bilanzpositionen bleiben auf Vorjahresniveau.*

In der Gewinn- und Verlustrechnung treten im Vergleich zur ursprünglichen Planung zwei Änderungen auf:

▶ *Die Abschreibung erhöht sich um 2 (Investitionshöhe / Abschreibungsdauer).*

▶ *Der Zins wird mit 1 berücksichtigt (Zinssatz x Darlehenshöhe).*

ABB. 31:	Bilanz mit Investition

	A	B	C
1	- Abschreibung	-5	-7
2	- Zins		-0,1
3	**= Ergebnis**	**7,5**	**7,9**
4			
5	+ Abschreibung	5	7
6	**= Cashflow**	**12,5**	**14,9**
7			
8			
9			
10	BILANZ		
11		Vorjahr	Plan
12	Anlagevermögen	50	C1
13	Umlaufvermögen	30	30
14	Kasse	20	34,9
15	**Aktiva**	**100**	**117,9**
16			
17	Eigenkapital	70	70
18	Ergebnis		7,9
19	Fremdkapital	30	40
20	**Passiva**	**100**	**117,9**
21			
22	Investition		10
23	Finanzierung		10

Das Fremdkapital erhöht sich aufgrund des Darlehens um 10.

Die Kasse/Liquidität errechnet sich als Differenz zwischen Passiva und Aktiva ohne Kasse.

ABB. 32: Berechnung Kasse

		Vorjahr	Plan	Mengen	Vorjahr	Plan
22	Umsatz					
23		Vorjahr	Plan		Vorjahr	Plan
24	Kunde A	100	100		=+B24*B29	50
25	Kunde B	60	70		30	35
26	Kunde C	40	40		20	20
27	Umsatz	200	210		100	105
28						
29	Preis		0,5			

Eine **integrierte Planung** bildet die Sachverhalte des Beispiels auch in der Bilanz ab.

Der Nachteil der integrierten Planung liegt in dem Aufbau der Planungsdatei und der Integration der IST-Daten. Diese ist aufwendiger als bei einer Ergebnisplanung. Softwarelösungen können die aufwendigen Schritte automatisieren.

Der **Cashflow** ergibt sich bei der integrierten Planung aus der Gewinn- und Verlustrechnung und der Bilanz.

ABB. 33: Bilanz und Cashflowrechnung

	A	B	C	D	E	F
1	BILANZ				CASHFLOW	
2		Vorjahr	Plan			
3	Anlagevermögen	50	53		Ergebnis	7,9
4	Umlaufvermögen	30	30		+ Abschreibung	7
5	Kasse	20	34,9		= Operativer Cashflow	14,9
6	Aktiva	100	117,9			
7					Veränderung Anlagevermögen	-3
8	Eigenkapital	70	70		+ Abschreibung	-7
9	Ergebnis		7,9		= Cashflow Investition	-10
10	Fremdkapital	30	40			
11	Passiva	100	117,9		Veränderung Fremdkapital	10
12					+ Abschreibung	
13	Investition		10		= Cashflow Finanzierung	10
14	Finanzierung		10			
15					Cashflow gesamt	14,9

Der **operative Cashflow** ergibt sich bei dieser sehr vereinfachten Rechnung über das Ergebnis zuzüglich der nicht zahlungswirksamen Abschreibung.

Der **Cashflow aus Investition** ergibt sich aus der Veränderung des Anlagevermögens, das ebenfalls um die Abschreibung korrigiert wird.

Der **Cashflow aus Finanzierung** errechnet sich aus der Veränderung des Fremdkapitals.

HINWEIS

Als Check dient folgende Berechnung:
Die Differenz „Kasse Plan – Kasse Vorjahr" soll dem Cashflow gesamt entsprechen.

ABB. 34: Check Cashflowberechnung

	A	B
1	Liquidie Mittel Periodenanfang	20
2	Cashflow gesamt	14,9
3	Liquide Mittel Periodenende	34,9
4		
5	Kasse	34,9
6	Check	=+B3-B5

Werden weitere Bilanzpositionen, wie beispielsweise das Working Capital, betrachtet, wird diese Berechnungsstruktur ergänzt.

Alfred und Marlene haben sich darauf geeinigt, eine integrierte Finanzplanung einzuführen. Zwar ist der Aufbau der Datei zunächst etwas aufwendiger, jedoch ist ihnen in Anbetracht der anstehenden Investitionen ein guter Überblick sehr wichtig. Nun steht das zweite Ziel im Fokus: die Kundenplanung.

Auch hier erhält Marlene den Auftrag, einen Vorschlag zu unterbreiten.

2.4.3 Detailplanung

Es ist sinnvoll, wichtige Positionen detaillierter zu planen. Eine weitere Detailtiefe verursacht jedoch Kosten in Form von Zeit. Da Controlling immer auch nach dem Kosten-Nutzen-Verhältnis bewertet werden muss, ist es wichtig, sich die Mehrwerte einer größeren Detailtiefe bewusst zu machen und in diesem Schritt zu überlegen, wo mehr Details sinnvoll sind.

Das Entscheidungskriterium sollte i. S. des bekannten Regelkreises die Frage sein: Welche Informationstiefe wird benötigt, um im Falle einer Abweichung die Ursache identifizieren zu können und Gegenmaßnahmen einzuleiten?

Nachfolgende Grafik zeigt beispielhaft auf, bei welchen Positionen eine detaillierte Planung angewandt werden kann. Auf die einzelnen Punkte gehen wir im Folgenden ein.

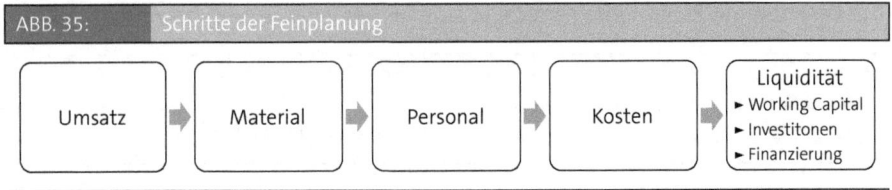

ABB. 35: Schritte der Feinplanung

2.4.4 Umsatz – Teilplanung

Der Umsatz hat einen großen Einfluss auf den Unternehmenserfolg und bietet somit einen großen Hebel. Allerdings ist er schwieriger zu planen, weswegen wir uns diesem ausführlich widmen werden.

In der Abweichungsanalyse des Umsatzes sind interessante Fragen je nach Branche und Unternehmensgröße sehr unterschiedlich. Beispiele sind:

► Welche Kundengruppe weicht vom Plan ab?

► Welcher Kunde weicht vom Plan ab?

► Welche Umsatzaktionen haben nicht wie erwartet funktioniert?

► Welche Produkte/Produktgruppen gehen gut/schlecht?

► Sind die Preis- und Mengenannahmen der Planung nicht korrekt?

   – Warum?

   – Ist das Produkt nicht attraktiv genug?

   – Ist der Vertrieb nicht gut geschult?

2.4.4.1 Umsatzmodellierung

In diesem Abschnitt stellen wir beispielhafte Methoden der Umsatzmodellierung vor und zeigen auf, wie mit Saisonalitäten umzugehen ist.

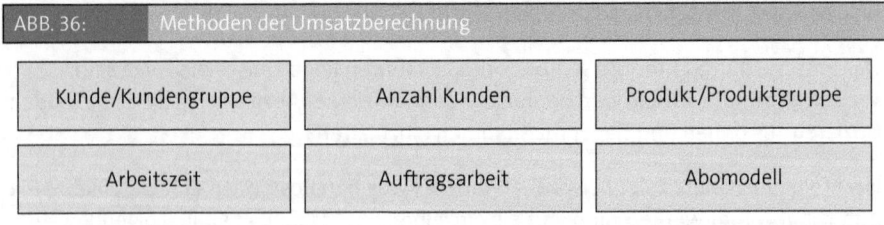

ABB. 36: Methoden der Umsatzberechnung

► **Kunden/Kundengruppen:** Überschaubare Anzahl an Bestandskunden
Berechnung: Umsatz je Kunde (s. Beispiel 1)

► **Anzahl Kunden:** Gastgewerbe, Kulturveranstaltungen wie Konzerte, Kindergärten
Berechnung: Kundenanzahl x Ø-Umsatz (s. Beispiel 2)

► **Produkt/Produktgruppe:** Produktionsbetriebe, Handel
Berechnung: Absatzvolumen x Preis (s. Beispiel 3)

► **Arbeitszeit:** Dienstleister wie Berater, Handwerker und Reinigungsdienste
Arbeitszeit x Stunden

► **Auftragsarbeit:** Häufig kreative Berufe wie Designer
Anzahl Auftrag x Ø-Umsatz pro Auftrag (s. Beispiel 4)

► **Abomodell:** Webbasierte Softwarelösungen, Fitnessstudio, Büchereien
Abonnenten x Abopreis

BEISPIEL 1 ► *Kunden/Kundengruppe*

*Bei **Unternehmen mit einem Kundenstamm** ist es sinnvoll, auf Kundenbasis zu planen. Dies hat den Vorteil, dass die Daten relativ leicht der Buchhaltung zu entnehmen sind.*

***Neuumsatz** kann als **Sammelposten** geplant werden. Als Maßnahmen können dann gezielte Aktionen auf Kundenbasis durchgeführt werden.*

In Geschäftsmodellen mit einem festen Kundenstamm macht eine Unterscheidung zwischen einem „Grundrauschen" und Neuumsatz durch neue Projekte bei Bestandskunden und Neukundenakquise Sinn.

Schritt 1: Planung Bestandsumsatz
Kundenlisten, z. B. in Form der Debitorenlisten, mit Historie sind eine gute Grundlage für die weitere Planung. Auf dieser Basis können Anpassungen anhand der Erwartungen durchgeführt werden.

ABB. 37:	Umsatzplanung auf Kundenbasis		
		Januar	...
Bestandskunden			
A		40	
B		30	
C		10	
...			
Umsatz Bestandskunde		80	
Umsatz Neukunden (errechnet)		20	
Gesamtumsatz		**100**	
Davon Bestandskunden		*80 %*	
Davon Neukunden		*20 %*	

Die Grafik zeigt einen Ausschnitt der Kundenplanung. Es wird mit einem Sammelposten „Neukunden" geplant. Dieser schließt die Lücke zwischen Zielumsatz und wahrscheinlichem Umsatz durch **Bestandsgeschäft.** Er wird errechnet als Differenz zwischen Zielumsatz und Summe Umsatz **Bestandskunden.** Die Planung der **Neukunden** sollte validiert werden. Dies kann anhand der Historie oder in Form einer **Vertriebspipeline** gemacht werden. Diese stellen wir im Kapitel „Vertriebscontrolling" näher vor, gehen aber hier auf den Zusammenhang mit der Budgetplanung ein.

Schritt 2: Planung Neukunden
Ein Ansatz für die Planung und laufende Validierung der Neukunden ist das erwähnte Pipelinemodell. Anhand der Grafik wird die Funktionsweise erklärt.

ABB. 38:	Planung Neugeschäft			
	Wert	**Wahrscheinlichkeit**	**Gewichteter Wert**	**Eintrittsdatum**
Lead A	10	50 %	5	Januar
Lead B	20	90 %	18	Januar
Summe	30		23	

In dem Modell werden alle Vertriebskontakte (sog. Leads) aufgeführt und das potenzielle Auftragsvolumen geschätzt. Dann wird dieser Wert mit einer Eintrittswahrscheinlichkeit bewertet.

Als Ergebnis erhält man eine sehr gute Indikation über die Entwicklung zukünftiger Umsätze (= gewichteter Wert). Verbindet man diese Indikation mit der Budgetplanung, dann erhält man eine gute Validierung der kommenden Umsätze. Natürlich kann die Validierung auch in Form von Erfahrungswerten erfolgen oder im Sinne einer anspruchsvollen Zielsetzung höher angesetzt werden.

Eine Validierung der Annahmen kann auch im Nachgang anhand der IST-Daten über eine Unterscheidung zwischen Bestandskunden und Neukunden in dem aktuellen Jahr erfolgen:

ABB. 39:	Planüberwachung		
	Januar		
	Plan	IST	Delta
Bestandskunden	80	70	− 10
Neukunden	20	20	+/− 0
Summe	100	90	− 10

► *Anzahl Kunden*

*Bei **Unternehmen mit einer großen Anzahl an homogenen Kunden**, die schnell wechseln, kann mit einem Preis- und Mengengerüst geplant werden. Ein Beispiel hierfür sind Kindergärten und Hotels.*

Einhergehend mit der Umsatzplanung muss immer auch die Kapazitätsplanung durchgeführt werden. Der geplante Umsatz muss realisierbar sein.

ABB. 40:   Kapazitätsplanung

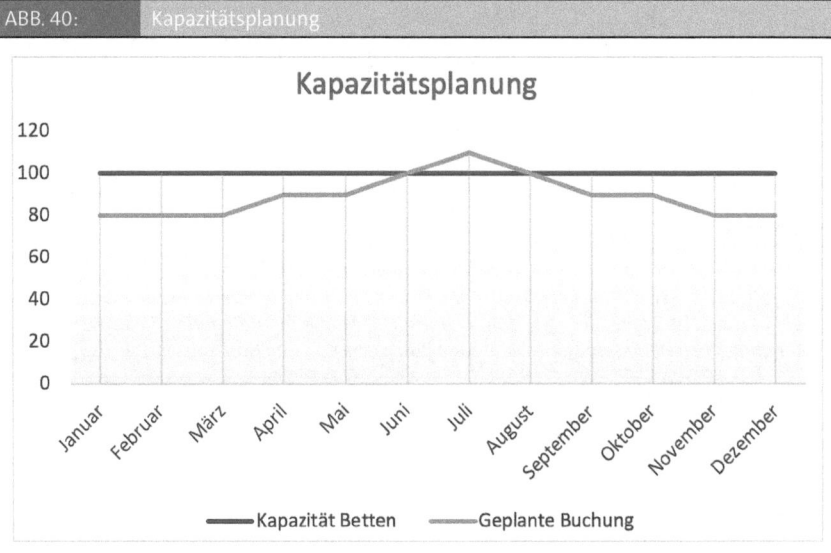

Die Grafik zeigt die Kapazitätsauslastung. Werte über 100 % sind zu hinterfragen oder können nicht realisiert werden.

► *Umsatz pro Kunde/Produkt*

*In der Grafik sind **mögliche Planungstiefen des Umsatzes** aufgeführt:*

► *Gesamtumsatz*

► *Umsatz pro Kunde*

► *Umsatz nach Produkten pro Kunde*

ABB. 41:   Beispiel für Detailtiefe der Planung

Ebene 1	Ebene 2	Ebene 3
Umsatz		
	Kunde A	
		Produkt A
		Produkt B

2. Budgetplanung

Eine Gliederung beginnend bei den Produkten ist ebenfalls vorstellbar. Ein Beispiel hierfür ist der Einzelhandel. Wie die Ebenen miteinander verknüpft werden können, zeigt folgende Grafik.

ABB. 42: Kombination der Planungstiefen

▲	A	B	C	D	E	F
1	Umsatz				Mengen	
2		Vorjahr	Plan		Vorjahr	Plan
3	Kunde A	100	100		=+B3*B8	50
4	Kunde B	60	70		30	35
5	Kunde C	40	40		20	20
6	Umsatz	200	210		100	105
7						
8	Preis		0,5			
9						

BEISPIEL 4 ▶ *Auftragsarbeit*

Bei **Handwerkern** macht es Sinn, **Baustellenkategorien** zu planen, z. B. kleine, mittlere und große. Diese haben unterschiedlichen Umsatz und Kosten (Materialaufwand und bewerteter Stundenaufwand). Dadurch ergibt sich eine durchschnittliche Marge pro Kategorie, die als Richtschnur und Annahme für die Planung dient. Diese kann durch eine Vor- und Nachkalkulation überprüft werden.

ABB. 43: Planungsannahmen Handwerk

▲	A	B	C	D
1	Baustellekategorie	Klein	mittel	groß
2	Ø Umsatz in €	1.500	5.000	8.000
3	Ø Materialkosten in %	41%	41%	40%
4	Ø Materialkosten in €	- 615	- 2.050	- 3.200
5	Ø Arbeitsaufwand in h	20	67	95
6	Stundensatz in €	35	35	35
7	Ø Arbeitsaufwand in €	- 700	- 2.345	- 3.325
8				
9	Ergebnisbeitrag in €	185	605	1.475
10	Ergebnisbeitrag in % v. Umsatz	12%	12%	18%

2.4.4.2 Verteilung des Umsatzes auf die einzelnen Monate

Um ein monatliches Reporting aufzubauen, ist es notwendig, auch die Planung auf Monatsbasis durchzuführen. Die Verteilung kann linear erfolgen. Dazu wird der geplante Jahresumsatz zu gleichen Teilen auf alle zwölf Monate verteilt, wie in der Tabelle unten beispielhaft dargestellt.

ABB. 44: Monatsverteilung

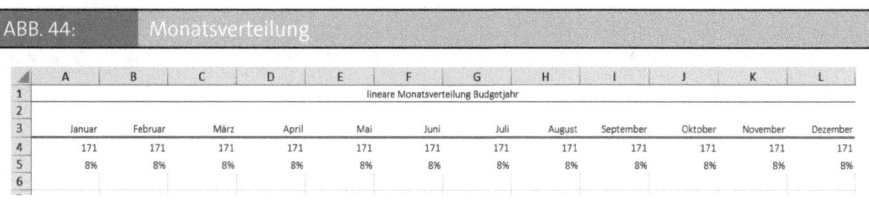

	A	B	C	D	E	F	G	H	I	J	K	L
1					lineare Monatsverteilung Budgetjahr							
2												
3	Januar	Februar	März	April	Mai	Juni	Juli	August	September	Oktober	November	Dezember
4	171	171	171	171	171	171	171	171	171	171	171	171
5	8%	8%	8%	8%	8%	8%	8%	8%	8%	8%	8%	8%
6												

Zeichnet sich das Geschäftsmodell durch Saisonalitäten aus, sind diese zu berücksichtigen. Andernfalls treten in den monatlichen Reports Abweichungen auf. Als Annahme kann die Saisonalität des Vorjahres dienen.

ABB. 45: Berechnung Saisonalität

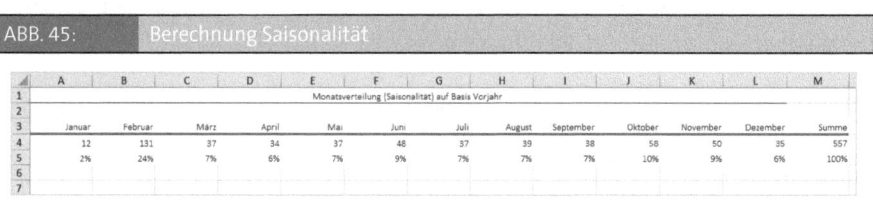

	A	B	C	D	E	F	G	H	I	J	K	L	M
1					Monatsverteilung (Saisonalität) auf Basis Vorjahr								
2													
3	Januar	Februar	März	April	Mai	Juni	Juli	August	September	Oktober	November	Dezember	Summe
4	12	131	37	34	37	48	37	39	38	58	50	35	557
5	2%	24%	7%	6%	7%	9%	7%	7%	7%	10%	9%	6%	100%
6													
7													

In obiger Grafik wird neben dem absoluten Wert der relative Anteil des Monatsumsatzes am Jahresumsatz aufgeführt. Mithilfe dieser prozentualen Verteilung wird der Umsatz des Planjahres auf die Monate verteilt. Bekannte Änderungen können entsprechend verarbeitet werden.

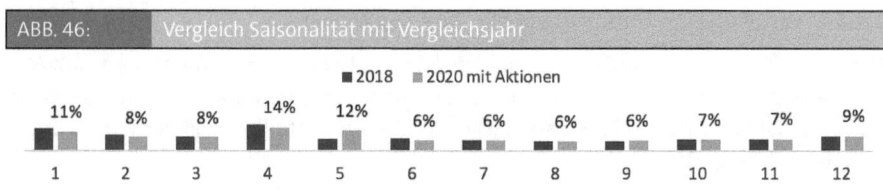

ABB. 46: Vergleich Saisonalität mit Vergleichsjahr

■ 2018   ■ 2020 mit Aktionen

11%	8%	8%	14%	12%	6%	6%	6%	6%	7%	7%	9%
1	2	3	4	5	6	7	8	9	10	11	12

Zur Validierung der Annahmen bietet sich der Vorjahresvergleich an. Obige Grafik zeigt diesen visuell an.

2.4.5 Kosten – Teilpläne

Der Umsatz ist der Ausgangspunkt für die weitere Planung.

2.4.5.1 Materialeinsatz

Bei produzierenden Unternehmen oder Handelsunternehmen ist der Materialeinsatz von Bedeutung. Zunächst muss entschieden werden, ob der Materialeinsatz pro Kunde/Kundengruppe, Produkt oder Produktgruppe berechnet wird.

ABB. 47: Berechnung Materialeinsatz

	Kunde A	Kunde B	Kunde C
Umsatz	100	100	100
Materialeinsatz in %	50 %	45 %	55 %
Materialeinsatz	50	45	55
Deckungsbeitrag	50	55	45

In der Grafik wird die Berechnungsweise dargestellt. Pro Kunde wird ein Materialeinsatz festgelegt. Dieser wird mithilfe des an den Kunden verkauften Produktmix errechnet, der z. B. über ein ERP-System (Enterprise-Resource-Planning) ermittelt werden kann.

Durch Umsatz und Materialeinsatzquote lassen sich der Materialeinsatz und der Deckungsbeitrag berechnen.

2.4.5.2 Personal

In der Regel sind die Personalkosten ein wesentlicher Kostenfaktor. Eine gute Planung der Mitarbeiter ist wichtig und leichter umzusetzen als die Planung von Umsatz und Materialeinsatz. Kapazitäten sind zu berücksichtigen, gerade im Hinblick auf Neueinstellungen. Als Indikator dient der Anteil der Personalkosten am Umsatz.

Bei der Planung treten häufig folgende Fragen auf:

► Sind tarifliche Erhöhungen abgebildet?

► Macht die Umsatz- und Kapazitätsplanung bzw. die strategische Ausrichtung Neueinstellungen nötig?

► Welche Gehaltserhöhungen sind möglich?

► Wie haben sich die Gehälter pro Mitarbeiter entwickelt?

► Wann macht eine Neueinstellung finanziell Sinn? (auch in Kombination mit der Kennzahl Umsatz pro Vollzeitmitarbeiter)

Um die Fragen beantworten zu können, ist wiederum eine Zeitreihe sehr wichtig. Diese ermöglicht eine schnelle Übersicht über die Gehaltsentwicklungen und macht auch eine Planung von Neueinstellungen leichter, da das Gehaltsgefüge ersichtlich ist.

ABB. 48:	Beispiel Mitarbeiterplanung Entwicklung				

	A	B	C	D	E	F
1	Name/ Bruttogehälter	2017	2018	2019	2020	2021
2	Herr A	40.000	41.200	41.612	41.612	42.860
3	*Gehaltssteigerung Herr A*		*3%*	*1%*	*0%*	*3%*
4	Frau B	40.000	41.200	41.612	41.612	42.860
5	*Gehaltssteigerung Frau B*		*3%*	*1%*	*0%*	*3%*

In der Grafik sind die Bruttogehälter der Mitarbeiter der letzten vier Jahre zu sehen. Gehaltsgefüge und -entwicklung können so abgelesen werden und bilden eine gute Basis für die Budgetplanung.

In dieser können Erhöhungen der Gehälter aufgrund individueller oder tariflicher Vereinbarungen abgebildet werden.

Die **Arbeitgeberanteile** können mit einem pauschalen Prozentschlüssel hinzugerechnet werden.

Im zweiten Schritt können die Gehälter auf die Monate verteilt werden. Für monatliche Abweichungsanalysen und Liquiditätsplanungen ist dies wichtig. Besonderheiten bei der Planung der Monate sind:

► das 13. und 14. Gehalt (beispielsweise in Österreich oder bei tariflich geprägten Unternehmen in Deutschland).

► Sonderzahlungen für Urlaub, Weihnachten und Boni.

► Neueinstellungen können mit dem geplanten Eintrittsmonat geplant werden.

Personaleinstellungen sind bei kleinen und mittleren Unternehmen von besonderer Bedeutung, daher gehen wir explizit auf diese ein. Fehlentscheidungen kosten Geld, was kleine Unternehmen schlechter kompensieren können, da ein Mitarbeitergehalt einen verhältnismäßig großen Einfluss hat.

Bei der Kostenplanung einer Einstellung ist zwischen direkten, gut planbaren Kosten und indirekten Kosten zu unterscheiden.

Direkte Kosten sind beispielsweise das Gehalt, Anzeigen oder Personalvermittler/Headhunter.

Indirekte Kosten entstehen in Form von gebundenen Kapazitäten zur Einarbeitung und einer Anlaufphase, in der der Mitarbeiter noch nicht voll produktiv und effizient arbeitet.

Die Sicherheit zu gewinnen bzw. die Wahrscheinlichkeit zu erhöhen, den richtigen Kandidaten einzustellen kann Controlling nicht. Es hilft jedoch, die Erwartungen, die mit einer Einstellung verknüpft sind, transparent zu machen.

BEISPIEL ▶ *Einstellung eines Vertriebsmitarbeiters*

Alfred Mälzers will einen Vertriebsmitarbeiter einstellen, der einen neuen Markt (Tirol und Vorarlberg in Österreich) erschließen soll. Die Erwartungen sind hier definiert in Umsatzzielen, die in den nächsten drei bis fünf Jahren erreicht werden sollen. Ebenso findet Alfred Mälzers wichtig abzuschätzen, mit welchen Produkten der Umsatz erzielt werden soll, um den Deckungsbeitrag bzw. den Materialeinsatz entsprechend planen zu können. Der Zeitraum von drei bis fünf Jahren ist dem Fakt geschuldet, dass der Aufbau neuer Umsätze Zeit Bedarf. Damit sind die Einnahmen, welche die Einstellung bringen soll, klar definiert. Diesen stehen Kosten gegenüber. Neben den Personalkosten sind weitere Investitionen, z. B. in Marketing, Provisionen, nötig. Gerade beim Aufbau eines neuen Marktes ist die Anlaufzeit größer. Ebenso fallen ggf. administrative Kosten an, die mit der Abwicklung der Aufträge einhergehen.

Diese Faktoren sind in einer Planung zu berücksichtigen und ermöglichen, die Effekte der Einstellung zu simulieren auf den Deckungsbeitrag in % und das Betriebsergebnis/EBITDA in % zu simulieren.

KENNZAHLEN

Unter **EBITDA** (Earnings before interests, taxes, depreciation and amortisation) versteht man das Betriebsergebnis vor Abschreibung, außerordentlichem Ergebnis, Zinsen und Steuern.

Jahresüberschuss
± Steuern ± a. o. Ergebnis ± Finanzergebnis ± Abschreibung

Die Einheit der Kennzahl ist Euro und der Wert **sollte möglichst hoch** sein.

Damit beschreibt das EBITDA den operativen Erfolg des Unternehmens und macht Unternehmen mit unterschiedlicher Finanzierung und Kapitalausstattung vergleichbar.

Zudem hat es, insbesondere bei einer unterjährigen Betrachtung, den Vorteil, dass die Aussagekraft robuster ist. Beispielsweise wird die Abschreibung in vielen Unternehmen nur pauschaliert gebucht. Steuerliche Effekte werden eliminiert. Für den nachhaltigen wirtschaftlichen Erfolg sind die Faktoren Abschreibung und Finanzierung sehr wichtig.

2.4.5.3 Sonstige Kosten

Um eine gute **Planungsgenauigkeit** zu erzielen, sollte auf folgende Punkte geachtet werden:

▶ Der Planungsfokus sollte auf die wesentlichen Werte gelegt werden.

▶ Wesentliche neue Effekte oder einmalige Kosten sind genau zu planen und dem entsprechenden Monat zuzuordnen.

▶ Sehr effizient ist die Kombination von einer Steigerungsrate im Vergleich zum Vorjahr mit einer Verteilung der Werte gem. der Vorjahressaisonalität.

ABB. 49:   Kostenplanung

	A	B	C	D	E	F
1	**Kostenplanung**	**2017**	**2018**	**2019**	**2020**	**2021**
2	Versicherung	- 2.000	- 2.000	- 2.000	- 2.000	- 2.000
3	KFZ	- 5.000	- 5.000	- 5.000	- 10.000	- 10.000
4	Beratung	- 3.000	- 3.090	- 3.121	- 3.121	- 3.215
5	Reisekosten	- 2.500	- 2.500	- 2.500	- 2.500	- 3.000
6	**Summe**	- 12.500	- 12.590	- 12.621	- 17.621	- 18.215

Obige Grafik zeigt in den Spalten die historischen Werte. Das Budget kann in den Zeilen pro Kostenart angepasst werden.

Ist der Kontenplan ausführlicher, bietet es sich an, mit Gruppierungen zu arbeiten, die in der nächsten Grafik exemplarisch dargestellt sind.

ABB. 50:   Beispiel Kostenplanung mit aufklappbaren Gruppenkonten

Konto (Monat)	Verlauf	VJ
∨ Sonstige betriebliche Aufwendungen		-18.817 €
∨ Versicherungen		-1.020 €
64000 Betriebsversicherung		-1.020 €
∨ KFZ Kosten		-1.913 €
65300 laufende KFZ-Kosten Benzin/ Diesel/ T...		-402 € - September 2016
65610 KFZ-Miete		-167 €
65400 KFZ-Kosten		-89 €
65200 KFZ-Versicherung		-500 €
65500 PKW- Leasing -Kosten		-642 €

2.4.6 Liquidität – Teilplanung

Die bisher ausgeführten Berechnungsarten der Liquidität ergänzen wir um eine Betrachtung des Working Capital.

ABB. 51: Detailplanung Liquidität

	A	B	F	G
1	**Planung - Eingabe**			
2				
3		Januar	Mai	Juni
4	**Wert Sachanlagen**	73.844	73.844	73.844
5	Wert Vormonat	73.844	73.844	73.844
6	Zugang Sachanlagen			
7	Abgang Sachanlagen			
8	Abschreibung aus GuV	0	0	0
9	**Wert Vorräte**	458.670	458.670	458.670
10	Wert Vormonat	458.670	458.670	458.670
11	Optimierung Vorräte			
12	**Wert Forderungen aus LuL**	463.588	463.588	463.588
13	Wert Vormonat	463.588	463.588	463.588
14	Optimierung Forderung aus LuL			
15				
16	**Wert Verbindlichkeiten aus LuL**	42.876	42.876	42.876
17	Wert Vormonat	42.876	42.876	42.876
18	Optimierung Verbindlichkeiten aus LuL			
19				
20	**Eigenkapital/ Kapitalrücklage**	25.000	25.000	25.000
21	Wert Vormonat	25.000	25.000	25.000
22	Korrekturzeile (Ausschüttung; Kapitalmaßnahme) Kapitalrücklage			
23				
24	**Verbindlichkeiten ggü Kreditinstituten**	250.000	250.000	250.000
25	Wert Vormonat	25.000	250.000	250.000
26	Tilgung Verbindlichkeiten ggü. Kreditinstituten			
27	Aufnahme Verbindlichkeiten ggü. Kreditinstituten			
28				
29	**Darlehen Gesellschafter**	75.000	75.000	75.000
30	Wert Vormonat	75.000	75.000	75.000
31	Tilgung Darlehen Gesellschafter			
32	Aufnahme Darlehen Gesellschafter			

Das Working Capital, also die Vorräte, Forderungen und Verbindlichkeiten, verändert sich abhängig von Umsatz und Materialeinsatz.

Für die Produktion müssen die entsprechenden Waren vorab gekauft werden oder dem Lager entnommen werden, was die Vorräte beeinflusst.

Diese Ware wird entsprechend dem Zahlungsziel bezahlt, was die Verbindlichkeiten beeinflusst.

Die fertige Ware wird vom Kunden ebenfalls entsprechend dem Zahlungsziel bezahlt, was die Forderungen beeinflusst.

Ein Anstieg des Working Capital bedeutet, dass Liquidität in Vorräten, Forderungen und Verbindlichkeiten gebunden ist. Gerade bei produzierenden Unternehmen, die starke Umsatzsteigerungen planen, kann dies große Einflüsse auf die verfügbare Liquidität haben.

Diese Effekte werden durch eine einfache Planung nicht deutlich, was zu Liquiditätsengpässen führen kann und ein Risikofaktor ist.

Alfred und Marlene hatten mit der Planung das Ziel, die Liquidität gut zu steuern. Daher erstellen sie für ihre Brauerei einen Teilplan zur Liquidität. Dazu überlegen sie, wie sie das Working Capital planen, und kommen zu folgendem Schluss:

Die Vorräte zur Produktion werden immer einen Monat im Voraus gekauft und ca. nach 30 Tagen bezahlt. Der Vorratswert des aktuellen Monats entspricht also dem Materialeinsatz des Folgemonats.

Die Verbindlichkeiten entsprechen damit dem Vorratswert des Vormonats plus der Umsatzsteuer.

Die Kunden zahlen innerhalb von 21 Tagen, daher entspricht der Umsatz des aktuellen Monats den Forderungen plus der Umsatzsteuer.

2.5 Fallstricke

► **Keine schriftliche Planung:** Eine schnelle und grobe Planung ist besser, als keine dokumentierte Planung zu haben, die Abweichungsanalysen ermöglicht.

► **Zu hoher Detailgrad:** Wird der Detailierungsgrad zu hoch gewählt, besteht die Gefahr, dass Aufwand, Fehleranfälligkeit und Komplexität steigen, der Zusatznutzen jedoch nur gering ist.

► **Komplizierte Planungsdateien:** Werden umfangreiche Planungsdateien in Excel genutzt, steigt das Risiko von Fehlern. Es empfehlen sich Checks und Validierungen mittels Vorjahresvergleichen, um die Datenqualität sicherzustellen.

► **Teilberichte sind nicht kohärent:** Es ist darauf zu achten, dass beispielsweise die Umsatzplanung abgestimmt ist mit Kapazitäten in Personal und Produktion und etwaige Kapazitätserhöhungen geplant werden.

► **Die Budgetplanung kann einem Realitätscheck nicht standhalten:** Es ist eine Validierung der Planung mit Blick auf die Vorjahreswerte, Marktgegebenheiten und Expertise der Mitarbeiter des Unternehmens durchzuführen.

► **Die Planung ist unambitioniert oder überambitioniert.** Die Planung soll als eine anspruchsvolle Zielsetzung verstanden werden, die erreichbar ist.

► **Fehlender Aktionsplan:** Bei der Budgetplanung sind Maßnahmen, die zur Zielerreichung führen sollen, zu dokumentieren.

► **Lerneffekte aus vergangenen Budgetrunden werden nicht genutzt.** Die Planungsannahmen und -abweichungen im Zuge des Reportings sind zu dokumentieren, um aus ihnen zu lernen und die Qualität zu steigern.

► **Die Budgetplanung passt nicht zu den langfristigen Unternehmenszielen:** Die Budgetplanung ist im Kontext der Strategie zu sehen und sollte auf sie abgestimmt sein.

► **Der Wert der Budgetplanung wird im operativen Tagesgeschäft nicht gesehen:** Die Ausrichtung der operativen Tätigkeit an Budgetzielen hilft, den Fokus zu behalten. Dazu ist es wichtig, den Wert der Budgetplanung im Unternehmen zu kommunizieren.

3. Vertriebscontrolling

Alfred Mälzers reflektiert die bisherigen Erfolge ihres Controlling-Projekts. Die Mehrwerte von Reporting und Budgetplanung haben ihn überzeugt. Da die Kosten größtenteils fixen Charakter haben, sieht er den größten Hebel für Ergebnisoptimierungen im Vertrieb. Mit seiner Tochter will er besprechen, wie Controlling für den Vertrieb genutzt werden könnte. Dabei beschäftigen ihn zwei Punkte: „Erstens: Der Vertriebsprozess ist wenig transparent, obwohl der Vertrieb unsere wichtigste Stellschraube ist und die höchsten Einflussmöglichkeiten bietet. Zweitens sind mir Umsatzabweichungen, gerade bei Neukunden, nicht immer klar."

Marlene überlegt, wie sie die Fragen ihres Vaters in ihr Controlling integrieren könnten: „Die bisherigen Erfolge freuen mich und ich habe den Eindruck, die Wirkungszusammenhänge des Unternehmens immer besser zu verstehen. Das Thema des Vertriebs und die von dir aufgeführten Punkte sind mir auch aufgefallen. Beim Vertriebsprozess sollten wir überlegen, was die wichtigsten Parameter sind, die diesen beschreiben. Es könnten beispielsweise die durchschnittliche Dauer bis zum Abschluss, die Abschlussquote und -höhe sowie die Herkunft der Kontakte sein. Auch sollte das Vertriebscontrolling ins Reporting und die Budgetplanung integriert werden. Ansonsten hat man verschiedene Konzepte und Systeme, die nicht ineinandergreifen. Das macht die Steuerung schwieriger und geht mit hohen Schattenkosten einher. Wollen wir dies angehen?"

Alfred Mälzers stimmt dem natürlich zu, und so wird es in Angriff genommen.

3.1 Was ist Vertriebscontrolling?

Vertriebscontrolling ist, in Anlehnung an unser allgemeines Controllingverständnis, die Steuerung des Vertriebs zur Erreichung der Vertriebsziele.

Es ist Teil des Unternehmenscontrollings und greift auf Instrumente wie Planung, Reporting und Kennzahlen zurück, um den Entscheidungsträgern steuerungsrelevante Informationen zur Verfügung zu stellen. Ergänzt wird das Vertriebscontrolling um Instrumente, die beispielsweise helfen, Markt- und Wettbewerbsanalysen durchzuführen (z. B. Portfoliomodelle wie die BCG-Matrix) oder den Kunden- und Produkterfolg zu messen (z. B. Kunden-ABC-Analysen, Deckungsbeitragsrechnungen). Wie im gesamten Buch setzen wir den Fokus auf das operative Controlling. Deshalb betrachten wir in diesem Kapitel die Instrumente Planung, Kennzahlen, Vertriebsprozess und Forecast, wobei den Themen Vertriebsprozess und Forecast besondere Aufmerksamkeit zukommt. Da die Konzepte zu Planung und Kennzahlen bereits aus den vorangegangenen Kapiteln bekannt sind, werden wir hier nur auf die Besonderheiten im Zusammenhang mit dem Vertrieb eingehen.

Der Vertriebsprozess beschreibt, wie ein Produkt oder eine Dienstleistung einem potenziellen Kunden verkauft wird. Diese Daten eignen sich gut, um den zukünftigen Umsatz auf Bestands- und Neukundenbasis zu prognostizieren (Forecast).

Eine solche Prognose bietet zahlreiche **Mehrwerte**, da der Umsatz eine zentrale Kennzahl in der Unternehmenssteuerung ist. So wird in der Budgetplanung der Vertrieb häufig über den Umsatz gesteuert, und auch in Bonifikationssystemen ist der Umsatz ein zentrales Element.

Umsatz ist jedoch ein reines Messinstrument, vergleichbar mit einem Thermometer. Ein Thermometer sagt aus, ob es in einem Raum kalt oder warm ist. Den Grund für die niedrige Temperatur, beispielsweise eine ausgefallene Heizung, kann das Thermometer nicht anzeigen. Mögliche Ursachen für die niedrige Temperatur können erst nach Identifikation der Einflussfaktoren auf die Temperatur untersucht werden.

Ein **Vertriebsprozesscontrolling** hilft, die **Einflussfaktoren** auf den Umsatz zu identifizieren und zu evaluieren, denn im Vertriebsprozess gehen wir der Frage nach, wie der Umsatz zustande kommt und welche Einflussmöglichkeiten der Vertrieb hat, diesen zu verbessern.

Damit können die Kennzahlen des Vertriebsprozesscontrollings als **Frühwarnindikatoren** interpretiert werden.

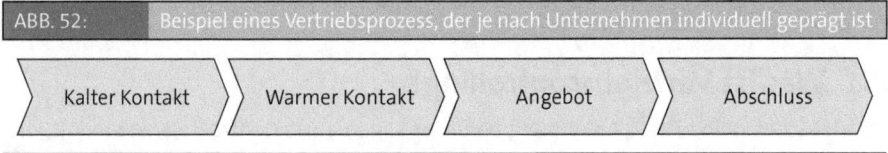

ABB. 52: Beispiel eines Vertriebsprozess, der je nach Unternehmen individuell geprägt ist

Kalter Kontakt 〉 Warmer Kontakt 〉 Angebot 〉 Abschluss

Der Vertriebsprozess beschreibt die einzelnen Schritte, die zum Abschluss und damit zum Umsatz führen. Er kann sich beispielsweise vom Austausch der Visitenkarten auf einer Messe über den ersten Anruf mit der Bedarfsermittlung bis hin zum Angebot und Abschluss erstrecken.

Ziel des Kapitels ist ebenfalls zu sehen, wie der Vertriebsprozess in die bestehenden Konzepte integriert werden kann. Dazu stellen wir u. a. das Modell des Vertriebstrichters (Pipelinemodell) vor. Es ist besonders geeignet für Unternehmen mit Produkten und Dienstleistungen und verfolgt das Ziel, den Vertriebsprozess transparent darzustellen und die Erfolgsparameter zu messen und so zu verbessern. Wir ergänzen das Konzept um den Blickwinkel des Kunden.

3.2 Was bringt Vertriebscontrolling für einen Mehrwert?

Unserem Konzept folgend, dass alle Instrumente nach einer Kosten-Nutzen-Abwägung ausgewählt werden sollten, stellen wir zunächst die Mehrwerte des Vertriebscontrollings im Hinblick auf die vorgestellten Instrumente dar.

3.2.1 Umsatz steigern

Der zentrale Mehrwert von Vertriebscontrolling liegt in der Steigerung des Umsatzes. Dies gelingt u. a. durch die Frage nach den **Erfolgsfaktoren** des Vertriebsprozesses. Die darauffolgende Analyse schafft ein **besseres Verständnis** für den **Prozess** und die **Bedürfnisse** des Kunden. Auf Basis dieser Informationen kann der Vertriebsprozess optimiert werden, was zu einem höheren Umsatz führt.

3.2.2 Ziele erreichen

Planung und Kontrolle i. S. des Controlling-Regelkreises verbessern die **Zielerreichung**. Bei einer reinen **Umsatzbetrachtung** wird nur **retrospektiv** gesteuert. Dagegen betrachtet eine **Vertriebspipeline** das Volumen und die Wahrscheinlichkeit **zukünftiger Geschäfte**. Entsprechend erhält der Entscheider die Möglichkeit, negativen Entwicklungen gegenzusteuern und gesetzte Ziele noch zu erreichen.

3.2.3 Erfolge steigern durch Lernen

Der Vertriebsprozess ist nicht selten eine „Blackbox". Daten zum Vertriebsprozess, wie der Austausch mit dem Kunden, werden auf Mitarbeiterebene gesammelt, z. B. im E-Mail-Postfach. Eine **zentrale Dokumentation** der Vertriebsschritte erfolgt nicht, Gründe für Absagen werden nicht gezielt gesammelt und ausgewertet. Damit ist das Wissen nicht nutzbar für weitere Analysen. Im Falle einer Krankheit oder eines Mitarbeiterwechsels können Informationen verloren gehen. Das Vertriebscontrolling und die damit einhergehende Dokumentation können helfen, das Wissen im Unternehmen zu erhalten und durch den erhöhten Austausch sogar zu vermehren.

3.2.4 Risikomanagement

Ein Vertriebscontrolling ist, den letzten Argumentationspunkt weiter ausführend, ein Bestandteil des **Risikomanagements**, denn es wird ein Vertriebsprozess entwickelt, der optimal auf das Geschäftsmodell des Unternehmens ausgerichtet ist. **Erfahrungswerte**, wie beispielsweise erfolgreiche Strategien zur Kundengewinnung, werden auf diesem Weg dokumentiert und nachhaltiger umgesetzt. Damit sind Übergaben leichter zu organisieren und eine **Skalierung** des Vertriebs wird möglich, da die Schritte reproduzierbar werden. Die „Blackbox" Vertrieb wird transparenter.

3.3 Was zeichnet gutes Vertriebscontrolling aus?

Nach der Darstellung der Mehrwerte geht es nun um die Umsetzung. Bevor wir auf die konkrete Ausgestaltung eingehen, zeigen wir Eckpunkte auf, die ein gutes Vertriebsprozesscontrolling auszeichnen.

3.3.1 Begleitende Kommunikation

Die begleitende Kommunikation ist kein Qualitätskriterium für das Controllingsystem per se. Da es aber eine wichtige Voraussetzung für die erfolgreiche Einführung ist, beginnen wir den Abschnitt mit diesem Punkt.

Häufig bestehen dem Controlling gegenüber Vorbehalte. Controlling wird als „Kontrollinstrument" gesehen. Die Nähe des englischen „to control" zum deutschen „Kontrolle" verstärkt dies, zumal es neben „steuern" auch mit „kontrollieren" übersetzt werden kann. Die Vorbehalte betreffen auch das Vertriebscontrolling und sind entsprechend bei der Einführung eines Controllingsystems kommunikativ aufzugreifen.

3.3.2 Kundenorientierung

Das Vertriebscontrolling muss den Vertriebsmitarbeiter dabei unterstützen, seiner Aufgabe „zu verkaufen" besser nachzukommen. Ein Kunde kauft, weil er einen Mehrwert in dem Produkt oder der Dienstleistung für sich sieht.

Vertriebscontrolling kann helfen, den Kundenmehrwert zu erhöhen, indem es die Kundenperspektive abbildet. Dies führt indirekt zu einem höheren Umsatz.

Die Brauerei Mälzers möchte ihr neues Craft-Bier im Markt etablieren. Sie sieht zwei Gruppen potenzieller Kunden. Die erste Gruppe sind Szenebars, die zweite Gruppe traditionelle Getränkemärkte. Die Annahme ist, dass die Szenebars die Hauptzielgruppe sind. Vermutlich wird diese Gruppe eine größere Menge abnehmen und der Verkaufsprozess wird schneller abgeschlossen sein. Um diese These zu testen, helfen die Kennzahlen „Erfolgsquote" und

„Abschlussdauer", die das Vertriebsprozesscontrolling erfasst. Entsprechend kann sehr objektiv über mehrere Vertriebsmitarbeiter ausgewertet werden, welche Kundengruppe den tatsächlich größten Mehrwert hat und ob die These von Alfred und Marlene Mälzers stimmt.

Erfahrungen und Erkenntnisse, gerade bei Absagen, können ausgewertet werden, wodurch der Prozess weiter verbessert wird. Dies wirkt sich in einer höheren Erfolgsquote und einem schnelleren Prozess aus.

ABB. 53:	Auswertung Vertriebsprozess	

	A	B	C
1		Dauer Verkaufsprozess	Abschluss- quote
2		in Tagen	in %
3	Szenebars	45	25%
4	Getränkemärkte	65	18%

3.3.3 Synergien nutzen

Der Umsatz ist ein zentraler Bestandteil der Budgetplanung, des Reportings und Ergebnis des Vertriebsprozesses. Die Daten und Erkenntnisse, die im Vertriebscontrolling gewonnen werden, können die Qualität der Budgetplanung verbessern und Annahmen validieren. Das Reporting kann durch Frühwarnindikatoren oder einen Umsatzforecast angereichert werden, die den Zukunftsbezug steigern. Auch im Frühwarnsystem, wie wir es später vorstellen, kann darauf zurückgegriffen werden. Diese Synergien sollten genutzt werden. Aus diesem Grund gehen wir noch genauer darauf ein, wie das Vertriebscontrolling mit den bisher bekannten Instrumenten kombiniert werden kann.

3.4 Wie setze ich es um?

Aus Gründen der besseren Verständlichkeit unterscheiden wir im Folgenden stark zwischen Bestands- und Neukunden. Diese Unterteilung ergibt für viele, aber nicht für alle Branchen Sinn. In einem ersten Schritt beschreiben wir, wie die Budgetplanung auf Bestandskundenebene durchgeführt werden kann. Daraus leiten wir zentrale Kennzahlen für das Bestandskundencontrolling ab und erläutern anschließend, wie auf dieser Basis ein Umsatzforecast aufgebaut werden kann. Im zweiten Schritt betrachten wir die Neukunden und den Vertriebsprozess. Wir erläutern, wie dieser mithilfe einer Vertriebspipeline gesteuert werden kann, und leiten auch hier wichtige Kennzahlen und einen Umsatzforecast ab. Abschließend gehen wir auf die Integration in die Finanzplanung ein.

Dieser Aufbau entspricht einem praktikablen Vorgehen bei der Umsatzplanung, wie sie in folgendem Schema dargestellt ist.

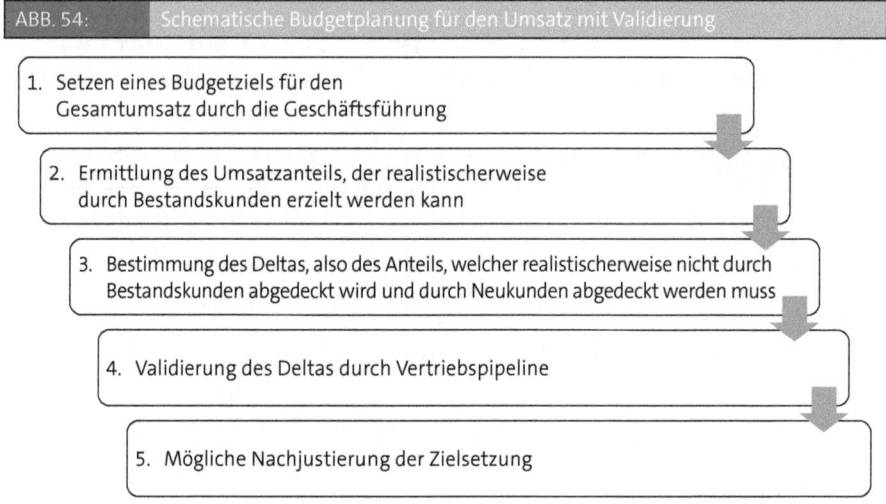

ABB. 54:   Schematische Budgetplanung für den Umsatz mit Validierung

1. Setzen eines Budgetziels für den Gesamtumsatz durch die Geschäftsführung

2. Ermittlung des Umsatzanteils, der realistischerweise durch Bestandskunden erzielt werden kann

3. Bestimmung des Deltas, also des Anteils, welcher realistischerweise nicht durch Bestandskunden abgedeckt wird und durch Neukunden abgedeckt werden muss

4. Validierung des Deltas durch Vertriebspipeline

5. Mögliche Nachjustierung der Zielsetzung

3.4.1 Bestandskundenbudget planen

Es gibt zwei verschiedene Ansätze, an die Umsatzplanung heranzugehen. Entweder man denkt zunächst auf Kundenebene oder man nutzt einen projekt- bzw. produktorientierten Ansatz. Welcher dieser Ansätze besser geeignet ist, hängt stark vom individuellen Unternehmen ab. Der Einzelhandel, Bestattungsunternehmen oder Kindergärten sind typische Beispiele für einen produktorientierten Ansatz. Der Übersichtlichkeit halber werden wir uns auf einen kundenorientierten Ansatz fokussieren. Viele der hier vorgestellten Methoden lassen sich jedoch leicht auf einen produktorientierten Ansatz übertragen.

Die Kunden unterteilen sich in zwei Gruppen, die sich grds. unterscheiden und dadurch auch unterschiedliche Methoden zur Analyse des Vertriebs erfordern: Bestandskunden und Neukunden.

Bei **Bestandskunden** ist die **Datenlage** im Regelfall sehr **gut**, wodurch zahlreiche Analysen einfach umsetzbar sind. Demgegenüber ist das **Neukunden-Geschäft** stärker von **Ungewissheiten** belastet und der **Vertriebsprozess** rund um die Akquise spielt eine **größere Rolle**. Da sich für Neu- und Bestandskunden unterschiedliche Fragestellungen ergeben, ist es sinnvoll, diese Gruppen zunächst getrennt zu betrachten.

Selbstverständlich sind sowohl das Neukunden- als auch das Bestandskunden-Geschäft von Unsicherheiten gekennzeichnet.

Die Daten der Bestandskunden sind gut verfügbar, sei es in Form der Debitorenliste oder in Form von Auswertungen des ERP-Systems. Die Kunden können gruppiert oder geordnet werden, so dass sie in das übliche Betrachtungsraster des Unternehmens passen. Mögliche Kriterien sind z. B. Kundengruppen oder Länder.

ABB. 55: Planung Bestandskunden

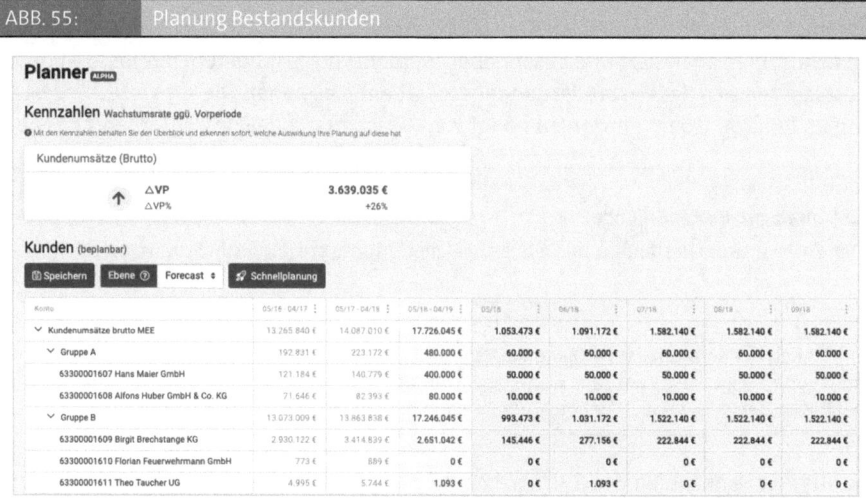

In obiger Grafik **„Planung Bestandskunden"** sind

▶ die Kunden nach zwei Gruppen A und B gruppiert.

▶ Die zwei weißen Spalten stellen zwei Vorjahre da. Die hellgraue Spalte ist die Summe der Einzelmonate, die in den dunkelgrauen Spalten geplant werden.

Sind die Umsätze des Bestandskunden geplant, kann über die Umsatz-Budgetvorgabe der Geschäftsführung errechnet werden, welcher Anteil des budgetierten Umsatzes durch Neukunden erzielt werden muss.

ABB. 56: Berechnung „Umsatz Neukunden"

		05/18
Umsatz Bestandskunde	Aus „Planung Bestandskunden"	1.053.473 €
Umsatz Neukunden	= Budgetumsatz (Ziel) – Umsatz Bestandskunden	146.527 €
Zielumsatz	Budgetvorgabe der Geschäftsführung	1.200.000 €

Ist mit Bestandskunden ein größeres Neugeschäft geplant, kann der Neuumsatz entsprechend dem Neukunden-Controlling, wie wir es später in diesem Kapitel vorstellen, in der Pipeline geplant werden. Das ist sinnvoll, wenn die Wahrscheinlichkeit, dass das Neugeschäft realisiert wird, ungewiss ist. Durch diese Unterteilung wird in der Planung deutlich, welcher Umsatzanteil risikobehaftet ist.

3.4.2 Bestandskunden mittels Kennzahlen steuern

Entsprechend unseres generellen Controlling-Ansatzes sollte auch der Vertrieb mithilfe von Kennzahlen analysiert und beschrieben werden. Von besonderem Interesse ist dabei natürlich, wie sich das Bestandskundengeschäft entwickelt hat. Die konkrete Ausgestaltung und Auswahl der Kennzahlen hängt vom Geschäftsmodell des Unternehmens ab.

KENNZAHL

Ø-Umsatz pro Bestandskunde:

Der Ø-Umsatz pro Bestandskunde gibt an, welcher Umsatz pro Kunde im Schnitt erzielt wird.

$$\frac{\text{Umsatz}}{\text{Anzahl der Bestandskunden}}$$

Die Einheit der Kennzahl ist Euro und die Kennzahl sollte möglichst hoch sein. Gibt es keine Preisanhebung, steigt diese Kennzahl, wenn die Bestandskunden eine höhere Menge bestehender Angebote kaufen oder neue Angebote ihrem Warenkorb hinzufügen.

Quantitative Kennzahlen wie Ø-Umsatz pro Bestandskunde sind jedoch keine Frühwarnindikatoren, denn sie schlagen erst an, sobald der Umsatz gesunken oder Bestandskunden weggebrochen sind. Zu diesem Zeitpunkt sind jedoch die Möglichkeiten, mit Gegenmaßnahmen zu reagieren, bereits stark eingeschränkt. Ein zukunftsorientiertes Controlling, welches zum Ziel hat, Entwicklungen frühzeitig erkennen zu können, sollte daher bei der Betrachtung der Bestandskunden die **Kundenbindung** in den Mittelpunkt stellen. Dadurch hebt sich auch an dieser Stelle das Bestandskundengeschäft von der Neukundenakquise mittels Pipelinemodell, wie wir es gleich tiefergehend erläutern, ab.

Ein zentraler und vorgelagerter Faktor für die Kundenbindung ist die **Kundenzufriedenheit**. Als Indikatoren können beispielsweise Kennzahlen wie die **Anzahl der Stornierungen** oder die **Reklamationsquote** dienen.

Eine bewährte Möglichkeit, die Bedürfnisse der eigenen Kunden besser zu verstehen, ist, punktuell **Kundenbefragungen** analog zur Mitarbeiterbefragung, wie wir sie im Kapitel zur Mitarbeiterzufriedenheit vorstellen, durchzuführen. Diese bilden einen guten Frühwarnindikator.

Gerade für größere Kunden ist es zusätzlich sinnvoll, die Entwicklung ihres Umsatzvolumens zu verfolgen und aus der Perspektive Kundenbindung heraus zu betrachten. Im Kapitel „Frühwarnsysteme" erklären wir detailliert, wie man eine solche Zeitreihe ausführlich bewerten kann, indem man neben dem aktuellen Wert auch mögliche zukünftige Wertstellungen sowie **Trends** berücksichtigt. Dieser Ansatz kann mit einem Forecast kombiniert werden, so dass **ungenutzte Potenziale** deutlich werden. In diesem Kontext ist es auch sinnvoll, ähnliche Kunden miteinander zu vergleichen.

Der Biergarten „Zum Bären" ist seit Jahren ein treuer Kunde der Brauerei Mälzer. Betrachtet man den Umsatz, der durch diesen Kunden erzielt wird, so lassen sich keine Auffälligkeiten feststellen. Der Umsatz ist seit geraumer Zeit auf einem konstanten Niveau. Nach der Einführung des neuen Craft-Beers ist der durch vergleichbare Unternehmen erzielte Umsatz jedoch angestiegen. Aus diesem Grund hatten Marlene und Alfred eine ähnliche Entwicklung für den Biergarten „Zum Bären" vermutet. Aufgrund ihrer gut gepflegten Datenbank können Alfred und Marlene noch weitere Kunden ausfindig machen, die seit Einführung des Craft-Beers einen unterdurchschnittlichen Anstieg an Verkaufszahlen vorweisen und hinter den durch den Vertriebsforecast gesetzten Erwartungen zurückgeblieben sind. Liegen hier ungenutzte Verkaufspotenziale vor? Welche Ursachen gibt es für diese Entwicklungen? Gemeinsam mit ihren Vertriebsmitarbeitern beschließen Alfred und Marlene, erneut auf diese Unternehmen zuzugehen, um die Gründe zu verstehen und ggf. mit verkaufsunterstützenden Maßnahmen den Umsatz zu steigern. Dabei greifen sie auf Erkenntnisse aus Gesprächen mit den besonders erfolgreichen Unternehmen dieser Vergleichsgruppe zurück.

ABB. 57: Top und Flop Analyse der Kunden

↑ Kunden (IST vs. FC)						
#	Konto	IST vs. FC	Abw. in %	Entwicklung		
1	Szenebar Wonderland	20.000,00 €	33,33%	▮▮▮▮▮	0	⋮
2	Gutes Bier	15.000,00 €	25,00%	▮▮▮▮	0	⋮
3	Der Treffpunkt	15.000,00 €	25,00%		0	⋮

↓ Kunden (IST vs. FC)						
#	Konto	IST vs. FC	Abw. in %	Entwicklung		
1	Biergarten 'Zum Bären'	-20.000,00 €	-66,67%	▮▮▮▮▮▮▮	0	⋮

3.4.3 Der Umsatzforecast auf Bestandskunden-Ebene

Aufgrund der guten Datenlage eignet sich die Kennzahl „Umsatz durch Bestandskunden" in besonderem Maße für eine Prognose mittels maschinellen Lernens, wie wir es im nächsten Kapitel kennenlernen werden. Der Umsatz, welcher mit Bestandskunden erzielt wird, kann oft recht gut vorhergesagt werden. Das gilt vor allem, wenn die Umsätze auf Kundenebene nur geringen Schwankungen unterliegen. In diesem Fall ist es für die Umsatzprognose sinnvoll, nicht den Gesamtumsatz, sondern den Einzelumsatz für jeden Kunden individuell zu betrachten. Der Mehrwert liegt hierbei vor allem in einer automatisierten Aufbereitung für weitere Analysen und Verfeinerungen durch die Vertriebsmitarbeiter.

Gerade bei langjährigen Kunden hat der Vertrieb oft ein gutes Gespür für die zukünftige Entwicklung des Umsatzes aufgebaut. Diese Expertise bietet eine gute Grundlage, um den Umsatzforecast zu ergänzen.

Alfred Mälzers will eine Umsatzprognose für die nächsten Monate erstellen, um einschätzen zu können, ob das Jahresziel erreicht werden wird. Dazu betrachtet er die Umsätze seiner Bestandskunden und schätzt auf Basis seines Wissens ein, wie sich die Umsätze entwickeln werden. Beispielsweise weiß er bei einem großen Getränkemarkt, dass die Umsätze aufgrund der Neueröffnung eines neuen Marktes mit der dazugehörigen Erstausstattung steigen werden. Da er mit den großen Kunden im regelmäßigen Austausch ist, fällt ihm die Einschätzung leicht und seine Erfolgsquote ist i. d. R. gut.

3.4.4 Vertriebsprozesscontrolling in der Akquise

Das Neukunden-Geschäft hebt sich durch den umfangreicheren Vertriebsprozess vom Bestandskunden-Geschäft ab. Dieser Vertriebsprozess ist eine entscheidende Stellschraube und ein wichtiger Erfolgsparameter für den zukünftigen Umsatz. Daher stellen wir den Vertriebsprozess in den Mittelpunkt des Neukunden-Controllings. Dieser kann auch als Frühwarnindikator verstanden werden.

Um den Vertriebsprozess steuerbar zu machen, ist es wichtig, ihm eine Form zu geben, die eine Analyse ermöglicht. Dazu bietet sich das Modell des Vertriebstrichters, das auch als Pipelinemodell bezeichnet wird, an.

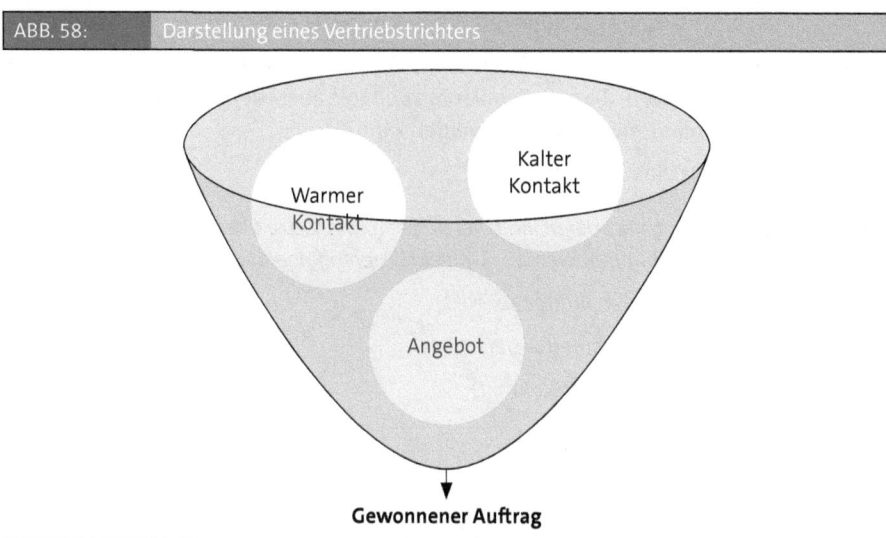

ABB. 58: Darstellung eines Vertriebstrichters

Gewonnener Auftrag

Bei dem Modell des Vertriebstrichters wird der Vertriebsprozess in verschiedene unternehmensindividuelle Phasen unterteilt, z. B. kalter Kontakt (Visitenkarte), warmer Kontakt (Telefonat, E-Mail), Angebot und Abschluss. Mit jeder Phase nimmt die Anzahl der Kontakte ab und die Wahrscheinlichkeit eines Vertriebserfolgs steigt.

Im Zuge der Umsetzung geht es zunächst um die **Beschreibung des Vertriebsprozesses**. Dazu wird der Prozess in wiederholbare Schritte zerlegt, die üblicherweise durchlaufen werden. Ziel ist, den Prozess transparent darzustellen, einzelne Schritte zu optimieren und damit die **Lerneffekte** allen Mitarbeitern zugänglich zu machen. Der Vertriebsprozess bietet damit einen Rahmen, der Mitarbeiter durch den Vertriebsprozess führt und dabei unterstützt, bessere Verkaufsresultate zu erzielen. Dabei wird der Prozess optimal auf die Bedürfnisse der Kunden zugeschnitten und ist unternehmensindividuell.

Bei der Definition der Phase können folgende Fragen helfen. Diese erweitern den Blickwinkel auf die Phasen und geben ihnen eine Kundenorientierung:

► Wie muss der Prozess gestaltet sein, um bestmöglich auf die Zielgruppe einzugehen?

► Welche Ansprache funktioniert am besten?

► Welche Produkte/Dienstleistungen schaffen den größten Mehrwert für welche Zielgruppe?

► Welche Zielgruppe empfiehlt am meisten weiter und ist offensichtlich am frohsten?

► Kann man diese Gruppe gezielt vergrößern/sich spezialisieren?

► Wie können die Kontakte so gefiltert werden, dass persönliche Gespräche nur mit Interessenten erfolgen, die einen konkreten Bedarf haben, der durch die angebotene Dienstleistung/das Produkt bedient werden kann?

► Wie lange dauert eine Phase?

Marlene und ihr Vater strukturieren ihren Vertriebsprozess. Dazu überlegen sie, welche Phasen typischerweise durchlaufen werden. Sie identifizieren folgende Phasen:

► *Potenzielle Kunden finden (Kalter Kontakt)*

► *Recherchieren/bewerten/qualifizieren*

► *Kontakt aufnehmen (Warmer Kontakt)*

► *Präsentieren*

► *Abschließen*

Potenzielle Kunden finden (Kalter Kontakt): Zunächst müssen Unternehmen oder Personen identifiziert werden, die daran interessiert sein könnten zu kaufen. Diese Kontakte werden als Leads bezeichnet und können auf diverse Arten identifiziert werden. Als Resultat dieser Phase erhält man eine lange Liste von möglichen Kunden. Diese wird im Laufe des Prozesses weiter verdichtet, bis aus den kalten Kontakten Kunden geworden sind.

Alfred und Marlene überlegen, wie sie üblicherweise an neue Vertriebskontakte gelangen. In der Vergangenheit gelang dies über Messen, Online-Recherche zu Gastronomie-Betrieben und Datenbanken. Sie bitten die Vertriebsmitarbeiter, eine Liste der verschiedenen Akquisewege zu erstellen und zu bewerten, welche Quelle in der Vergangenheit am besten funktionierte. Dies wollen sie dann weiter validieren.

Recherchieren: Im Laufe des Verkaufsprozesses werden weitere Informationen gesammelt. In einem ersten Telefonat oder E-Mail-Austausch kann dann gezielt nach Anforderungen gefragt werden. Ziel ist, das Angebot optimal auf die Bedürfnisse des Kunden auszurichten, um so die Erfolgswahrscheinlichkeit zu erhöhen.

Um mehr Informationen über die Unternehmen zu erhalten, sammeln sie Informationen über die Unternehmenswebsite und Quellen wie den Bundesanzeiger, in dem betriebswirtschaftliche Daten veröffentlicht werden müssen.

Kontakt aufnehmen (Warmer Kontakt): In dieser Phase geht es darum, den ersten Kontakt mit dem potenziellen Kunden herzustellen. Zur Vorbereitung des Gesprächs werden i. d. R. öffentlich zugängliche Informationen gesammelt, um den Erstkontakt optimal vorzubereiten. Im Zuge des ersten Austauschs werden weitere Informationen gesammelt. Zudem wird entschieden, ob der Austausch fortgeführt werden sollte oder ob das Produkt/die Dienstleistung nicht den Erfordernissen entspricht. Der Einbau von Filtern hilft, die Energie und Zeit auf die Leads zu lenken, die den größten Erfolg versprechen.

Marlene befragt die Vertriebsmitarbeiter, wie sie üblicherweise den ersten Kontakt vorbereiten. Getränkemärkte wurden beispielsweise mithilfe einer Datenbank als potenzielle Kunden identifiziert. Durch eine Internetrecherche werden weitere Informationen zum Unternehmen, den Werten und den darin handelnden Personen identifiziert. Ist die Unternehmenspräsentation sehr modern, ist häufig das Craft-Bier ein guter Aufhänger, um in das Gespräch zu kommen. Ist auf der Website die Familientradition aufgeführt, wird im Gespräch darauf Bezug genommen. Es gilt, Kontakt aufzubauen und einen Anknüpfungspunkt zu finden.

Präsentieren: Nachdem Anforderungen des Kunden erarbeitet wurden, folgt in den meisten Prozessen eine Präsentation des Produktes oder der Dienstleistung. Da das Angebot optimal abgestimmt werden soll und die Präsentation zeitintensiv ist, findet dieser Schritt später im Vertriebsprozess statt.

Hierzu gehört bei Alfred und Marlene Mälzers einer Vorstellung des Unternehmens mit einer hochwertigen Unternehmenspräsentation und die Verkostung ausgewählter Produkte.

Abschließen: Im letzten Schritt werden die verbleibenden Punkte, die für einen Geschäftsabschluss nötig sind, geklärt und idealerweise gelöst. Die Bandbreite ist von Unternehmen zu Unternehmen sehr unterschiedlich. Die Abgabe eines Angebots, ggf. eine Verhandlung und die finale Zustimmung gehören i. d. R. dazu.

Die Brauerei Mälzers nutzt dazu einen Standardvertrag, der die Konditionen und den Bestellprozess schildert. Gesonderte Vereinbarungen werden ebenfalls darin festgehalten.

Bisher sind wir auf die Methodik der Ausgestaltung des Vertriebsprozesses eingegangen.

Bei der Einführung eines Instruments kann, je nach Firmenkultur, die kommunikative Arbeit ebenso wichtig sein, weswegen wir an dieser Stelle auf übliche Bedenken eingehen.

Häufige Argumente und Ängste des Vertriebs sind:

► Umsatz ist nicht planbar

► Angst, Vertriebskontakte herauszugeben und ersetzbar zu sein

► Themen wie Forecast und Steuerung anhand von Kennzahlen wie Erfolgsquote werden als theoretisch und fachfremd abgelehnt

► Doppelte Pflege von Kontaktdaten in CRM- und E-Mail-System

Allgemeine Ängste sind:

► Angst, immer mehr leisten zu müssen

► Firmenkultur: Wie wird mit Neuem umgegangen?

► Transparenz in der Tagesgestaltung

► Angst, kontrolliert zu werden

► Komplizierte Nutzung

► Hoher Administrationsaufwand

Die Bedenken sind überwiegend emotionaler Natur, entsprechend ist neben den technischen Aspekten einer Software auf diese Ängste einzugehen. Je nach Firmenkultur sind diese stärker oder weniger stark ausgeprägt. Es geht also um die Vermittlung der Vorteile des Vertriebsprozesscontrollings. Unternehmen und Vertriebler haben eine große Zielkongruenz: Beiden geht es um die Steigerung des Umsatzes und die Erreichung der Vertriebsziele. Das Pipelinemodell hilft, dieses Ziel zu erreichen, weswegen Vorbehalte durch eine gute Kommunikation der Beweggründe ausgeräumt werden können.

3.4.5 Stammdaten der Vertriebspipeline

Neben der Methodik stellt sich die Frage nach den zu pflegenden Inhalten, die in Stammdaten (Informationen zu Kunde und Ansprechpartner) und Informationen zum Status des Leads unterschieden werden können. Eine gute Datenqualität ist Voraussetzung für spätere Analysen. Ein Beispiel für eine solche Auswertung ist die folgende:

ABB. 59: Auswertung Vertriebsprozess erweitert

	A	B	C	D	E
1	Kundengruppe	Anzahl Leads	Ø Dauer Verkaufsprozess	Ø Umsatz	Ø Abschlussquote
2		Anzahl	in Tagen	in EUR	in %
3	Szenebars	7	45	2.000	25%
4	Getränkemärkte	10	65	5.000	18%

Pipelinepflege: Die Pipeline wird mit den einzelnen Leads oder Kontakten gepflegt. Hierbei werden Informationen zu folgenden Bereichen benötigt:

► Kontaktinformationen: Wer ist der Ansprechpartner? Woher ist er bekannt?

► Produktinformationen: Welches Produkt ist interessant? Was ist bei dem Projekt besonders?

► Vertriebsangaben: Für einen Umsatzforecast werden Informationen zu erwartetem Abschlussdatum, zur Umsatzschätzung und zur Priorität benötigt.

ABB. 60: Angaben zum Vertriebskontakt/Lead

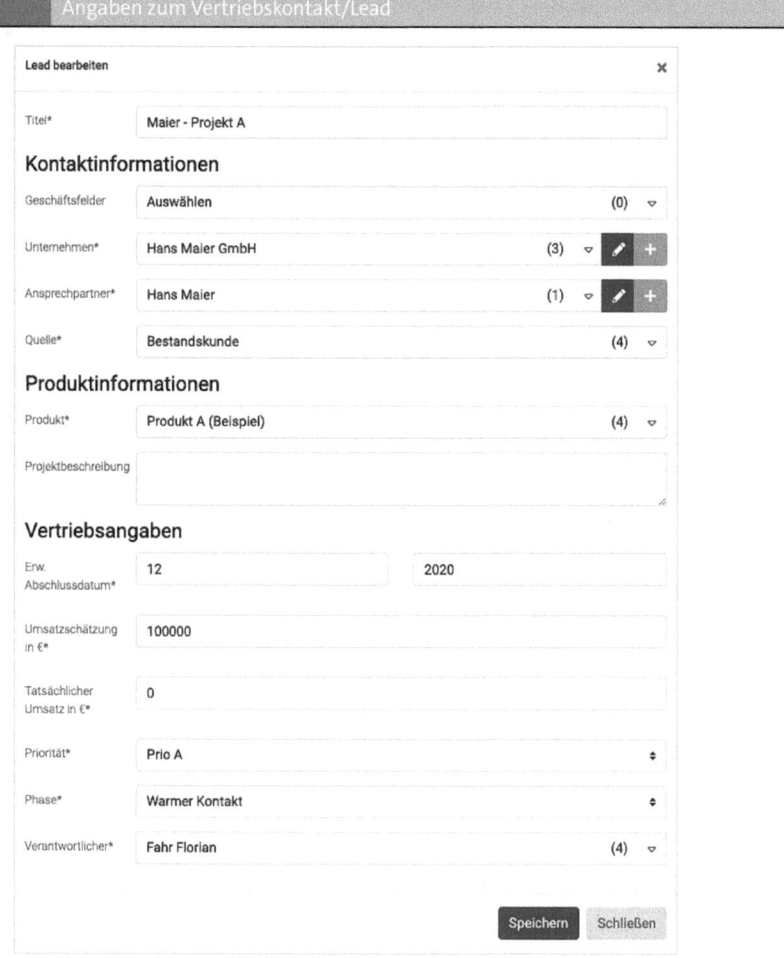

Pflege/Aktualisierung: Neue Erkenntnisse zu den Leads werden fortlaufend gepflegt. Es empfiehlt sich, den Verlauf der Kommunikation bei den Kontakten zu speichern. Das bietet den Vorteil, dass im Falle von Krankheit oder Urlaub alle wesentlichen Informationen verfügbar sind. Ebenso können die qualitativen Informationen später ausgewertet werden.

ABB. 61:   Beispiel zu Detailfenster eines Lead

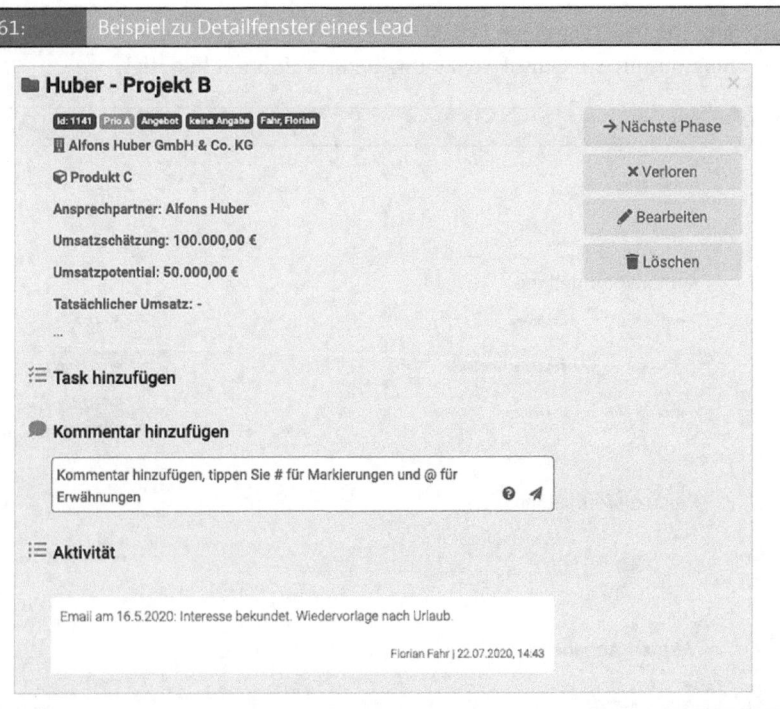

Das Ergebnis der gepflegten Daten kann in Form eines Phasenmodells dargestellt werden:

► Phasen mit Anzahl der Leads/Kontakte in der Phase und gewichtetem Umsatz, auf den wir gleich eingehen werden

► Leads, die zu der Phase gehören, mit ersten Informationen (Kunde, Verantwortlicher, Priorität)

► Filtermöglichkeiten: Bei einer gut gefüllten Vertriebspipeline sind weitere Filter hilfreich, um Fragen gezielt beantworten zu können. Die Fragen, woher die Leads kommen (Weiterempfehlung, Messe, Kampagne etc.) oder welche Produkte für welche Kundengruppe besonders interessant sind, gehören dazu.

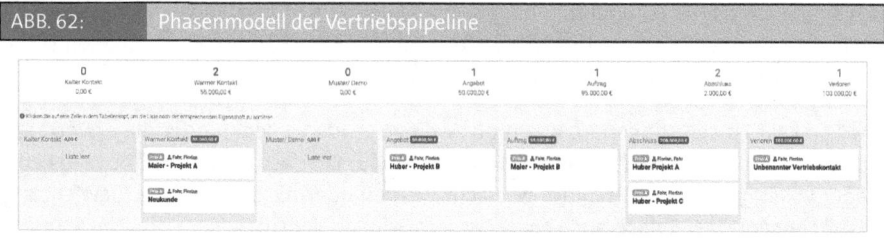

ABB. 62:   Phasenmodell der Vertriebspipeline

3.4.6 Der Umsatzforecast auf Neukunden-Basis

Mithilfe der Vertriebspipeline kann auf einfachem Weg eine Einschätzung zum zukünftigen Umsatz bestimmt werden. Dazu ordnet man den einzelnen Phasen Wahrscheinlichkeiten zu, die ausdrücken, mit welcher Wahrscheinlichkeit ein Lead, der sich in der Phase befindet, zum Abschluss gebracht werden kann. Diese Wahrscheinlichkeiten beschreiben Erfahrungswerte und sollten regelmäßig angepasst werden, da sie stark davon abhängen, welches Verständnis die einzelnen Vertriebsmitarbeiter von den unterschiedlichen Phasen haben. Der erwartete Umsatz wird mit der entsprechenden Wahrscheinlichkeit gewichtet und so ergibt sich ein **erwarteter Gesamtumsatz**.

ABB. 63:   Beispiel für einen Umsatzforecast auf Neukunden-Basis

Phase	Kalter Kontakt	Warmer Kontakt	Angebot
Wahrscheinlichkeit	10 %	25 %	50 %
Erwarteter Umsatz	1.000	1.000	1.000
Gewichteter Umsatz	100	250	500

Sind für die Leads erwartete Abschlussdaten gepflegt, so ergibt sich aus dieser Methode ein Forecast.

Vorteile dieser Methode: Hat man an eine gut gepflegte Pipeline, lässt sich der Forecast auf diesem Weg ohne Mehraufwand und vollständig **automatisiert** bestimmen. Dieser Forecast kann sowohl im Sinne eines Frühwarnsystems, wie wir es im entsprechenden Kapitel kennenlernen, und zur Plausibilisierung der Budgetplanung genutzt werden. Gleichzeitig erhält man auf diesem Weg auch einen guten Richtwert dazu, welches Volumen die Vertriebspipeline aktuell umfasst. Dadurch werden Vertriebsrisiken rechtzeitig erkannt.

Nachteile dieser Methode: Die Qualität dieses Forecasts hängt stark davon ab, wie gut die Einschätzungen des Vertriebspersonals und die Erfassung in der Pipeline sind. Schließlich sind auch die Einteilungen in die Phasen, deren Eintrittswahrscheinlichkeiten und auch der erwartete Umsatz fehlerbehaftete Schätzungen. Diesen Fehlerquellen sollte man sich bei der Interpretation des Forecasts bewusst sein.

Der Forecast ist sehr ungenau, wenn nur wenige Leads vorliegen oder die erwarteten Umsätze der Leads stark schwanken. Ursache hierfür ist, dass in der Realität Leads entweder vollständig zum Abschluss gebracht werden oder nicht. Durch die Gewichtung erlaubt der Forecast jedoch auch ein teilweises Erfüllen der Leads.

BEISPIEL ▸ *Betrachten wir ein Beispiel, um dieses Phänomen besser begreifen zu können. Nehmen wir vereinfacht an, dass vier Leads mit jeweils einer Eintrittswahrscheinlichkeit von 25 % geplant sind. Ist nun der erwartete Umsatz aller vier Leads in der gleichen Größenordnung, sagen wir von 1.000 €, so ist der gewichtete Umsatz, der Grundlage des Forecasts ist, jedes Leads 250 €. Damit ergibt sich ein Forecast von 1.000 €. Das ist eine sehr gute Schätzung, da die Eintrittswahrscheinlichkeit von 25 % die Erwartung beschreibt, dass einer der vier Leads eintritt und die anderen drei nicht zum Erfolg gebracht werden können.*

Anders sieht es aus, wenn die erwarteten Umsätze der Leads stark unterschiedlich sind. Nehmen wir dazu an, dass drei Leads einen erwarteten Umsatz von 1.000 € und ein Lead den zehnfachen Wert von 10.000 € als erwarteten Umsatz hat. In diesem Fall ergibt sich ein Forecast von 3 × 250 € + 1 × 2.500 € = 3.250 €. Dieser Forecast-Wert beschreibt die Situation nur ungenau, denn wenn genau einer der vier Leads eintritt, wird entweder ein Umsatz von 1.000 € oder von 10.000 € erreicht werden.

Das Neukundengeschäft ist in besonderem Maße von Unsicherheiten betroffen. In diesem Sinne sollte jede Prognose des Umsatzes im Neukundenbereich mit Vorsicht interpretiert werden, da stets viele Informationen dieses komplexen Vorgangs bei der Komprimierung in einen einzelnen Forecast-Wert verloren gehen. Der Umsatzforecast steht jedoch nicht allein, sondern im Kontext der Vertriebspipeline, die hilft, Annahmen und Unsicherheiten transparent zu machen. Deshalb muss der Forecast stets in diesem Zusammenhang interpretiert werden.

3.4.7 Steuerung des Vertriebsprozesses mittels Kennzahlen

Mithilfe der erfassten Daten lässt sich der Vertriebsprozess nun steuern und es kann eine Aussage zur Planerreichung gemacht werden. Für ein Reporting können beispielhaft ausgewählte Kennzahlen mit grafischen Analysen kombiniert werden.

KENNZAHL

Erfolgsquote:
Die Erfolgsquote gibt an, welcher Anteil der Leads gewonnen werden konnte.

$$\frac{\text{Gewonnene Leads}}{\text{Summe aller Leads}}$$

Die Einheit der Kennzahl ist % und sie sollte möglichst hoch sein. Ein integraler Bestandteil des Vertriebsprozesses sind Absagen. Durch eine gezielte Analyse der Unternehmen, die als Kunden gewonnen werden konnten, kann es möglich sein, Gemeinsamkeiten herauszuarbeiten. Auf diese Art kann die Zielgruppe weiter geschärft werden, was die Quote erhöhen sollte. Zudem kann analysiert werden, in welcher Vertriebsstufe die Abbrüche üblicherweise auftreten, und diese können im zweiten Schritt optimiert werden. Empfehlenswert ist, die Absagegründe zu erfassen und dann auszuwerten (s. nachfolgende Grafik).

KENNZAHL

Offene Geschäfte:
Die Offenen Geschäfte geben an, wie viele Leads aktuell noch offen sind.

Summe offener Leads

Die Einheit der Kennzahl ist eine Menge und sie zeigt auf, ob die Vertriebspipeline ausreichend gefüllt ist. Ist beispielsweise das Ziel, zehn Neukunden zu gewinnen, bei einer Erfolgsquote von 10 %, dann sollten mindestens 100 offene Geschäfte in der Pipeline sein. Andernfalls ist das Ziel in Gefahr.

ABB. 64: Auswertung Absagegründe

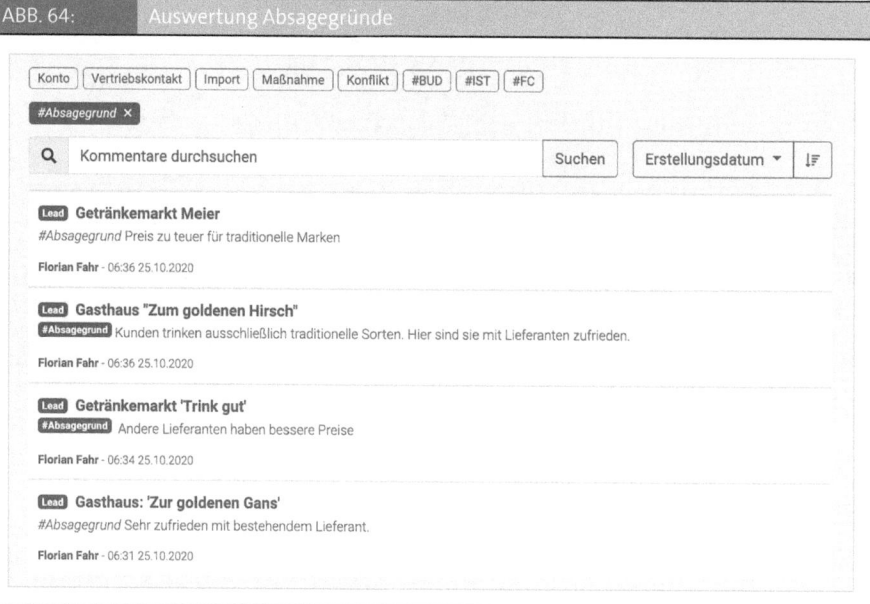

Die Herkunft der einzelnen Leads kann über ein Kuchendiagramm beschrieben werden.

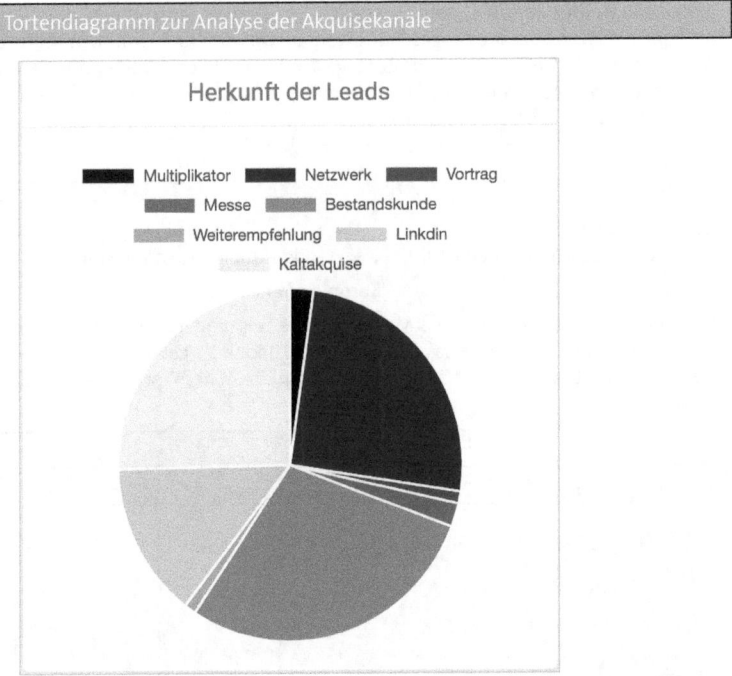

ABB. 65: Tortendiagramm zur Analyse der Akquisekanäle

Dies ermöglicht eine schnelle visuelle Einschätzung, welcher Akquisekanal besonders gut funktioniert.

Karten bieten eine gute Möglichkeit, um aufzuzeigen, in welche Länder oder Bundesländer verkauft wurde.

ABB. 66:	Gewichtung in Form des Umsatzvolumens über die Farbintensität. Je dunkler die Farbe, desto größer der Umsatz, der in der entsprechenden Region erzielt wird.

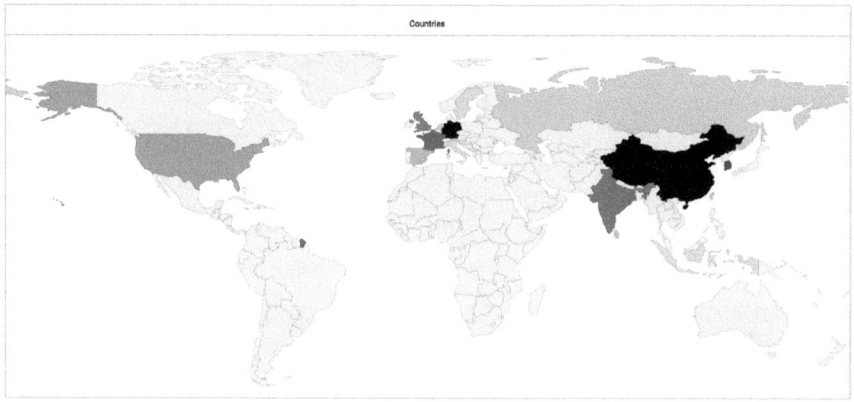

KENNZAHL

Ø-Umsatz pro gewonnenem Lead
Der Ø-Umsatz pro gewonnenem Lead gibt den Umsatz an, der im Schnitt mit jedem gewonnenen Lead erzielt wird.

$$\frac{\text{Gewonnener Umsatz}}{\text{Anzahl gewonnener Leads}}$$

Die Einheit der Kennzahl ist Euro und sie sollte möglichst hoch sein.

Der Ø Gewonnene Umsatz erlaubt bei der Budgetplanung, die Anzahl nötiger Neukunden zu errechnen und in Kombination mit der Erfolgsquote die Anzahl nötiger Ansprachen zu berechnen:

$$\frac{\text{Zielumsatz Neukunden}}{\text{Ø Umsatz gewonnener Leads}} \text{ / Erfolgsquote = nötige Ansprachen}$$

3.5 Zielcheck

Neben der Optimierung des Vertriebsprozesses kann aus den Daten eine Frühindikation zu den Umsatzzielen abgeleitet werden. Dazu wird der Ziel- oder Budgetumsatz verglichen mit der Summe aus IST-Umsatz plus

▶ gewichtetem Umsatz der Vertriebspipeline (Neugeschäft),

▶ Budget-Umsatz des Restjahres (ursprünglicher Plan) und

▶ Forecastplanung (aktualisierter Plan).

Die Ergebnisse werden ins Verhältnis zum Ziel-/Budgetumsatz gesetzt und miteinander verglichen. Auf diese Weise erfolgt eine Indikation, wie wahrscheinlich es ist, das Umsatzziel zu erreichen.

ABB. 67:	Weitergehende Analyse

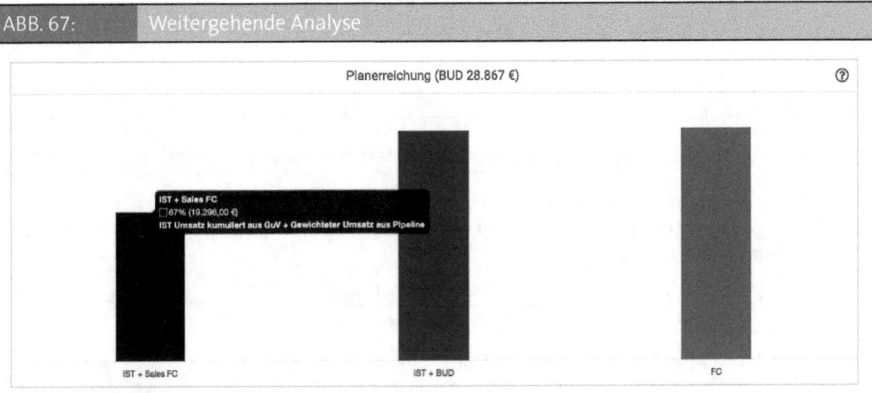

Der **Vergleich „IST + Sales FC"** gibt an wie hoch die Abhängigkeit vom Neuumsatz ist. Sollte dieser den anderen beiden Balken vom Niveau her ähneln, ist die Abhängigkeit hoch.

Der **Vergleich mit „IST + Budget"** ermöglicht eine Aussage, wie gut der ursprüngliche Plan eingehalten wurde. Ein Wert unter 100 % bedeutet eine negative Zielerreichung, Werte über 100 % eine positive Zielerreichung. Je näher der Wert bei 100 % liegt, desto genauer war die ursprüngliche Planung.

Der **Vergleich mit „IST + FC"** kann im Vergleich zum Wert „IST + BUD" interpretiert werden. Ist der Wert größer, deutet dies auf eine im Vergleich zum Budget verbesserte Einschätzung hin. Liegt der Wert auf dem gleichen Niveau, lässt das darauf schließen, dass die Annahmen ähnlich geblieben sind. Ist der Wert kleiner, dann deutet das auf eine negative Entwicklung hin.

Eine mögliche Darstellung zu Validierung der Umsatzziele ist nachfolgende Grafik. Diese zeigt:

► Die Ist-Umsätze (Buchhaltung) – schwarze Balken von Januar 2020 bis März 2020

► Die voraussichtlichen gewichteten Umsätze. Diese sind unterschieden in

  – Umsätze Bestandskunden, die besser zu planen sind (untere hellgraue Säule)

  – Forecast Neukundenumsätze aus der Vertriebspipeline (obere dunkelgraue Säule)

  – Budgetziel – gestrichelte Linie

Interpretation:

► Die Budgetziele der Monate Januar und Februar wurden erreicht.

► Das Budgetziel im März wurde nicht erreicht.

► Die zukünftigen Budgetziele von April bis Dezember sind in Gefahr, da die Vertriebspipeline nicht ausreichend gefüllt ist.

  Je nach Ø Abschlussdauer kann es sein, dass diese Ziellücke nicht mehr aufgeholt werden kann.

► Diese Grafik gibt die Monatsziele an und ermöglicht keine direkte Ableitung der Jahreszielerreichung. Dazu dient die Abb. 67.

ABB. 68: Umsatzvalidierung

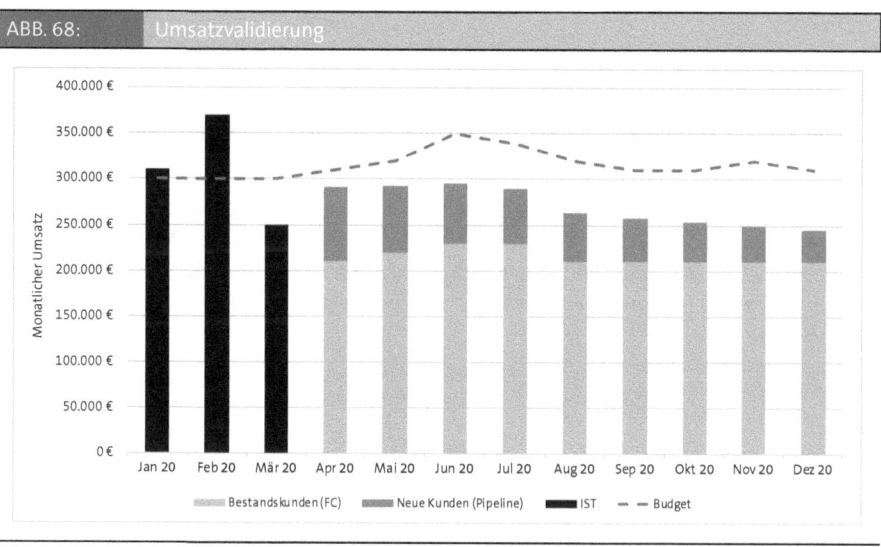

3.5.1 Integration des Vertriebscontrollings in die Finanzplanung

Der Umsatz ist ein zentraler Bestandteil der Budgetplanung, des Reportings und Ergebnis des Vertriebsprozesses. Entsprechend wichtig ist, dass die drei Systeme nicht voneinander losgelöst sind, sondern ineinandergreifen.

Das Zusammenspiel zwischen Planung und Vertriebspipeline wird in der nachfolgenden Grafik verdeutlicht. Es zeigt, wie das Ergebnis der Vertriebspipeline in die Umsatzplanung integriert werden kann. Ziel ist, die Umsatzplanung mithilfe der Vertriebspipeline zu validieren.

ABB. 69: Verknüpfung von Vertriebspipeline mit Finanzplanung

Konto	04/18 - 03/19	04/19 - 03/20	04/20 - 03/21	04/20	05/20
Umsatz Bestandskunden			2.804.256 €	220.000 €	220.000 €
Umsatz Neukunden			195.744 €	30.000 €	30.000 €
Neuumsatz abgedeckt durch Sales ⑦			4%	20%	10%
> Umsatzerlöse	2.770.651 €	2.065.704 €	3.000.000 €	250.000 €	250.000 €

Die Bestandteile haben folgende Aussage:

► **„Umsatzerlöse"** gibt den Zielwert an, der in der Budgetplanung festgelegt/geplant wird.

► **„Umsatz Bestandskunden"** gibt an, welcher Umsatz mit bestehenden Kunden erzielt werden soll (s. dazu das Kapitel „Budgetplanung").

► **„Umsatz Neukunden"** gibt die Differenz zwischen „Umsatzerlösen" und „Umsatz Bestandskunden" an (s. dazu das Kapitel „Budgetplanung").

► **„Neuumsatz abgedeckt durch Sales"** gibt nun an, welcher Anteil des „Umsatzes Neukunden" durch Verkaufspotenziale in der Vertriebspipeline abgedeckt ist. Damit dient dieser Wert der Validierung der Planung. Davon ausgehend, dass das Vertriebstool aktuell gefüllt ist, würde ein niedriger Prozentwert bedeuten, dass die Planung zu optimistisch ist.

3.5.2 Risiken durch fehlende Integration

Fehlt diese Integration der Pipeline in die Finanzplanung, bestehen folgende Risiken:

► Die Synergien von Finanzplanung und Pipeline werden nicht genutzt, d. h. die Validierung der Umsätze durch die Pipeline. Das geht einher mit einem Qualitätsverlust.

► Die Pipeline verliert an Bedeutung, da sie nicht mit den tatsächlichen Umsätzen verbunden ist. Hier wird die Qualität der Datenpflege messbar. Die Pipeline wird nicht als Steuerungsinstrument genutzt.

3.6 Fallstricke

► **Fehlende Kommunikation:** Die Gründe und der Mehrwert für die Vertriebler sollten wertschätzend kommuniziert werden.

► **Umständlicher Prozess:** Bei der Zusammenarbeit ist darauf zu achten, dass Eingaben verschiedener Mitarbeiter gut synchronisiert und Daten nicht überschrieben werden.

► **Doppelte Verwaltung der Kontakte in Mailpostfach und Vertriebspipeline:** Eine Synchronisierung oder klare Struktur, wo welche Daten gepflegt werden, ist zu empfehlen.

► **Fehlende Integration in andere Controllingbausteine (Planung, Reporting):** Das erworbene Wissen des Vertriebscontrollings sollte dafür genutzt werden, die Qualität der anderen Controllingbausteine zu steigern. Ebenso sollte die Datenübertragung einfach und möglichst ohne manuellen Aufwand erfolgen.

► **Datenqualität:** Die Daten sind nicht ausreichend gepflegt. Es sind „tote" Leads in der Pipeline oder aktuelle Erkenntnisse der Gespräche sind nicht aufgeführt.

► **Unzureichende Auswertungen:** Die Auswertung und Präsentation der Ergebnisse ist sehr wichtig, um die Auswirkung der Pipeline auf die Umsatzvorschau und damit Liquidität zu verstehen. Hieraus werden auch Unzulänglichkeiten in der Datenqualität deutlich.

4. Forecast

In den vergangenen Monaten haben Alfred und Marlene ein Reporting etabliert, das ihnen entscheidungsrelevante Informationen in einfacher Form zur Verfügung stellt.

Um die IST-Daten des Reportings besser bewerten zu können, wurden die Jahresziele mittels einer Budgetplanung detaillierter geplant und festgehalten. Damit haben sie eine Steuerung i. S. des Controlling-Regelkreises eingeführt.

Da das Wachstum stark durch die Akquise neuer Kunden getrieben ist und dieser Prozess nicht sehr transparent war, wurde ein Vertriebsprozesscontrolling (Pipelinemodell) eingeführt. Damit können Alfred und Marlene den Vertriebsprozess optimieren und gleichzeitig erhalten sie eine Indikation, ob der geplante Neukundenumsatz erreicht werden wird. Dadurch erhalten sie frühzeitig die Information, ob die entsprechenden Jahresziele gefährdet sind, und können darauf aufbauend Entscheidungen treffen.

Marlene stellt fest: „Wenn wir im monatlichen Reporting eine Planabweichung identifizieren, führt dies i. d. R. zu der Frage, ob diese unser Jahresziel beeinflusst bzw. gefährdet. Im Falle des Neukundenumsatzes hilft uns der Forecast des Vertriebsprozesscontrollings gut, die Frage zu beantworten. Da ich das Konzept sehr gut finde, stellt sich mir die Frage, wie wir es weiter ausbauen können, so dass wir auch einen Forecast erstellen, ob wir unser geplantes Betriebsergebnis erreichen werden."

„Das wäre sehr hilfreich. Gleichzeitig sollten wir schauen, dass der Aufwand in einem vertretbaren Umfang bleibt."

4.1 Was ist eigentlich ein Forecast?

Das Erreichung des Jahresziels, das in Form des Budgets konkretisiert ist, wird anhand von IST-Zahlen regelmäßig überprüft (Plan-Ist-Vergleich). Im Falle von Abweichungen werden die Ursachen analysiert. Dies führt zu der Frage, ob die Abweichung eine Auswirkung auf das Jahresziel hat.

Der Forecast prognostiziert auf Basis des aktuellen Informationsstands den erwarteten IST-Wert zu Periodenende, um die Wahrscheinlichkeit der Zielerreichung zu bewerten. Diese Prognose ist keine reine **Hochrechnung**, denn bereits bekannte und eingeplante Entwicklungen werden berücksichtigt. Auf diesem Weg kann beispielsweise der erwartete Jahresumsatz frühzeitig eingeschätzt und mit der Zielsetzung aus der Budgetplanung abgeglichen werden.

BEISPIEL ▶ *Im Reporting fallen die im Vergleich zum Budget erhöhten Marketingkosten auf. Als Gegenmaßnahme wurde die Streichung einer Werbeaktion beschlossen. In dem Forecast wird diese Maßnahme berücksichtigt, so dass dieser ein Absenken der Kosten auf Planniveau prognostiziert.*

Dabei darf man den Forecast nicht mit dem Budget verwechseln. Zwar beschreiben sowohl das Budget als auch der Forecast die zukünftige Unternehmensentwicklung. Hierbei beantworten sie aber unterschiedliche Fragen. Das Budget ist eine Zielsetzung und beantwortet die Frage „Wo möchte ich hin?". Der Forecast fragt hingegen „Wo werde ich landen?". Diese Perspektive ist wichtig, da so mithilfe eines Vergleichs von Forecast und Budget die Frage „Werde ich meine Ziele erreichen?" beantwortet werden kann. Dies ist eine gute Ergänzung zu den klassischen Plan-Ist-Vergleichen.

Trotz der genannten Vorteile wird das Instrument des Forecasts nur eingeschränkt genutzt, da er teils als Budgetüberarbeitung verstanden wird und entsprechend zeitaufwendig ist. Teils können nötige Abstimmungen zwischen Abteilungen (z. B. Vertrieb und Einkauf) ebenfalls den Zeitaufwand erhöhen.

BEISPIEL ▶ *Der beschriebene Forecast bezieht sich auf das Budgetjahr und verkürzt sich damit monatlich.*

Wir befinden uns im Mai 2020. Die Prognose für den Jahresumsatz 2020 erfolgt über die Summe von:

*IST-Werte (Januar, Februar, März, April und Mai **2020**)*

plus

Forecast 2020 (Juni, Juli, August, September, Oktober, November, Dezember).

ABB. 70:				Prognose mit Kombination zwischen IST- und Forecastwerten							
Januar	Februar	März	April	Mai	Juni	Juli	August	Sept.	Okt.	Nov.	Dez.
IST	IST	IST	IST								
				FC	FC	FC	FC	FC	FC	FC	FC

Wenn der Zeitraum des Forecasts konstant bleibt und die Anpassung regelmäßig erfolgt, wird dies als **rollierender Forecast** bezeichnet. Beispielsweise kann ein Zeitraum von zwölf Monaten oder sechs Quartalen gewählt werden. Es ist durchaus üblich, den rollierenden Forecast um nicht-finanzielle Werte und Kennzahlen sowie um einen Maßnahmenplan zu ergänzen.

Der Gedanke eines rollierenden Forecasts wird teilweise bereits in Unternehmen angewendet. Meist erstrecken sie sich jedoch nur auf Teilbereiche wie die Vertriebs-, Mengen-, Produktions- und Liquiditätsplanung.

Im Kapitel „Vertriebscontrolling" haben wir bereits beschrieben, wie mit dem **Vertriebsforecast** der Umsatz prognostiziert werden kann. Diese Daten werden im Einkauf (Mengen) oder in der Produktion (Mengen, Personalauslastung) für entsprechende Planungen benötigt.

Aufgrund der hohen Bedeutung wird die **Liquiditätsentwicklung** ebenfalls regelmäßig prognostiziert. In einer einfachen Form werden dem Liquiditätsstand die ausstehenden Forderungen hinzugerechnet und die offenen Verbindlichkeiten abgezogen.

Eine verhältnismäßig neue Entwicklung ist die Nutzung **datengetriebener Forecasts**. In diesem Fall erfolgt die Prognose (teil-)automatisiert, indem die historischen Daten untersucht und in die Zukunft fortgeschrieben werden. Datengetriebene Forecasts können in den Planungsprozessen unterstützend genutzt werden und bilden einen wichtigen Frühwarnindikator.

Da datengetriebene Forecasts in der Praxis noch nicht so verbreitet sind, aber eine gute Unterstützung zu bestehenden Forecast-Prozessen bilden, liegt hier der Fokus dieses Kapitels. Die Nutzung datengetriebener Forecasts bietet zusätzlich die Möglichkeit, zeitaufwendige Arbeitsschritte zu automatisieren, wodurch sie für kleine und mittelständische Unternehmen interessant sind.

4.2 Was sind die Mehrwerte?

Das Konzept des Forecasts ist in mittelständischen Unternehmen weniger verbreitet, weswegen wir die Mehrwerte den weiteren Ausführungen voranstellen.

4.2.1 Entscheidungen verbessern

BEISPIEL ▶ *Der Umsatz weicht vom budgetierten Wert ab. Der Umsatzforecast bestätigt diese Zielabweichung und liefert eine voraussichtliche Höhe der Umsatzabweichung. Die Geschäftsführung beschließt daraufhin verstärkte Vertriebsaktivitäten, wie den Besuch einer Messe, und hält die Umsetzung der Maßnahme nach.*

Die Ergebnisanalyse im Sinne einer Plan-Ist-Abweichung wird erweitert um eine Aussage zu der Abweichungswirkung auf das Jahresziel/-budget.

Der Forecast hilft folglich, Risikofaktoren im Hinblick auf die Jahresziele zu identifizieren und frühzeitig Gegenmaßnahmen zu ergreifen, sollten sich Risiken zu verwirklichen drohen.

Der Zukunftsbezug erhöht den Informationsgehalt für die Geschäftsführung und die Zeit, steuernd einzugreifen. Damit sollte die Qualität der Entscheidungen gesteigert werden.

4.2.2 Optimierung von internen Abstimmungen

BEISPIEL ▶ *Der Umsatzforecast prognostiziert für die nächsten drei Monate eine geringere Produktionsmenge als geplant. Diese Umsatzprognose wird mit dem Einkäufer und Produktionsleiter geteilt. Entsprechend disponiert der Einkäufer Materialbestellungen um. Liquidität wird damit nicht unnötig in Vorräten gebunden. Der Produktionsleiter lässt Überstunden abbauen, um der geringeren Auslastung gerecht zu werden. Zudem wird mit Mitarbeitern besprochen, die Zeit zu nutzen, um Resturlaubsansprüche abzubauen.*

Ausgehend von einer Umsatzprognose kann eine Mengen- und Produktionsplanung durchgeführt werden. Steigt die Qualität der Umsatzprognose, verbessert dies ebenfalls die Güte der nachfolgenden Planungen. Damit einher geht eine optimierte Abstimmung zwischen den Abteilungen und dadurch mehr Effizienz in den Prozessen.

4.2.3 Unterstützung und Validierung

Der Algorithmus errechnet eine Umsatzschätzung von 1 Mio. €. Der Umsatzforecast des Vertriebsteams prognostiziert 1,2 Mio. €. Die Differenz wird diskutiert. Ein Haupttreiber für den Forecast des Vertriebsteams sind zwei neue, große potenzielle Aufträge, die zu einem stärkeren Wachstum als in den Vorperioden führten. Die Gewichtung des Umsatzvolumens durch eine Eintrittswahrscheinlichkeit ist plausibel. Da die Möglichkeit besteht, dass keines der Projekte kommt, will die Geschäftsführung dieses Risiko stärker berücksichtigen. Der Vertriebsforecast wird auf 1,1 Mio. € angepasst.

Im Falle von datengetriebenen Forecastmodellen erhält der Anwender eine „zweite Meinung", anhand derer er eine eigene Einschätzung validieren kann. Weicht beispielsweise die erfahrungsgetriebene Umsatzprognose von der des Algorithmus ab, führt dies zu einem Hinterfragen der eigenen Annahmen und damit zu einer Validierung.

4.3 Wodurch zeichnet sich ein guter Forecast aus?

ABB. 71: Charakteristika für die erfolgreiche Umsetzung und Etablierung eines Forecasts

Fokus aufs Wesentliche	Maßnahmenorientierung	Nachvollziehbarkeit

Strukturierte Prozesse	Klare Erwartungen

4.3.1 Fokus aufs Wesentliche

Die Planung sollte im Vergleich zur Budgetplanung stärker aggregiert werden. Andernfalls ist die Gefahr groß, dass der zeitliche Aufwand für die Forecasterstellung zu hoch wird. Daher sollte auf Informationen, die zur Steuerung nicht unbedingt nötig sind, verzichtet werden.

So ist z. B. eine Möglichkeit, auf Kontengruppenebene zu planen und nicht auf Ebene der einzelnen Konten: „Raumkosten" statt „Kaltmiete, Nebenkosten etc."

4.3.2 Maßnahmenorientierung

Ein Forecast, der die identifizierte Abweichung lediglich auf das Jahresergebnis hochrechnet, würde der Praxis nicht gerecht. Bei einer zielgefährdenden Abweichung wird die Geschäftsführung Gegenmaßnahmen beschließen, die wiederum in den Forecast mit einfließen. Die hohe operative Ausrichtung des Forecasts bedingt entsprechend eine starke Maßnahmenorientierung. Hierbei ist auch das Nachhalten der Maßnahmenumsetzung sehr wichtig.

4.3.3 Nachvollziehbarkeit

Der Algorithmus muss vom Entscheider nachvollzogen werden können. Alle Annahmen, die in den Forecast einfließen, sollten daher protokolliert werden.

4.3.4 Gut strukturierte Prozesse

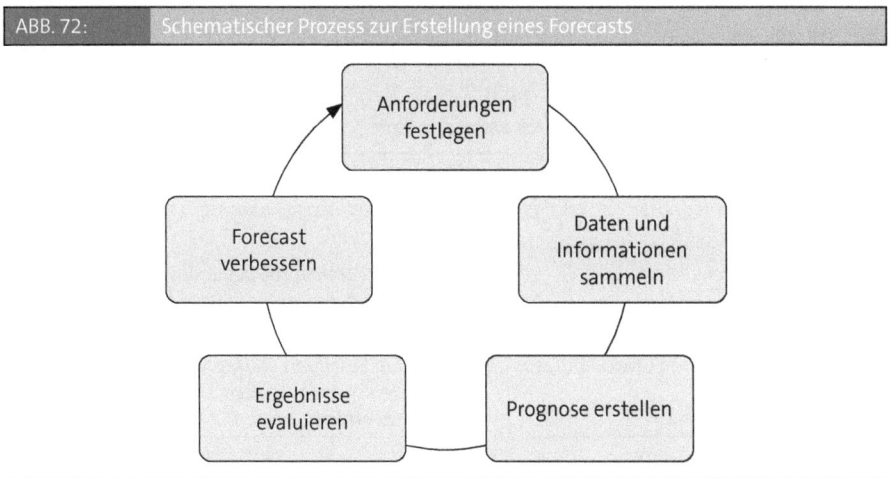

ABB. 72: Schematischer Prozess zur Erstellung eines Forecasts

Da der Forecast schnell an Aktualität verliert und für alle Unternehmensbereiche relevant ist, ist es wichtig, den Prozess zur Erstellung klar zu strukturieren und den einzelnen Arbeitsschritten eindeutige Verantwortliche zuzuordnen. Durch einen stetigen Prozess kann der Forecast fortlaufend verbessert werden.

4.3.5 Klare Erwartungen

Kein Forecast wird die zukünftigen Entwicklungen exakt abbilden können. Deshalb ist es wichtig, Erwartungen an den Forecast von Beginn an klar zu formulieren und sich der Grenzen der gewählten Methode bewusst zu sein. So sollte der Forecast nicht genutzt werden, um das Budget zu bestätigen. Stattdessen ist das Ziel, ein möglichst realistisches Bild zu zeichnen.

4.4 Welche Methoden zur Bestimmung eines Forecasts gibt es?

Wie ausgeführt, gibt es eine Vielzahl von Möglichkeiten, einen Forecast zu erstellen. Welche Methode am besten geeignet ist, hängt von den individuellen Anforderungen ab, und diese können sich sehr stark unterscheiden, wie der Vergleich zweier Beispiele zeigt.

BEISPIEL 1 ▸ *Das Unternehmen A produziert verschiedene Maschinen. Um die Lieferzeit der Maschinen zu verringern und keinen Stillstand in der Produktion zu haben, möchte A mit der Produktion bereits vor dem Auftragseingang beginnen. Daher nutzt das Unternehmen einen Vertriebsforecast, der kurzfristige Prognosen dazu abgeben kann, welche Art Maschine als Nächstes bestellt wird. Ist die Prognose fehlerhaft, können die teilgefertigten Maschinen eingelagert und zu einem späteren Zeitpunkt fertiggebaut werden.*

BEISPIEL 2 ▸ *Der Immobilienmakler B hatte in der Vergangenheit Liquiditätsprobleme. Da zukünftige Einnahmen für ihn schwer abzuschätzen sind, möchte er mithilfe eines Forecasts laufend im Blick haben, ob seine Liquidität gesichert ist.*

Aus den beiden Beispielen ergeben sich unterschiedliche Anforderungen an den Forecast.

Maschinenbauer A	Immobilienmakler B
▸ *Kurzfristige Prognosen (ein bis drei Monate)*	▸ *Mittelfristige Prognosen (sechs bis zwölf Monate)*
▸ *Optimistische Prognosen sind vertretbar und sogar gewünscht.*	▸ *Der Forecast soll pessimistisch schätzen: Besser die Liquidität ist entgegen der Aussage des Forecasts gesichert als andersherum.*
▸ *Werden in einem Quartal auffallend viele Maschinen eines Typs bestellt, sollte der Forecast auf diese Entwicklung reagieren.*	▸ *Ein besonders starker Monat sollte vom Forecast nicht fälschlich als neue Normalität erkannt werden.*

Obwohl die konkreten Anforderungen vom Anwendungsfall abhängen, lassen sich einige Faktoren formulieren, die generell berücksichtigt werden sollten.

► **Genauigkeit:** Selbstverständlich soll der Forecast die zukünftige Entwicklung möglichst genau vorhersagen. Eine exakte Vorhersage ist allerdings nicht möglich. Daher ist es wichtig, sich zu überlegen, wie genau der Forecast sein soll. Generell gilt, dass für eine höhere Genauigkeit oft Einschnitte an anderer Stelle gemacht werden müssen, beispielsweise bei der Laufzeit des Forecasts oder beim Erstellungsaufwand.

► **Robustheit:** Der Forecast sollte nicht zu sensibel auf Ausreißer reagieren. Manchmal läuft ein Monat extrem gut oder schlecht, beispielsweise, weil ein sehr großer Kunde eine sehr große Bestellung aufgegeben hat. Der Forecast sollte solche Ereignisse als das wahrnehmen, was sie sind: seltene Ausreißer.

► **Zweckdienlichkeit:** Welche Kennzahlen sollen vorausgesagt werden? Überfrachtet man einen Forecast mit zu vielen Parametern, so wird dieser ungenau. Komplexe Zusammenhänge mit zahlreichen Zielgrößen können auch nur von komplexen Methoden vorhergesagt werden. Daher sollte man sich auf die wesentlichen Aspekte beschränken.

► **Objektivität:** Jeder Forecast hat subjektive Anteile, aber ein guter Forecast liefert auch Ergebnisse, die einem nicht gefallen. Selbstverständlich sind auch subjektive Einschätzungen und das „Bauchgefühl" wichtige Faktoren. Diese sollten jedoch als solche gekennzeichnet werden.

Zu beachten ist, dass all diese Faktoren nicht absolut auftreten, sondern Skalen darstellen. Ein Forecast kann also robuster oder objektiver sein als ein anderer Forecast. Abhängig von der Anwendung, der Zielsetzung und der Erwartung an den Forecast können unter Berücksichtigung dieser Aspekte Vorgaben festgesetzt werden, die helfen die passende Methode zu wählen.

Wir unterscheiden zwischen expertisegetriebenen und datengetriebenen Methoden. **Expertisegetriebene Methoden** zeichnen sich dadurch aus, dass die Prognose auf der Einschätzung eines Experten(teams) basiert. Dem gegenüber stehen **datengetriebene Methoden**. Hier wird der Forecast mithilfe von Algorithmen auf Grundlage der Vergangenheits-Daten gebildet.

Diese zwei Methoden zur Erstellung eines Forecasts lassen sich auch miteinander kombinieren. Dadurch können die Schwächen der einzelnen Methoden oft ausgeglichen werden.

ABB. 73:	Experten- und datengetriebene Forecastmethoden haben unterschiedliche Vor- und Nachteile, die konträr zueinander wirken.	
	Expertisegetriebene Forecasts	Datengetriebene Forecasts
Vorteile	► Wissensmultiplikation durch Erfahrungsaustausch ► klare Erfahrungswerte	► lassen sich automatisieren ► frei von „menschlichen" Fehlern (Taktik, individueller Risikobereitschaft etc.)
Nachteile	► zeitaufwendig ► hoher Anteil subjektiver Einflüsse ► schwer reproduzierbar ► abhängig von Einzelpersonen	► können wie eine Black-Box wirken ► komplexe Ersteinrichtung ► mathematisches Grundverständnis nötig

In der Literatur werden expertisegetriebene Methoden oft als **qualitative Methoden** bezeichnet, da hier **subjektive Meinungen und Ansichten** zum Tragen kommen.

Dem gegenüber stehen die **quantitativen Methoden**, die **harte Fakten messen und erfassen** sollen. Wir werden uns in diesem Kapitel auf die letztere Kategorie fokussieren, aber auch den expertisegetriebenen Forecast kurz anreißen, um einen guten Gesamtüberblick zu schaffen. Eine denkbare Kombination der Methoden ist, den datengetriebenen Forecast als Diskussionsgrundlage zu wählen und diesen dann manuell an die expertenbasierten Einschätzungen der betroffenen Mitarbeiter anzupassen.

4.5 Der expertisegetriebene Forecast

Wie der Name schon sagt, stehen die Experten im Mittelpunkt der Prognose. Die eigenen Vertriebler, Controller und Geschäftsführer kennen den Markt sehr genau und haben ein gutes Gefühl für die zukünftige Entwicklung. In größeren Unternehmen wird die interne Perspektive teils auch um externe Fachleute erweitert.

Expertisegetriebene Forecasts werden z. B. zur Erstellung einer Umsatzprognose genutzt. Eine Methode ist, den **Marktanteil** des Unternehmens (auch in Abhängigkeit von Region, Zielgruppe etc.) zu schätzen und auf diesem Weg die Prognosen für das eigene Unternehmen an die **Marktentwicklung** zu koppeln. So kann eine Grundlage gebildet werden, die man mithilfe der Experten im Haus an die eigene Situation anpassen kann. Auch eine Schätzung des Umsatzes auf Basis der Bestandskunden oder mittels Pipeline-Modells, wie wir es im Kapitel zum Vertriebscontrolling kennengelernt haben, ist eine bewährte expertisegetriebene Methode.

Eine weitere Methode eines expertengetriebenen Forecasts ist beispielsweise die Durchführung einer **Kundenbefragung** zur Einschätzung zukünftiger Verkaufszahlen, da hier die Kunden die Rolle der Experten einnehmen. Kundenbefragungen lassen sich jedoch nicht regelmäßig genug durchführen, um darauf einen rollierenden (also sich monatlich updatenden) Unternehmensforecast aufzubauen.

Expertisegetriebene Forecasts gibt es in unterschiedlichen Ausprägungen und Detailgraden. In den vorangegangenen Kapiteln haben wir bereits in anderen Kontexten zwei expertisegetriebene Forecasts angeschnitten. Auf diese zwei Beispiele wollen wir nun noch einmal detaillierter eingehen.

4.5.1 Der expertisegetriebene Vertriebsforecast

Im Kapitel Vertriebscontrolling haben wir uns angesehen, wie man den zukünftigen Umsatz auf Neu- und Bestandskundenebene prognostizieren kann.

Zur Erinnerung: Nutzt man eine Vertriebspipeline, um den Vertriebsprozess zu steuern, und ordnet den einzelnen Phasen Erfolgswahrscheinlichkeiten zu, so kann damit ein erwarteter Umsatz bestimmt werden, der einen Forecast für den Umsatz aus dem Neukundengeschäft darstellt.

ABB. 74:	Beispiel für einen Umsatzforecast auf Neukunden-Basis		
Phase	*Kalter Kontakt*	*Warmer Kontakt*	*Angebot*
Wahrscheinlichkeit	10 %	25 %	50 %
Erwarteter Umsatz	1.000	1.000	1.000
Gewichteter Umsatz	100	250	500

Dieses Vorgehen ist ein Beispiel für einen expertisegetriebenen Forecast, da bei der Zuordnung des Leads in die Phasen, der Zuordnung der Eintrittswahrscheinlichkeiten und bei der Schätzung des erwarteten Umsatzes auf die Erfahrung der Vertriebsmitarbeiter zurückgegriffen wird. Durch die Struktur der Vertriebspipeline sind diese subjektiven Einflüsse klar gekennzeichnet und protokolliert. Alle Überlegungen werden so auch für Dritte nachvollziehbar gemacht. Dadurch ist er objektiver als ein einfacher „Bauchgefühlsforecast".

Um den Umsatz aus dem Bestandskundengeschäft vorherzusagen, wird i. d. R. eine Kombination aus expertise- und datengetriebenen Methoden genutzt, indem die Vergangenheitsdaten fortgeschrieben und anschließend manuell angepasst werden.

4.5.2 Der expertisegetriebene rollierende Forecast

Im Kapitel Budgetplanung haben wir uns angesehen, wie eine Finanzplanung mit Zielvorgaben erstellt werden kann. Zur Überprüfung der Zielerreichung kann mit einem Forecast gearbeitet werden, der von den Experten des Unternehmens aktualisiert wird. Wenn die Forecastperiode stets gleichbleibt, spricht man von einem rollierenden Forecast.

Zur Erstellung eines rollierenden Forecasts können die bekannten Methoden aus der Budgetplanung in reduzierter Form verwendet werden. Dazu gehört auch die Betrachtung nichtfinanzieller Kennzahlen. Auf diesem Weg wird der Planungsprozess regelmäßig **geübt** und dadurch üblicherweise **schneller**. Wesentliche Änderungen werden laufend eingearbeitet. Die **Zielerreichung** und damit auch die Wahl der **wesentlichen Stellschrauben** wird **monatlich überprüft**. Das hat den Vorteil, dass eine **laufende Evaluierung** der Ziele und damit Verbesserung erfolgt. In einem jährlichen Prozess ist die Lernkurve langsamer.

Zudem kann der rollierende Forecast wiederum als **Basis für die Ziel-/Budgetplanung** verwendet werden. Wichtig ist, dass mit dem rollierenden Forecast nicht einhergeht, die Budgetziele fortlaufend anzupassen. Die Jahresziele bleiben bestehen.

In der folgenden Grafik ist der rollierende Forecast exemplarisch dargestellt. Es werden in diesem Beispiel immer vier Quartale betrachtet.

ABB. 75:	Beispiel rollierender Forecast auf Quartalsbasis; helle Felder = Rollierender Forecast; dunkle Felder = Forecastzeitraum ist Zeitraum der Budgetplanung							
Q1/J1	Q2/J1	Q3/J1	Q4/J1	Q1/J2	Q2/J2	Q3/J2	Q4/J2	Q1/J3

4.6 Der datengetriebene Forecast

Alfred reagiert skeptisch auf Marlenes Vorschlag, Algorithmen zur Unterstützung bei der Forecast-Erstellung zu nutzen: „Das brauchen doch bestimmt nur große Unternehmen. Unsere langfristigen Umsätze sind stabil, die kann ich gut einschätzen. Schließlich leite ich seit über 30 Jahren die Brauerei."

Marlene entgegnet: „Ein automatisierter Forecast soll den Menschen und sein Bauchgefühl nicht ersetzen. Es ist wie beim Auto-Navi. Das Navi spart dir die Zeit, die Karten selbst zu studieren. Es ersetzt aber nicht dein Wissen, wenn du die Route manuell anpasst, weil du dich irgendwo auskennst." Damit kann Marlene Alfred überzeugen. Auch er will sich nun damit beschäftigen, wie ein automatisierter Forecast für seine Brauerei aufgesetzt werden kann. Vielleicht kann man Erfahrung ja wirklich mit technischer Innovation verbinden, um so Mehrwerte für die Steuerung des Unternehmens zu schaffen.

Datengetriebene Forecast-Methoden schreiben Vergangenheitsdaten fort, indem sie das zukünftige Verhalten einer Zeitreihe „aus sich heraus" erklären. Man spricht deshalb auch von einer **inneren Methode**. Eine derartige Zeitreihenanalyse lässt sich für alle Kennzahlen, zu denen eine zeitliche Folge von Beobachtungen vorliegt, durchführen. Wird beispielsweise eine Kennzahl monatlich erhoben, so bilden die einzelnen Monatswerte eine Zeitreihe. Ziel einer Zeitreihenanalyse, wie wir sie hier vorstellen, ist das Auffinden von Mustern in den Daten, die dann für den Forecast genutzt werden können. Diesen Ansatz kann man in stark vereinfachter Form auf jeder Stromrechnung finden. Auf Basis der Verbrauchszahlen aus dem letzten Jahr ergibt sich der Abschlag für das kommende Jahr.

Wie aber können **Muster** in den Daten gefunden und für den Forecast genutzt werden? Grundlage hierfür bilden Verfahren des maschinellen Lernens. Diese nehmen die Daten auf, lernen die Struktur der Daten und geben auf Basis des Gelernten einen Forecast aus.

ABB. 76:   Maschinelles Lernen

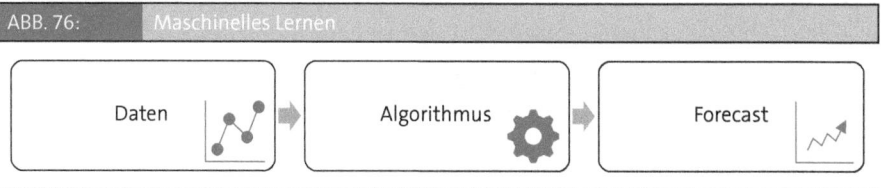

In vielen Anwendungen des maschinellen Lernens ist der Algorithmus eine „Black Box". Es ist also unklar, wie genau der Algorithmus auf den Forecast kommt, den er ausgibt, auch wenn der konkrete Algorithmus bekannt ist. Grund hierfür ist, dass Maschinen eine grundlegend andere Art „zu denken" haben als der Mensch. Dadurch sind die Forecast-Werte schwer oder im schlimmsten Fall gar nicht erklärbar. Es ist daher wichtig, ein Grundverständnis zur Funktionsweise dieser Algorithmen aufzubauen, wenn diese erfolgreich im Unternehmen umgesetzt werden sollen. Im Folgenden werden wir uns daher verschiedene Grundprinzipien anschauen, auf deren Basis Algorithmen des maschinellen Lernens arbeiten. Dabei fokussieren wir uns hier auf die grundlegenden Ideen und Konzepte, werden dabei jedoch auch abstrakte Berechnungskonzepte ansprechen. Es ist zu beachten, dass alle Berechnungen nicht manuell, sondern automatisiert durchgeführt werden. Dennoch sollte man einen Blick auf die Berechnungsmethode werfen, um den Black-Box-Charakter, den das maschinelle Lernen mit sich bringt, abzubauen und die Funktionsweise der Algorithmen besser zu verstehen.

ABB. 77: Idealtypischer Prozess zur Kombination von datengetriebenen und expertisegetriebenen Methoden

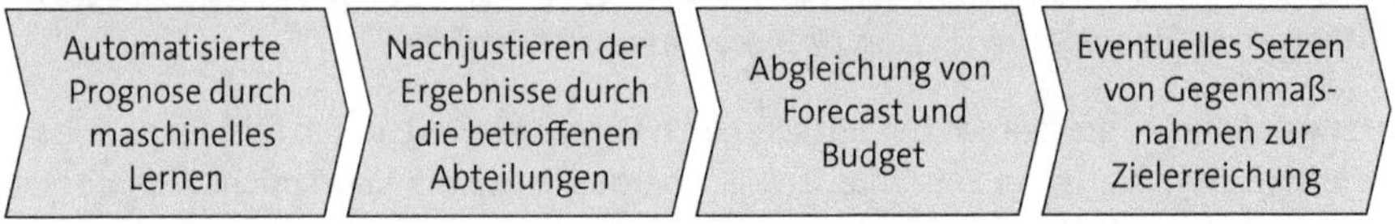

| Automatisierte Prognose durch maschinelles Lernen | Nachjustieren der Ergebnisse durch die betroffenen Abteilungen | Abgleichung von Forecast und Budget | Eventuelles Setzen von Gegenmaßnahmen zur Zielerreichung |

4.6.1 Der naive Forecast

Wir starten mit einer sehr simplen Idee, die so in vielen Unternehmen angewandt wird. Diese Idee besteht darin, als Forecast einfach die **Vorjahresergebnisse** zu nehmen. In diesem Modell wird also angenommen, dass zukünftige Werte exakt den vergangenen Werten entsprechen. Die Prognose für Juli 2021 wäre also einfach durch den Wert aus dem Juli 2020 gegeben. Diesen Ansatz bezeichnet man als „naiven Forecast", wobei naiv hier nicht „einfältig, dumm" bedeutet, sondern „unterkomplex, zu einfach gedacht". Wir wollen uns einmal genauer anschauen, was die Nachteile dieser Methode sind und in welchen Situationen sie trotzdem der richtige Ansatz sein kann. Denn der naive Forecast hat auch einen entscheidenden Vorteil: Er lässt sich komplett ohne Aufwand bestimmen.

ABB. 78: Beispiel für einen naiven Forecast mittels Excel auf Basis der Daten bis Juli 2020

A	I	J	K	L	M	N	O	P	Q	R	S	T	U	V	W	X	Y	Z	AA	AK
1	Aug 19	Sep 19	Okt 19	Nov 19	Dez 19	Jan 20	Feb 20	Mär 20	Apr 20	Mai 20	Jun 20	Jul 20	Aug 20	Sep 20	Okt 20	Nov 20	Dez 20	Jan 21	Feb 21	Dez 21
2 Kennzahl	4.719 €	8.376 €	6.310 €	5.422 €	8.475 €	697 €	9.525 €	1.893 €	5.292 €	8.652 €	4.703 €	9.507 €								
3 Forecast													=I2	=J2	=K2	=L2	=M2	=N2	=O2	=M2
4																				

Die Berechnung: Dieser naive Forecast wird durch einfaches „Copy-Pasten" der Vergangenheitswerte gebildet. Es ist darauf zu achten, dass die Monate beibehalten werden. So ist die Prognose des zukünftigen Dezemberwerts immer durch den letzten verfügbaren Dezember gegeben.

Die Vorteile: Diese Methode lässt sich leicht umsetzen. Der naive Forecast eignet sich zwar nur bedingt zur tatsächlichen Vorhersage zukünftiger Werte. Allerdings ist er ein guter Realitätscheck. Weicht ein durch eine andere Methode berechneter Forecast stark vom naiven Forecast ab, ist dies ein deutliches Warnsignal, die Plausibilität der Werte zu hinterfragen. Auch als Plausibilitätscheck der kommenden Budgetplanung kann der naive Forecast genutzt werden. Eine Budgetplanung, die einem Check mittels der Zahlen aus dem naiven Forecast nicht standhält, sollte daher eingehend geprüft werden.

Die Nachteile: Der naive Forecast erfüllt keines unserer Kriterien, die wir oben an einen guten Forecast gestellt hatten. Der naive Forecast ist ungenau und wenig robust, da er stark anfällig für Schwankungen in den Vorjahresdaten ist. Ist beispielsweise ein besonders heißer Sommer für einen besonders hohen Umsatz verantwortlich, so nimmt der naive Forecast implizit eine ähnliche Entwicklung für das kommende Jahr an.

Der entscheidendste Nachteil ist aber, dass ein Trend nicht berücksichtigt wird. Wenige Unternehmen erzielen Jahr für Jahr die gleichen Ergebnisse. Im Regelfall wird mit einem regelmäßigen Wachstum geplant. Dieses sollte sich auch im Forecast widerspiegeln.

Die Idee, einen Trend, also ein gleichmäßiges Wachstum, in den Forecast einfließen zu lassen, führt zu folgendem Ansatz. Manchmal wird in der Literatur dieser *naive Forecast mit Trend* ebenfalls unter dem Stichwort *naiver Forecast* aufgeführt.

Statt wie im naiven Forecast die Vorjahreswerte als Forecast zu nehmen, versieht man diese mit einer prozentualen Steigerung um beispielsweise 5 %. Die Berechnung hat dann die Form:

(Forecast für den Monat Januar) = 1,05 x (IST-Wert des letzten gebuchten Januars)

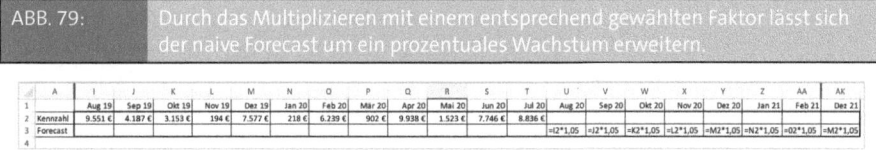

ABB. 79: Durch das Multiplizieren mit einem entsprechend gewählten Faktor lässt sich der naive Forecast um ein prozentuales Wachstum erweitern.

	A	I	J	K	L	M	N	O	P	Q	R	S	T	U	V	W	X	Y	Z	AA	AK
1		Aug 19	Sep 19	Okt 19	Nov 19	Dez 19	Jan 20	Feb 20	Mär 20	Apr 20	Mai 20	Jun 20	Jul 20	Aug 20	Sep 20	Okt 20	Nov 20	Dez 20	Jan 21	Feb 21	Dez 21
2	Kennzahl	9.551 €	4.187 €	3.153 €	194 €	7.577 €	218 €	6.239 €	902 €	9.938 €	1.523 €	7.746 €	8.836 €								
3	Forecast													=I2*1,05	=J2*1,05	=K2*1,05	=L2*1,05	=M2*1,05	=N2*1,05	=O2*1,05	=M2*1,05
4																					

Das Problem an dieser Art des Forecasts ist, dass die Steigungsrate (in unserem Beispiel 5 %) gewählt werden muss. Die Höhe der Wachstumsrate wird im Regelfall über einen expertisegetriebenen Forecast gebildet. Hierbei ist auf die Unterscheidung zwischen Forecast und Budget zu achten. Handelt es sich bei der Wachstumsrate nicht um eine Prognose, sondern um die Zielsetzung, so ergibt die Methode keinen Forecast, sondern ebenfalls eine Zielvorgabe. Durch das Testen verschiedener Wachstumsraten kann man beispielsweise ein Gefühl dafür bekommen, welche Zielsetzung realistisch ist. Es ist auch möglich, die Wachstumsrate in naiver Weise aus der Wachstumsrate des letzten Jahres zu schätzen.

Um ein plausibles Jahresbudget festzusetzen, beginnen Alfred und Marlene ihre Überlegungen mit der Betrachtung der Vorjahresergebnisse. Dadurch bildet der naive Forecast die Grundlage für die Budgetplanung.

4. Forecast

ABB. 80: Plausibilitätschecks mit Vorjahresvergleichen

HINWEIS

In obiger Grafik führen wir beispielhaft aus, wie ein Forecast (graue Spalte) mittels Vorjahresvergleich plausibilisiert werden kann

► Der Vergleich mit den zwei Vorjahreszeiträumen (letzte zwölf Monate) auf Ebene von Kontengruppen hilft, Planungsfehler schnell zu identifizieren. Insbesondere die relativen Kennzahlen, welche die Kontengruppe ins Verhältnis zur Gesamtleistung setzen, ermöglichen eine schnelle Validierung, da bei gleichbleibendem Geschäftsmodell die Zahlen in einem gewissen Rahmen bleiben sollten.

► Die Kachel „Gesamtleistung" zeigt die Wachstumsrate zur Vorperiode auf, absolut und relativ. Sehr hohe Wachstumsraten, wie in dem Beispiel 20 %, sind zu hinterfragen.

4.6.2 Die Trend-Saison-Zerlegung

Wir wollen den naiven Forecast als Ausgangspunkt nutzen, um andere, bessere Methoden verstehen und herleiten zu können. Fassen wir noch einmal zusammen, welche Ansätze des naiven Forecasts wir verbessern wollen und was wir uns von einem guten Forecast versprechen.

► **Der Trend:** Viele Unternehmen wachsen, die Inflation führt zu steigenden Kosten. Dadurch sollten auch viele Kennzahlen ihre Vorjahreswerte übertreffen. Auch Unternehmen, die kein Wachstum anstreben, haben mit steigenden Kennzahlen zu tun, da beispielsweise Kosten steigen und dadurch auch ein höherer Umsatz erzielt werden muss, um einen gleichbleibenden Gewinn zu erwirtschaften. Der Forecast sollte also einen Trend, der manchmal auch negativ sein kann, abbilden. Doch welchen Trend können wir erwarten? Auch auf diese Frage soll der Forecast automatisiert eine Antwort geben. Wir schauen uns hier vor allem solche Algorithmen an, die diese Frage beantworten, indem sie ermitteln, wie hoch der Trend in der Vergangenheit war. Methoden, bei denen zunächst der aktuelle Trend analysiert und dann automatisiert fortgeschrieben wird, nennt man **Trendexploration**.

► **Saisonalitäten:** Die Brauerei Mälzers verkauft im Sommer mehr Bier als im Winter. Der naive Forecast denkt diese Saisonalität intuitiv mit, denn die Prognose für den Monat Juni ist stets durch den Wert des vergangenen Junis gegeben. Es wäre keine gute Idee, den Monat Juni durch die Wertstellung des letzten Januars zu prognostizieren. Der naive Forecast macht hier also schon viel richtig. Allerdings kann er nicht zwischen „wahrer Saisonalität" und einmaligen Effekten unterscheiden.

► **Konjunkturschwankungen:** Eine gut laufende Konjunktur kann positive Entwicklungen verstärken, eine schlecht laufende Konjunktur bremst hingegen. Vor allem der Trend wird daher von einer Konjunktur-Komponente überlagert. Einige Anwendungen betrachten die Konjunkturkomponente separat. In der Praxis gelingt diese Unterscheidung aber oft nicht. Da dadurch die Aussagequalität des Forecasts auch nur unwesentlich verbessert wird, ist es meistens nicht notwendig, das Modell um diese Komponente zu erweitern.

Oft überlagern sich die Trend- und die Saisonkomponente, wie das folgende Beispiel zeigt.

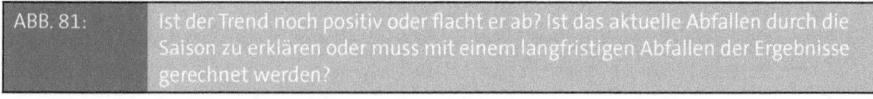

ABB. 81: Ist der Trend noch positiv oder flacht er ab? Ist das aktuelle Abfallen durch die Saison zu erklären oder muss mit einem langfristigen Abfallen der Ergebnisse gerechnet werden?

In diesem Beispiel sehen wir, dass mit bloßem Auge oft schwer zu erkennen ist, ob ein Effekt durch den Trend oder die Saisonalität verursacht wird. Algorithmen können uns bei dieser Entscheidung helfen und die Zeitreihe automatisiert in eine Saison- und eine Trend-Komponente unterteilen.

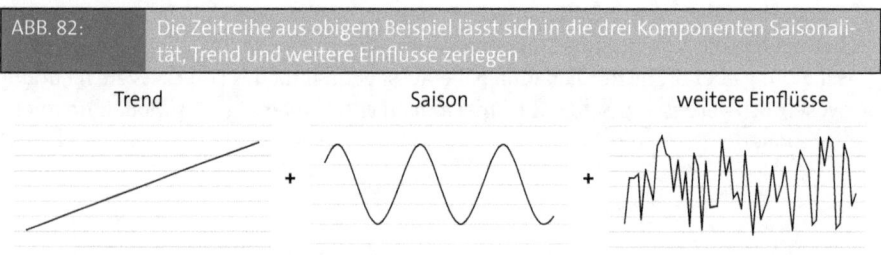

ABB. 82: Die Zeitreihe aus obigem Beispiel lässt sich in die drei Komponenten Saisonalität, Trend und weitere Einflüsse zerlegen

Diese Zerlegung kann uns helfen, die Zeitreihe besser zu verstehen. Im Beispiel sehen wir durch die Zerlegung, dass der Trend positiv ist und wir uns am Ende eines saisonbedingten Abschwungs befinden. Es ist daher davon auszugehen, dass die Zeitreihe in den kommenden Monaten wieder ansteigen wird. Die Komponenten Trend und Saison sind bewusst einfach gehalten. Dadurch lassen sie sich gut in die Zukunft fortschreiben.

ABB. 83:	Die Zeitreihe lässt sich gut durch die Komponenten Trend und Saisonalität erklären. Der Forecast ergibt sich aus einer Fortschreibung dieser beiden Komponenten.

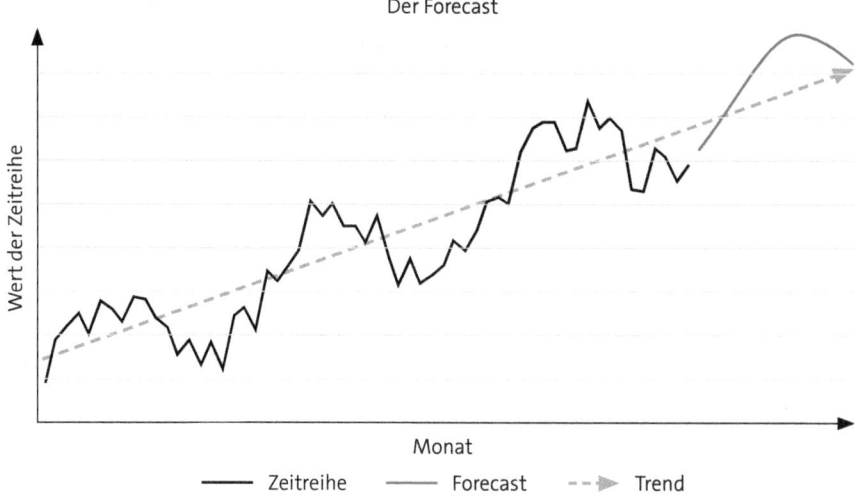

Der Forecast

Wert der Zeitreihe

Monat

—— Zeitreihe   —— Forecast   - -▶ Trend

„Unser neues Craft-Bier kommt super an", sagt Alfred zu seiner Tochter, „mir fällt aber schwer abzuschätzen, wie viel Craft-Bier wir im kommenden Jahr verkaufen werden, weil mir die Erfahrung fehlt. Die Vorjahreswerte sind leider keine große Hilfe, da noch gar nicht für alle Monate Verkaufszahlen vorliegen und wir ja im Frühsommer diese sehr erfolgreiche Werbe-kampagne hatten. Ich gehe daher davon aus, dass auch die Monatswerte, die schon vorlie-gen, im nächsten Jahr übertroffen werden können. Hast du eine Idee, wie wir trotzdem eine gute Einschätzung gewinnen können?" Marlene überlegt einen Moment. Dann kommt ihr die Idee, Trend und Saisonalität separat zu betrachten. „Aus den Umsatzzahlen für unsere anderen Biersorten wissen wir, dass wir im Sommer etwa dreimal so viel Bier verkaufen wie im Winter. Ich denke, wir können davon ausgehen, dass das auch für unser Craft-Beer gilt." Alfred nickt: „Das ist ein guter Hinweis. Wie können wir den Trend bestimmen? Berechnen wir ihn auf Basis unserer bisherigen Verkaufszahlen?" „Wir sollten dabei aber auf jeden Fall beachten, dass das Wachstum zu Beginn des Verkaufs sehr stark war. Ein so hohes Wachs-tum können wir nicht langfristig aufrechterhalten. Auch die Werbekampagne wird einen Einmal-Effekt gebracht haben, der sich ohne weitere Kampagne nicht in der Intensität wie-derholen wird. Ich würde daher vorschlagen, dass wir für den Trend nur die Verkaufszahlen betrachten, die nach der Kampagne liegen. Das sind zwar wenige Datenpunkte, aber eine erste Einschätzung zu den kommenden Verkaufszahlen sollten wir so bekommen können."

107

Alfred stimmt seiner Tochter zu: „Das ist eine sehr gute Idee. Das hilft uns sicherlich, eine erste Einschätzung zu bekommen. Sobald mehr Daten vorliegen, wird unser Forecast sicherlich immer genauer werden. Dann werden wir sehen, ob wir unsere Jahresplanung noch einmal überarbeiten sollten."

Im Folgenden werden wir zunächst die beiden Komponenten Trend und Saisonalität separat betrachten und anschließend zu einem Forecast zusammensetzen. Im Anschluss gehen wir auch noch kurz auf Verfahren ein, die beide Komponenten in einem gemeinsamen Schritt bestimmen.

4.6.2.1 Der Trend

Der Trend beschreibt die Grundrichtung der Daten. Steigen die Werte an oder flachen sie ab? Wie stark ist ein Anstieg? Wir nehmen an, dass der Trend sich nur langsam verändert. Auch die **Intensität**, mit der sich der Trend verändert, setzen wir als gleichbleibend voraus. Diese Annahmen sind gerechtfertigt, da der Trend langfristige Entwicklungen in den Daten wiederspiegeln soll und wir den Trend klar von den saisonalen Effekten, die lokal auftreten, abgrenzen wollen. Daher wird der Trend in vielen Anwendungen als glatte Funktion modelliert, also als eine Funktion, die keine Knicke oder Sprünge enthält.

In den meisten Fällen wird eine der folgenden drei Möglichkeiten gewählt:

a) **Ein linearer Trend**

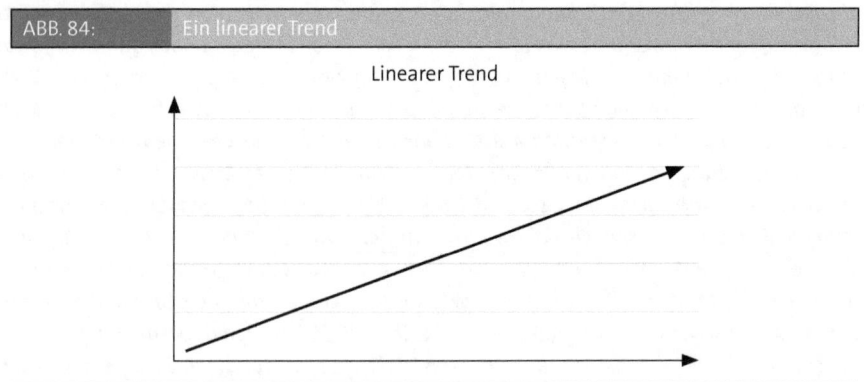

ABB. 84: Ein linearer Trend

Linearer Trend

Der lineare Trend unterstellt ein in allen Zeiträumen identisches Wachstum. Ein Beispiel für eine solche Annahme ist, dass der Umsatz jeden Monat um denselben absoluten Wert zunimmt.

Der lineare Trend ist durch die Funktion f(t) = at + b beschrieben, wobei a dem absoluten Wachstum pro Monat entspricht, t angibt, der wie vielte Monat beschrieben wird (beispielsweise wäre der Februar im zweiten Jahr durch t = 14 gegeben), und b ist das Niveau, also der Wert zu Beginn des Trends (beispielsweise der Umsatz im Januar des ersten Jahres i. H. von 30 T€).

Der lineare Trend wird gerne genutzt, da er einfach zu interpretieren ist und man sich lineares Wachstum leicht vorstellen kann.

b) **Ein exponentieller Trend**

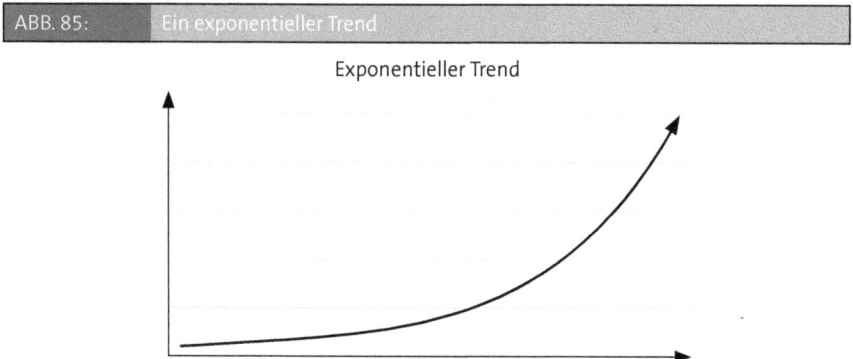

ABB. 85: Ein exponentieller Trend

Exponentieller Trend

Der exponentielle Trend unterstellt in allen Zeiträumen ein prozentuales Wachstum. Ein Beispiel für eine solche Annahme ist, dass der Umsatz monatlich um 3 % im Vergleich zum Vormonat steigt. Ein solches exponentielles Wachstum kennt man beispielsweise aus der Berechnung von Zinseszins-Effekten.

Der exponentielle Trend ist durch die Funktion f(t) = b · a^t beschrieben, wobei a dem relativen Wachstum pro Monat entspricht. t und b geben wie im linearen Trend den aktuellen Monat und das Niveau an.

Der exponentielle Trend wächst deutlich schneller als der lineare Trend. Deshalb kann der exponentielle Trend nur über kurze Zeiträume gehalten werden und muss irgendwann wieder abflachen. Dadurch ist die Arbeit mit exponentiellen Trends komplexer als mit linearen Trends.

c) Ein degressiver Trend

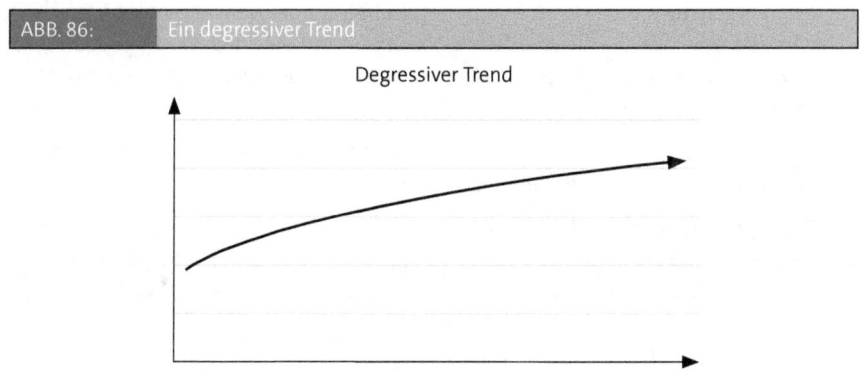

ABB. 86:   Ein degressiver Trend

Degressiver Trend

Ein degressiver Trend unterstellt ein Abflachen des Trends. Er wird durch eine Funktion der Form $f(t) = b \cdot t^a$ beschrieben, wobei $-1 < a < 1$. Ist a betragsmäßig größer als 1, so spricht man von einem progressiven Trend. Dieser findet allerdings seltener Anwendung, da progressive Trends oft durch ein lokales lineares bzw. exponentielles Wachstum beschrieben werden können, was oft leichter zu interpretieren ist.

Zu allen drei Ansätzen werden wir gleich Beispiele sehen.

Es gibt eine Vielzahl weiterer Funktionen, die in der Praxis genutzt werden, um eine Trendfunktion zu modellieren, beispielsweise über polynomiale, logarithmische oder nichtparametrische Funktionen. Wir haben uns hier auf die drei Ansätze beschränkt, die am weitesten verbreitet sind. Diese haben außerdem den Vorteil, vergleichsweise leicht umsetzbar und gut interpretierbar zu sein. Außerdem lassen sich komplexere Trendverläufe oft abschnittsweise durch lineare, exponentielle und degressive Trends beschreiben. Insbesondere lineare Funktionen spielen hier eine besondere Rolle.

4.6.2.1.1 Die allgemeine Idee – Die Methode der kleinsten Quadrate

Im Folgenden stellen wir vor, wie genau die Trendfunktion bestimmt werden kann. Dazu erklären wir zunächst **das allgemeine und abstrakte Vorgehen**. Im nächsten Unterkapitel findet sich eine detaillierte und schrittweise Berechnung des linearen, exponentiellen und degressiven Trends anhand von einfachen Beispielen und auch eine Möglichkeit zur Berechnung mit Excel.

Von nun an bezeichnen wir die Werte der Zeitreihe mit y, um eine kürzere Notation zu ermöglichen. Das y steht beispielsweise für die Höhe des „Umsatzes" oder der „Personalaufwendungen" und ist als Zeitreihe, also in unserem Fall durch monatliche Werte, die wir mit $t = 1, ..., T$ bezeichnen, gegeben. Beispielsweise wäre also $t = 1$ der Januar, $t = 2$ der Februar und $y(3)$ der Umsatz im März.

Ziel ist es nun, eine Funktion $f(t)$ zu finden, die y möglichst gut beschreibt. Dabei ist $f(t) = at + b$ (linearer Trend) oder $f(t) = b \cdot a^t$ (exponentieller Trend) oder $f(t) = b \cdot t^a$ (degressiver Trend).

Zu Beginn der Berechnung muss man sich auf eine Trendfunktion festlegen. Am einfachsten gelingt dies, wenn man sich die Daten mithilfe einer Software (beispielsweise Excel) visualisieren lässt und versucht, den Trend aus der grafischen Darstellung abzulesen. Es ist aber auch möglich, verschiedene Trendfunktionen zu bestimmen und im Nachhinein zu vergleichen. Oft ergibt sich die Wahl des Trends auch aus der konkreten Anwendung.

Hat man sich auf eine Trendfunktion festgelegt, so müssen die Parameter a und b bestimmt werden. Die Steigungs- bzw. Wachstumsrate a und das Niveau b sollen Zahlen sein, so dass die Trendfunktion $f(t)$ möglichst nah am tatsächlichen IST-Wert, also an y zum Zeitpunkt t liegt. Den Wert von y zum Zeitpunkt t wollen wir $y(t)$ nennen. In vielen Büchern findet man auch die Notation y_t.

Was bedeutet es, dass $f(t)$ und $y(t)$ möglichst nah aneinander liegen?

Es wird nicht gelingen, dass $f(t) = y(t)$. Unser Ziel ist daher, die Parameter a und b so zu wählen, dass $f(t)$ möglichst mittig durch y läuft, also $f(t)$ in etwa genauso oft über wie unter $y(t)$ liegt. Außerdem möchten wir ganz allgemein lieber zu jedem Zeitpunkt t einen kleineren Abstand haben als immer wieder große Abstände.

111

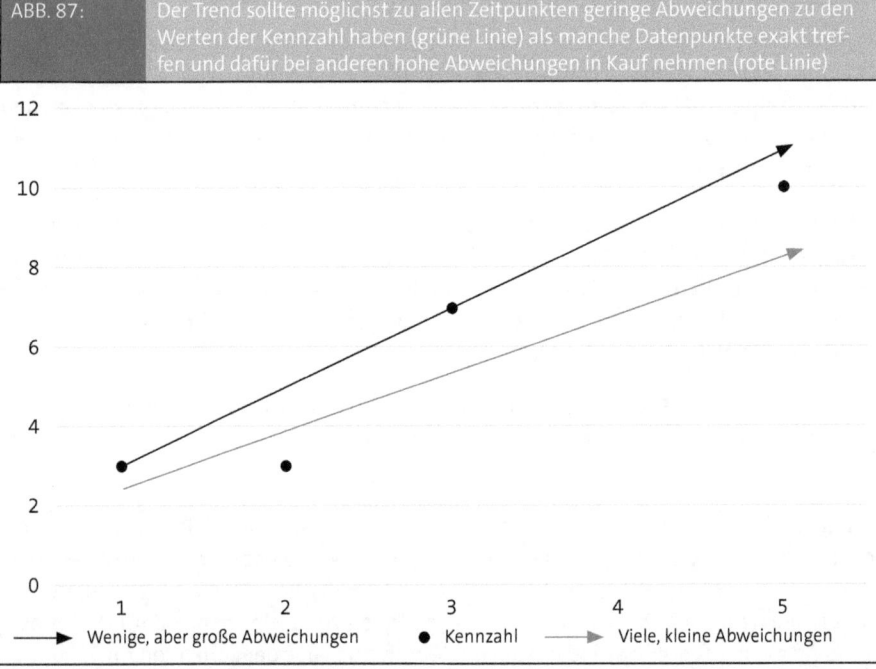

ABB. 87: Der Trend sollte möglichst zu allen Zeitpunkten geringe Abweichungen zu den Werten der Kennzahl haben (grüne Linie) als manche Datenpunkte exakt treffen und dafür bei anderen hohe Abweichungen in Kauf nehmen (rote Linie)

→ Wenige, aber große Abweichungen ● Kennzahl → Viele, kleine Abweichungen

Es hat sich gezeigt, dass der Trend der Zeitreihe gut erfasst wird, wenn die *Summe der quadratischen Fehler* minimiert wird. Diese ist gegeben durch

$$(f(0) - y(0))^2 + (f(1) - y(1))^2 + (f(2) - y(2))^2 + (f(3) - y(3))^2 + \ldots$$

Dies ist die Summe aller Fehlerterme $(f(t) - y(t))^2$, welche ein Maß für die Distanz, also den Abstand von der Trendfunktion $f(t)$ und dem IST-Wert $y(t)$ sind. Durch das Quadrieren werden kleine Abweichungen weniger stark bestraft als große Abweichungen. Eine Verdoppelung der Abweichung $f(t) - y(t)$ führt zu einer Vervierfachung des Fehlerterms $(f(t) - y(t))^2$. Die Idee hinter diesem Effekt ist, dass man lieber immer ein bisschen daneben liegen möchte als manchmal ganz weit, wie wir auch in obiger Grafik gesehen haben.

Die Parameter so zu wählen, dass die Summe der quadratischen Fehler möglichst klein wird, ist für beliebige Funktionen $f(t)$ nicht einfach, insbesondere dann nicht, wenn bereits viele Werte der Zeitreihe vorliegen.

Für den linearen, den exponentiellen und den degressiven Trend lassen sich jedoch Formeln für die Parameter a, b angeben, so dass die Summe der kleinsten Quadrate miniert wird.

Nutzt man Excel-Befehle wie TREND(), um den Trend einer Zeitreihe zu bestimmen, so wird die Trendfunktion automatisiert mithilfe der Methode der kleinsten Quadrate bestimmt.

Der Forecast des Trends ist dann gegeben, indem man die Funktion f(t) auch für Werte von t berechnet, für die y(t) noch nicht vorliegt.

Schauen wir uns nun einige Beispiele an, wie diese Berechnung in der Praxis durchgeführt wird.

4.6.2.1.2 Der lineare Trend

Nehmen wir an, wir haben uns für einen linearen Trend, also für die Funktion f(t) = at + b entschieden. Die optimalen Parameter, also die Parameter, für die die Summe der quadratischen Fehler am kleinsten ist, sind dann gegeben durch:

$$a = \frac{(1 - \bar{t}) \cdot (y(1) - \bar{y}) + ... + (T - \bar{t}) \cdot (y(T) - \bar{y})}{(1 - \bar{t})^2 + ... + (T - \bar{t})^2}$$

Wobei $\bar{y}$ der Mittelwert über alle Werte y(t) ist und $\bar{t}$ der Mittelwert über alle Zeitpunkte.

Hat man a bestimmt, so kann man b leicht aus der Formel
$b = \bar{y} - a \cdot \bar{t}$
berechnen.

BEISPIEL ▶ *Um die Berechnung besser zu verstehen, schauen wir uns ein vereinfachtes Rechenbeispiel mit nur fünf Datenpunkten an. Zur besseren Anschauung kann man sich vorstellen, dass y den Umsatz beschreibt. Dann wäre beispielsweise im Januar ein Umsatz von 15, im Februar ein Umsatz von 18 usw. erzielt worden.*

t	1	2	3	4	5
y(t)	15	18	22	21	29

Um a zu berechnen, bestimmen wir zunächst

$$\bar{y} = \frac{15 + 18 + 22 + 21 + 29}{5} = 21.$$

(Das entspricht also in der Anschauung dem durchschnittlichen Umsatz) und

$$\bar{t} = \frac{1 + 2 + 3 + 4 + 5}{5} = 3.$$

Damit können wir weiterrechnen, um a zu bestimmen. Zum besseren Verständnis bestimmen wir a abschnittsweise.

$(1 - \bar{t}) \cdot (y(1) - \bar{y}) = (1 - 3) \cdot (15 - 21) = 12$

$(2 - \bar{t}) \cdot (y(2) - \bar{y}) = (2 - 3) \cdot (18 - 21) = 3$

$(3 - \bar{t}) \cdot (y(3) - \bar{y}) = (3 - 3) \cdot (22 - 21) = 0$

$(4 - \bar{t}) \cdot (y(4) - \bar{y}) = (4 - 3) \cdot (21 - 21) = 0$

$(5 - \bar{t}) \cdot (y(5) - \bar{y}) = (5 - 3) \cdot (29 - 21) = 16$

Damit ergibt sich für die Steigung ein Wert von

$$a = \frac{12 + 3 + 0 + 0 + 16}{(1 - 3)^2 + (2 - 3)^2 + (3 - 3)^2 + (4 - 3)^2 + (5 - 3)^2} = \frac{31}{10} = 3{,}1.$$

In der Anschauung bedeutet dies, dass der Umsatz im durchschnittlichen Monat um 3,1 gestiegen ist.

Den Achsenabschnitt b erhält man mit obiger Formel als b = 21 − 3,1 · 3 = 11,7. Damit hat der lineare Trend in diesem einfachen Beispiel die Form f(t) = 3,1 · t + 11,7.

Diese Berechnung muss nicht per Hand durchgeführt werden, sondern kann automatisiert erfolgen. Beispielsweise in Excel wird der Wert für a mit dem Befehl Steigung() und der Wert für b mit dem Befehl Achsenabschnitt() bestimmt.

ABB. 88: In Excel kann der Wert für a mit dem Befehl „Steigung" und der Wert für b mit dem Befehl Achsenabschnitt bestimmt werden

	A	B	C	D	E	F	G	H
1	t	1	2	3	4	5	6	7
2	Zeitreihe	15	18	22	21	29		
3	Forecast						=B5*G1+B6	=B5*H1+A6
4								
5	a	=STEIGUNG(B2:M2;B1:M1)						
6	b	=ACHSENABSCHNITT(B2:M2;B1:M1)						

Interpretation: Der lineare Trend wird auch deshalb so gerne verwendet, weil die Parameter a und b sich gut interpretieren lassen. Der Steigungsparameter a gibt an, um welchen Wert sich die Zeitreihe innerhalb eines Monats verändert. Nach zwei Monaten ergibt sich eine Steigerung um den Wert 2a, nach drei Monaten um 3a usw. Ein positives a beschreibt als Wachstum also einen monatlichen Anstieg, während ein negatives a ein Abfallen der Werte beschreibt.

Der Achsenabschnittsparameter b beschreibt nicht den Trend, sondern das Niveau der Zeitreihe, also in welchem Wertebereich die Zeitreihe liegt. Verringert man den Wert von b um 100, so verringern sich alle Werte der Zeitreihe um den Wert 100. Der Trend bleibt dadurch jedoch unverändert.

Marlene und Alfred überlegen, welche Annahmen sie allgemein zu ihrem Umsatzwachstum machen können. Alfred vermutet, dass ein linearer Trend zugrunde liegt, da sie viele Kunden als Bestandskunden halten und regelmäßig Neukunden hinzugewinnen können.

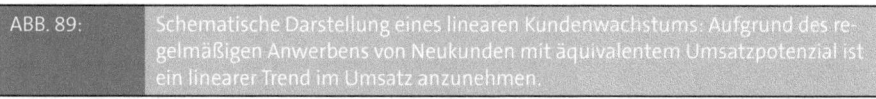

ABB. 89: Schematische Darstellung eines linearen Kundenwachstums: Aufgrund des regelmäßigen Anwerbens von Neukunden mit äquivalentem Umsatzpotenzial ist ein linearer Trend im Umsatz anzunehmen.

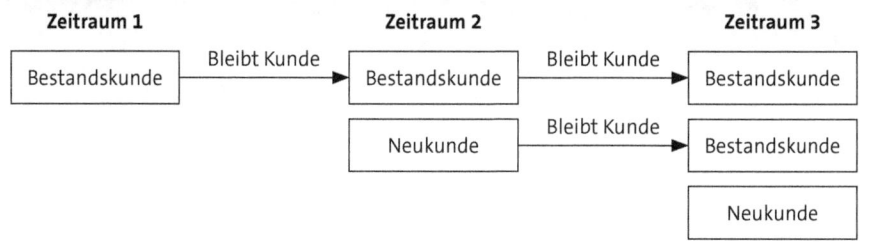

4.6.2.1.3 Der exponentielle Trend

Die Parameter eines exponentiellen Trends lassen sich aus den Formeln für den linearen Trend bestimmen, denn der exponentielle Trend ist gegeben durch $f(t) = b \cdot a^t$. Durch Logarithmieren, also durch Anwendung der Umkehrfunktion zum Exponieren, ergibt sich $\ln(f(t)) = \ln(b) + \ln(a) \cdot t$. Diese Darstellung zeigt, dass der exponentielle Trend dem linearen Trend für die logarithmierte Zeitreihe $\ln(y(t))$ entspricht.

> **BEISPIEL** *Um zu verstehen, wie man diesen Umstand ausnutzen kann, schauen wir uns erneut das einfache Rechenbeispiel aus dem linearen Trend an und bestimmen nun einen exponentiellen Trend für die Datenpunkte.*

t	1	2	3	4	5
y(t)	15	18	22	21	29

Durch Anwendung des Logarithmus erhalten wir

t	1	2	3	4	5
ln(y(t))	2,71	2,89	3,09	3,04	3,37

Konnten wir uns oben noch vorstellen, dass die Reihe y dem Umsatz entspricht, so hat ln(y(t)) jedoch keine direkte Interpretation mehr und wird nur als Zwischenschritt in der Berechnung benötigt. Bestimmen wir auf Basis dieser Darstellung den linearen Trend, wie oben beschrieben, so ergibt sich eine lineare Trendgerade der Form $0{,}15 \cdot t + 2{,}58$. Es gilt also $\ln(a) = 0{,}15$ und $\ln(b) = 2{,}58$.

Durch Anwendung der Exponentialfunktion können wir daraus Werte für a und b erhalten. Es ergibt sich a = exp(0,15) = 1,16 und b = exp(2,58) = 13,18. Damit gilt für die Trendfunktion f(t)= 13,18 • 1,16^t. Stellt man sich wieder vor, dass y dem Umsatz entspricht, so bedeutet diese Trendfunktion einen monatlichen Anstieg um den Faktor 1,16, also ein Wachstum um 16 %.

Auch diese Rechnung muss nicht händisch durchgeführt werden, sondern wird durch Softwarelösungen automatisiert berechnet.

ABB. 90:	Die verschiedenen Trendlinien können mithilfe von Excel direkt ins Diagramm eingefügt werden. So lassen sich aufwendige Rechnungen vermeiden.

Interpretation: Der exponentielle Trend ist der Ferrari unter den Trendfunktionen. Kein Wachstum ist schneller, denn der exponentielle Trend beschreibt Vervielfachungen, wie man sie auch aus Zinseszins-Effekten kennt. Der Parameter a gibt hier die Vervielfachungsrate an, beispielsweise entspricht a = 1,05 einer monatlichen Vervielfachung um 5 %. In diesem Beispiel wächst die Trendfunktion in einem Monat um 5 %, in zwei Monaten um 10,24 % (a^2), in drei Monaten ungefähr um 15,76 % (a^3) und in vier Monaten um 21,55 % (a^4). Eine monatliche Vervielfachung kann nur über kurze Phasen erreicht werden, weshalb ein exponentieller Trend nie über lange Zeiträume genutzt werden sollte.

Ist a > 1, so wird ein positiver Trend beschrieben. a < 1 beschreibt hingegen einen abfallenden Trend.

Genau wie im linearen Trend beschreibt der Parameter b das Niveau und hat keinen direkten Einfluss auf den Trend.

Marlene vermutet ebenfalls, dass dem Umsatzwachstum ihrer etablierten Biersorten ein linearer Trend zugrunde liegt. Beim neuen Craft-Beer, dass erst seit kurzem auf dem Markt ist, vermutet sie hingegen eine Art Zinseszins-Effekt, da überzeugte Kunden nicht nur als Bestandskunden gehalten werden, sondern auch indirekt Neukunden anwerben, indem sie das Craft-Beer empfehlen. Dieser Effekt sollte in der Anfangsphase einen exponentiellen Trend begründen.

ABB. 91: Vereinfachte Darstellung der ersten Vertriebsphase des neuen Craft-Beers. Überzeugte Kunden der Brauerei bleiben als Bestandskunden erhalten und werben neue Kunden an, indem sie die Brauerei weiterempfehlen. Dadurch wird ein exponentielles Wachstum beschrieben.

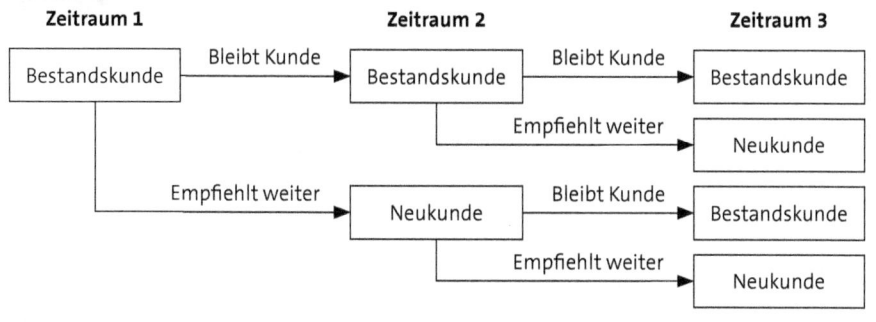

4.6.2.1.4 Der degressive Trend

Der degressive Trend ist durch die Funktion $f(t) = b \cdot t^a$ beschrieben. Durch Logarithmieren ergibt sich:

$$\ln(f(t)) = \ln(b) + a \cdot \ln(t)$$

Die Parameter des degressiven Trends lassen sich also ebenfalls aus den Formeln für den linearen Trend durch Logarithmieren bestimmen.

BEISPIEL ▶ *Schauen wir uns dazu noch einmal unser Beispiel an. Wir wenden den Logarithmus in dieser Situation sowohl auf f(t) als auch auf t an. Genau wie bei der Bestimmung des exponentiellen Trends hat diese Darstellung keine direkte Interpretation und dient uns nur als Zwischenschritt in der Berechnung.*

ln(t)	0,00	0,69	1,10	1,39	1,61
ln(y(t))	2,71	2,89	3,09	3,04	3,37

Bestimmen wir hieraus die lineare Trendfunktion, ergibt sich ln(f(t)) = 0,36 • ln(t) + 2,68.

Der Parameter für a lässt sich hieraus ablesen. Es gilt a = 0,36 und b = exp(2,68) = 14,53. Damit ergibt sich die degressive Trendfunktion f(t) = 14,52 • $t^{0,36}$.

In Excel-Formeln sieht die Berechnung dann so aus:

ABB. 92:	Der degressive Trend lässt sich mithilfe der Formeln für den linearen Trend bestimmen. Dazu benötigen wir die zwei Hilfszeitreihen in Zeile 3 und 4.

	A	B	C	D	E	F	G	H
1	t	1	2	3	4	5	6	7
2	Zeitreihe	15	18	22	21	29		
3	ln(t)	=LOG(B1)	=LOG(C1)	=LOG(D1)	=LOG(E1)	=LOG(F1)		
4	ln(y)	=LOG(B2)	=LOG(C2)	=LOG(D2)	=LOG(E2)	=LOG(F2)		
5	Forecast						=B8*G1^B7	=B8*H1^B7
6								
7	a	=STEIGUNG(B4:P4;B3:P3)						
8	b	=EXP(ACHSENABSCHNITT(B4:P4;B3:P3))						
9								
10								
11								

Interpretation: Auch beim degressiven Trend beschreibt der Parameter b das Niveau und hat keinen direkten Einfluss auf den Trend. Der degressive Trend ist durch seine Veränderung im Zeitverlauf geprägt. In der Anfangsphase wird von einer starken Änderung ausgegangen, die immer stärker abflacht. Auch wenn der Trend nie vollständig verschwindet, wird er irgendwann so klein, dass die Zeitreihe nahezu konstant wird. Der Parameter a (mit Werten zwischen −1 und 1) beschreibt, wie schnell der Trend abnimmt. Je näher der Parameter a am Wert 0 liegt, desto schneller ebbt der Trend ab. Positive Werte beschreiben einen ansteigenden Trend, negative Werte ein Abfallen des Trends.

ABB. 93:	Zusammenfassung der drei häufigsten Trendfunktionen im Controlling		
	Linearer Trend	**Exponentieller Trend**	**Degressiver Trend**
Grafik			
Inter-pretation	► Zuwachs: a > 0 ► Abfall: a < 0 ► Absolutes Wachstum um a Einheiten zu jedem Zeitpunkt ► Je betragsmäßig größer a, desto steiler ist der Trend	► Zuwachs: a > 1 ► Abfall a < 1 ► Relatives Wachstum um den Faktor a zu jedem Zeitpunkt ► Je betragsmäßig größer a, desto steiler ist der Trend	► Zuwachs a > 0 ► Abfall a < 0 ► Trend flacht im Zeitverlauf immer stärker ab ► Je betragsmäßig größer a, desto langsamer flacht der Trend ab
Beispiel	Verkaufszahlen etablierter Produkte	Verkaufszahlen bei Produkteinführung	Produktionskosten

Eine Schwierigkeit in der Praxis ist die Wahl der passenden Trendfunktion. Diese kann zum einen auf Basis von logischen Überlegungen dazu, wie sich der Trend verhalten sollte, getroffen werden. Beispielsweise fallen die Einkaufspreise für Rohstoffe, wenn größere Mengen abgenommen werden, und auch die Produktionskosten (pro produzierter Einheit) können gesenkt werden, wenn mehr produziert wird. Wird immer mehr produziert, sollten die Produktionskosten im Zeitverlauf zwar ansteigen, der Anstieg sollte von Monat zu Monat aber immer geringer ausfallen. Deshalb liegt in dieser Situation ein degressiver Trend nahe. Hierbei ist darauf zu achten, dass Kostensenkungen oft in Form von Rahmenverträgen festgelegt werden und deshalb stufenweise abfallen.

Zum anderen helfen grafische Überlegungen. Plottet man die Zeitreihe (beispielsweise mit Excel), so kann man oft mit bloßem Auge erkennen, welche Form das Wachstum hat. Spätestens, wenn man die Trendgerade einzeichnet und mit anderen Trendgeraden vergleicht, sieht man meist schnell, ob die Trendfunktion sinnvoll aussieht. Außerdem sind einfache Funktionen, die man gut interpretieren kann, im Regelfall komplexeren Modellen vorzuziehen.

„Du weißt ja, dass Mathe nie meine Stärke war", erzählt Alfred seiner Tochter, „deshalb war ich am Anfang auch etwas skeptisch, ob ich mit diesen Berechnungen umgehen können würde. Du hast aber recht behalten. Es ist wirklich leichter, als ich gedacht habe. Durch die Trendfunktion und ihre grafische Darstellung kann ich unsere Kennzahlen besser verstehen und ihre Entwicklung abschätzen. Ich hätte nicht gedacht, dass unsere Unternehmensdaten so viele Informationen enthalten, die wir bisher nicht in Wissen umgesetzt haben. Mit der Zeit werde ich wahrscheinlich ein immer besseres Verständnis für die Trends bekommen. Ich kann mir vorstellen, dass diese Trends einen guter Frühwarnindikator bilden können." Seine Tochter nickt eifrig: „Es freut mich, dass meine Idee bei dir so gut ankommt. Sobald wir die Trends zu einem Forecast ausgebaut haben, wird unsere Unternehmenssteuerung deutlich verbessert werden." „Nicht erst dann. Ich glaube, dass die Trends auch ohne Forecast bereits eine Menge Mehrwerte liefern. Nicht nur, weil sie helfen, unsere Erwartungen besser einzuordnen, sondern weil wir noch frühzeitiger auf Entwicklungen reagieren können. Beispielsweise hätten wir früher erst reagiert, wenn unsere Verkaufszahlen gesunken sind. Heute können wir schon ein Gespräch mit dem Vertrieb suchen, wenn sich der Trend verlangsamt. Das meinte ich eben, als ich von Frühwarnindikatoren sprach." Auf diese Idee war Marlene gar nicht gekommen. Ihr leuchtet der Vorschlag aber direkt ein, weshalb sie mit ihrem Vater vereinbart, dieses Thema zu vertiefen sobald ein Prozess für den Forecast im Unternehmen umgesetzt ist.

HINWEIS

Auf die Nutzung von Trends als Frühwarnindikatoren gehen wir im Kapitel „Frühwarnsysteme" nochmal gesondert ein.

Unser Ansatz, den Trend durch eine glatte, also knickfreie, Funktion zu beschreiben, hat zahlreiche Vorteile. Im Trend werden alle Schwankungen eliminiert. Außerdem ist die unterstellte Trendfunktion sehr gut interpretierbar. Bei anderen Methoden ist dies oft nicht mehr der Fall. Allerdings ist die Darstellung des Trends über eine einzelne glatte Funktion auch eine starke Einschränkung. Liegt im Zeitverlauf eine **Trendwende** vor, die beispielsweise durch eine Veränderung von externen oder internen Umständen hervorgerufen wurde, so kann diese nicht abgebildet werden. Eine Lösung für dieses Problem ist die Wahl des Zeitraums. Liegen die Daten, auf deren Basis der Trend bestimmt wird, zu lange zurück, so ist auch der errechnete Trend veraltet. Hat man jedoch Daten für einen zu kurzen Zeitraum vorliegen, so ist der Trend zu anfällig für momentane Schwankungen und kann nicht die vorherrschende Entwicklung abbilden.

Am Ende des Kapitels gehen wir noch auf weitere Methoden, wie das exponentielle Glätten, ein, die versuchen dieses Problem auszugleichen, indem aktuellere Werte stärker gewichtet werden als veraltete Werte. Allerdings sind diese Methoden komplizierter anzuwenden.

4.6.2.2 Saisonkomponente

Neben der Trendkomponente ist die Saisonkomponente von großer Bedeutung in vielen rollierenden Forecasts. Sie soll die **regelmäßig wiederkehrenden Einflüsse** darstellen und analysieren. Die Brauerei Mälzers vertreibt beispielsweise im Frühjahr und Sommer mehr Bier als im Winter. Diese lokalen Einflüsse werden vom Trend nicht erfasst, da der Trend eine langfristige Entwicklung abbildet. In den vorgestellten Verfahren ist der Trend außerdem zu glatt, um eine glaubwürdige Prognose zu liefern. Daher ist die Analyse der Saisonkomponente von entscheidender Bedeutung. Aufgrund ihrer wiederkehrenden Schwankungen wird die Saisonkomponente auch als **periodische Schwankung** der Zeitreihe bezeichnet. Diese Formulierung verdeutlicht, dass nicht nur saisonale Einflüsse in die Saisonkomponente einfließen, sondern alle regelmäßig wiederkehrenden Effekte.

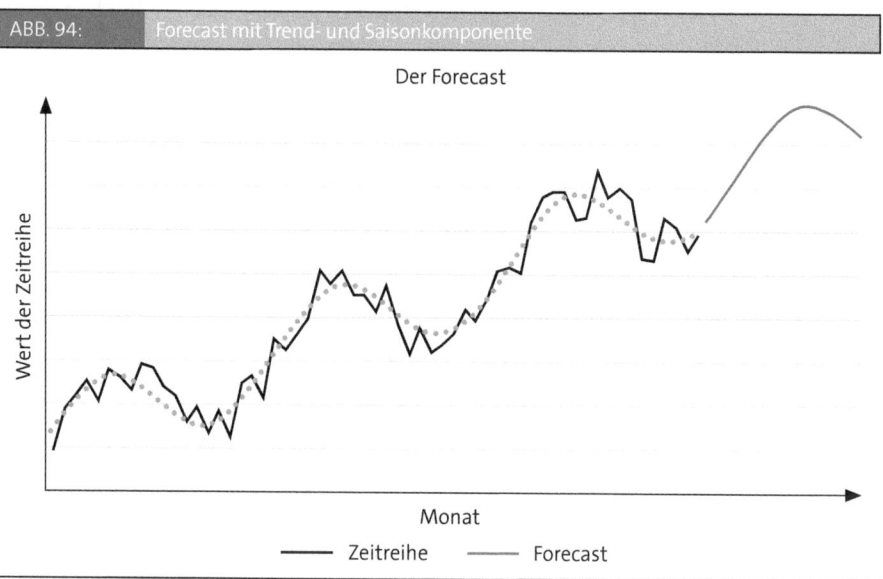

ABB. 94: Forecast mit Trend- und Saisonkomponente

Der Forecast

Wert der Zeitreihe

Monat

——— Zeitreihe   ——— Forecast

Unser Ziel ist, mithilfe der Saisonkomponente wiederkehrende Differenzen zwischen den Daten und dem vorab bestimmten Trend auszugleichen. Zunächst muss die Phase der Saisonalität bestimmt werden. Soll die Saisonalität quartalsweise/monatsweise/wochenweise/tagesweise analysiert werden? Da die Brauerei Mälzers im Sommer mehr Bier verkauft als im Winter, würde man bei der Betrachtung ihres Umsatzes von einer monats- oder quartalsweisen Saisonalität ausgehen. Es ist zu beachten, dass eine zu feine Zerkleinerung nicht zu besseren Ergebnissen führt. Genau wie beim Trend besteht die Gefahr des Overfittings, also die Gefahr, dass der Forecast sich zu genau an die Daten anschmiegt und dadurch unbrauchbar wird, da er zu anfällig für zufällige Schwankungen wird.

In den meisten Fällen hat man ein gutes Gespür für die Frequenz der Saisonalität, aber nicht für die Intensität. Man weiß also, dass die Verkaufszahlen im Sommer höher sind als im Winter, kann dieses Wissen aber nicht in konkrete Zahlen umsetzen.

Da die meisten Kennzahlen monatsweise gebucht werden, wird oft eine monatsweise Saisonalität betrachtet. Dieses Vorgehen ist jedoch nicht für alle Kennzahlen und alle Unternehmen praktikabel. Um die Saisonalität eines Monats schätzen zu können, müssen mehrere Datenpunkte zu diesem Monat vorliegen (etwa drei bis fünf). Das bedeutet, dass die Saisonalität auf Basis der letzten drei bis fünf Jahre geschätzt werden müsste. Dies ist jedoch schwer umzusetzen, da nicht alle Kennzahlen über derart lange Zeiträume gepflegt sind und, das ist der entscheidende Punkt, sich Saisonalitäten im Unternehmen über lange Zeiträume durch Krisen oder Umstrukturierungen auch verschieben können. In diesem Fall sind die weit zurückliegenden Daten zu veraltet, um mit den hier vorgestellten Methoden eine belastbare Saisonalität zu bestimmen. Um das grundlegende Konzept zu verstehen, wollen wir uns auf eine quartalsweise Saisonalität beschränken. Die vorgestellten Verfahren lassen sich aber auch auf andere Phasen (wie Monate oder Wochentage) übertragen. Am Ende geben wir außerdem einen Ausblick, wie andere Formen der Saisonalität berücksichtigt werden können. Die Einteilung in Quartale ist natürlich, da die vereinfachte Unternehmensplanung in Quartalen denkt und die Buchungen auch dieser Struktur folgen, da Quartale die nächstgrößere Einheit nach Monaten bilden.

Neben der Trendfunktion $f(t)$ wollen wir also auch eine Saisonfunktion $s(t)$ ableiten, die periodische Schwankungen beschreibt. Im quartalsweisen Trend nimmt $s(t)$ dabei einen von vier möglichen Werten an, je nachdem in welchem Quartal der Zeitpunkt t liegt. Während die Trendfunktion $f(t)$ also für alle Zeitpunkte potenziell verschiedene Werte annehmen kann, soll die Saisonfunktion $s(t)$ nach Ablauf der Saison wieder die gleichen Werte annehmen, also beispielsweise jeden Dezember den gleichen Wert, so dass $s(t) = s(t + 12) = s(t + 24)$ gilt.

Additives Modell
Beim additiven Modell wird ein additiver Zusammenhang von Trend und Saisonalität unterstellt, beispielsweise: „In der Urlaubzeit sinkt die Arbeitskraft um das Volumen von zwei Vollzeitstellen." Die Zeitreihe $y(t)$ soll also durch $f(t) + s(t)$ erklärt werden, wobei $f(t)$ der Trend von oben ist und $s(t)$ die Saisonalität.

Multiplikatives Modell

Beim multiplikativen Modell wird also angenommen, dass die Saisonalität den Trend multiplikativ beeinflusst. Beispielsweise: „Im Sommer wird doppelt so viel Eis verkauft wie im Winter." Die Zeitreihe soll also durch y(t) = f(t) • s(t) erklärt werden, wobei f(t) der Trend von oben ist und s(t) die Saisonalität.

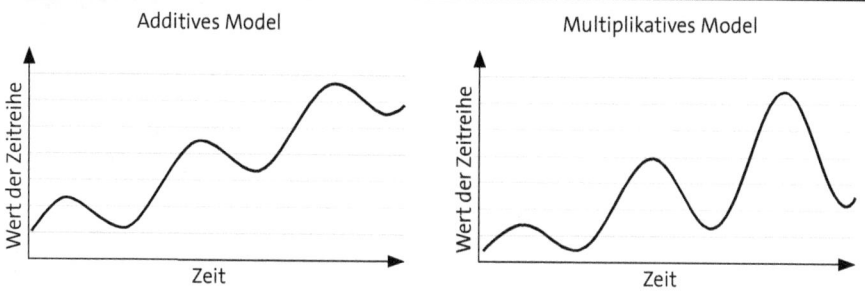

ABB. 95: Im additiven Modell bleibt die Intensität der saisonalen Schwankung im Zeitverlauf konstant, während sich die Schwankungen im multiplikativen Modell im Zeitverlauf bei positivem Trend verstärken.

Additives Model | Multiplikatives Model

Ob ein multiplikatives oder ein additives Modell anzunehmen ist, lässt sich manchmal durch einfache grafische Betrachtung der Daten nachvollziehen. Oft ist es aber auch hier hilfreich, verschiedene Modelle zu testen und zu verwerfen.

Genau wie beim Trend gibt es deutlich kompliziertere Modelle, bei denen beispielsweise auch eine Veränderung der Intensität der Saisonalität im Laufe der Zeit unterstellt wird. Auf diese Modelle können wir an dieser Stelle nicht eingehen, da sie über die hier vermittelten Grundlagen hinausgehen. Viele Softwarelösungen sind jedoch in der Lage, auch solche Entwicklungen automatisiert zu erkennen und in den Forecast einfließen zu lassen.

4.6.2.3 Die Berechnung der Saisonkomponente

Wir wollen die Berechnung der Saisonkomponente an einem Beispiel verstehen. Dazu betrachten wir noch einmal das additive Modell y(t) = f(t) + s(t). Wir kennen die Werte der Zeitreihe y(t) sowie den Trend f(t), den wir mithilfe der Methode der kleinsten Quadrate von oben bestimmt haben. Wir können daher das Modell nach s(t) umstellen. Es ergibt sich s(t) = y(t) − f(t) (im multiplikativen Modell erhielte man entsprechend s(t) = $\frac{y(t)}{f(t)}$).

Wir wollen eine quartalsweise Saisonalität bestimmen und hatten daher angenommen, dass s(t) nur einen von vier möglichen Werten q_1, q_2, q_3 oder q_4 annimmt, je nachdem, ob der betrachtete Monat t in Quartal Q1, Q2, Q3 oder Q4 liegt. Laut obiger Zerlegung gilt

$s(1) = y(1) - f(1)$
$s(2) = y(2) - f(2)$
$s(3) = y(3) - f(3)$
$\vdots$

$s(13) = y(13) - f(13)$
$s(14) = y(14) - f(14)$
$\vdots$

Die Werte s(1), s(2), s(3), s(13), s(14), s(15), ... beziehen sich alle auf das erste Quartal und damit den Wert q_1. Da sich die tatsächlichen Werte y(t) nicht ausschließlich durch Trend und Saison erklären lassen, werden die Werte s(1), s(2), s(3), s(13), ... sich unterscheiden. Deshalb setzen wir q_1 als Mittelwert aller so berechneten Werte.

BEISPIEL ▶ *Zum besseren Verständnis wollen wir ein vereinfachtes Zahlenbeispiel betrachten. Nehmen wir einmal an, dass wir die Kennzahl y(t) seit zwei Jahren beobachten und bereits den Trend für diesen Zeitraum bestimmt haben. Zum besseren Verständnis kann man sich vorstellen, dass y der Umsatz ist. Um die Saisonalität des ersten Quartals q_1 zu bestimmen, benötigen wir die Januar-, Februar- und März-Werte.*

Zeitpunkt t	Januar 19	Februar 19	März 19	Januar 20	Februar 20	März 20
Kennzahl y(t)	960	980	1.030	1.100	1.160	1.160
Trend f(t)	1.000	1.010	1.020	1.130	1.140	1.150

Daraus ergeben sich mit der Formel y(t) – f(t) sechs verschiedene Werte für die Abweichung zwischen Trend und Kennzahl im ersten Quartal.

Zeitpunkt t	Januar 19	Februar 19	März 19	Januar 20	Februar 20	März 20
y(t) – f(t)	–40	–30	10	–30	20	10

Damit ergibt sich als Schätzwert für das erste Quartal

$$q_1 = \frac{1}{6} \cdot (-40 - 30 + 10 - 30 + 20 + 10) = -10$$

Nimmt man eine quartalsweise Saisonalität an, so ist es sinnvoll, die Saisonalität noch auf monatliche Werte zu glätten, da ansonsten starke Sprünge zwischen den Quartalen auftreten und auch in der Praxis oft Verschiebungen vom Quartalsende in den Anfang des nächsten Quartals stattfinden.

ABB. 96:	Berechnungsschema „geglättete Monatswerte"	
	Berechnete Werte fürs Quartal	Geglättete Monatswerte
Jan		$\dfrac{q_4 + 2q_1}{3}$
Feb	q_1	q_1
Mär		$\dfrac{2q_1 + q_2}{3}$
Apr		$\dfrac{q_1 + 2q_2}{3}$
Mai	q_2	q_2
Jun		$\dfrac{2q_2 + q_3}{3}$
Jul		$\dfrac{q_2 + 2q_3}{3}$
Aug	q_2	q_3
Sep		$\dfrac{2q_3 + q_4}{3}$
Okt		$\dfrac{q_3 + 2q_4}{3}$
Nov	q_4	q_4
Dez		$\dfrac{2q_4 + q_1}{3}$

BEISPIEL ► *Betrachten wir dazu erneut das vereinfachte Rechenbeispiel von oben. Wir haben quartalsweise Saisonalitäten bestimmt.*

q_1	q_2	q_3	q_4
−10	20	30	0

Damit ergibt sich eine Saisonalität von 30 im September und 0 im Oktober. Durch die obigen Glättungsformeln können wir einen weniger drastischen Übergang ermöglichen. Dies ist sinnvoll, weil beispielsweise der Umsatz sich nicht drastisch von Quartal zu Quartal ändert, sondern die Saisonalitäten gleichmäßig auftreten.

	August	September	Oktober	November
Ohne Glättung	30	30	0	0
Mit Glättung	30	$\dfrac{2 \cdot 30 + 0}{6} = 20$	$\dfrac{30 + 2 \cdot 0}{3} = 10$	0

4.6.2.4 Wie berechnet man nun den Forecast im Trend-/Saisonmodell?

Hat man die Zeitreihe y(t) in einen Trend f(t) und eine Saisonkomponente s(t) zerlegt, so kann man darauf aufbauend einen Forecast bestimmen, indem man Trend und Saisonkomponente in die Zukunft fortschreibt. Da f(t) eine glatte Funktion ist, lässt sich der Wert f(t) ebenso wie die Saisonkomponente auch für zukünftige Zeitpunkte t bestimmen.

Der Vorteil an diesem Forecastmodell ist, dass die beiden Komponenten Trend und Saison unabhängig voneinander interpretiert werden können.

Um ein besseres Gespür für den Forecast mittels Trend-Saison-Zerlegung zu gewinnen, wollen Marlene und Alfred einen Forecast für die Zeitreihe Auftragseingang aufsetzen. In einem ersten Schritt stellen sie die Daten grafisch in einem Säulendiagram dar, um einen Überblick zu erhalten.

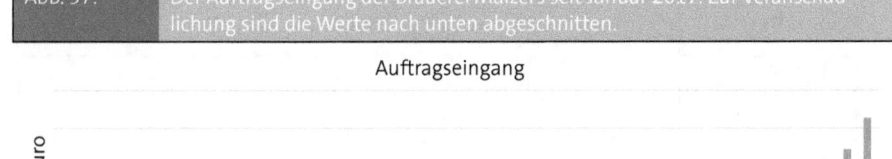

ABB. 97: Der Auftragseingang der Brauerei Mälzers seit Januar 2017. Zur Veranschaulichung sind die Werte nach unten abgeschnitten.

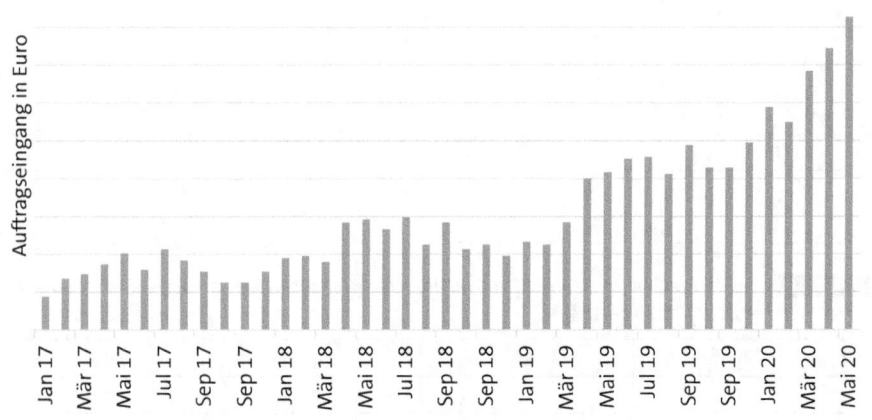

Auftragseingang

„Wir werden auf jeden Fall Saisonalitäten haben. Im Sommer wird einfach viel mehr Bier getrunken als im Winter. Das schlägt sich natürlich auch in der Kennzahl nieder." Alfred stimmt seiner Tochter zu: „Richtig. Wobei wir im Spätsommer schon einen Rückgang in den

Aufträgen haben. Die großen Bestellungen sind da bereits gemacht. In den Daten sieht man ganz deutlich, dass in der Zeit um den November immer weniger Aufträge eingehen." „Diese Erfahrungswerte können wir am Ende auf jeden Fall als Realitätscheck für die Qualität unseres Forecasts nutzen", sagt Marlene, „erstmal müssen wir aber überlegen, welche Form der Trend haben könnte." Es gibt sowohl für einen linearen Trend als auch für einen exponentiellen Trend sinnvolle Gründe. Alfred plädiert für einen linearen Trend, da ein großer Anteil der Aufträge von Bestandskunden kommt, die eine recht konstante Nachfrage haben. Marlene wirft jedoch ein, dass durch die Einführung des neuen Craft-Beers auch ein exponentieller Trend möglich wäre. Marlene und Alfred beschließen daher, beide Möglichkeiten zu testen und zu schauen, welche Variante besser zu den Daten passt.

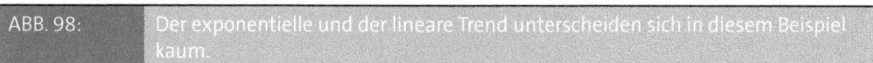

ABB. 98: Der exponentielle und der lineare Trend unterscheiden sich in diesem Beispiel kaum.

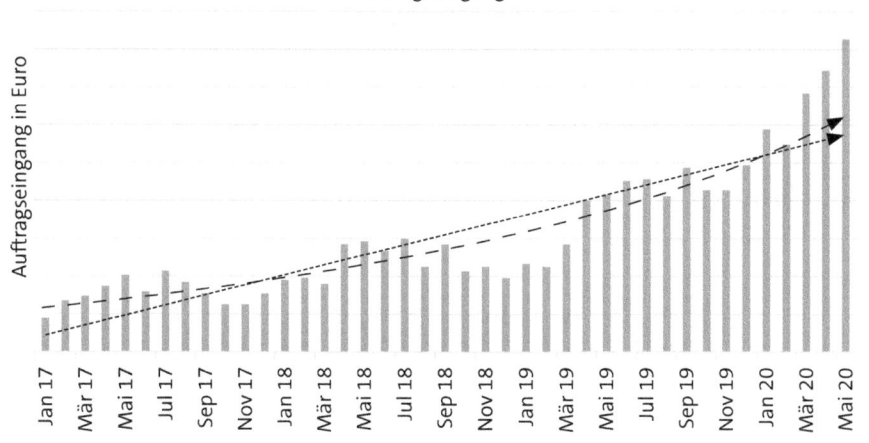

Auftragseingang

Marlene stellt fest: „Der lineare und der exponentielle Ansatz unterscheiden sich kaum. Ich würde also vorschlagen, dass wir uns auf das lineare Modell beschränken. Das können wir leichter interpretieren. Der exponentielle Trend ist ohnehin kaum gekrümmt und sieht einem linearen Trend sehr ähnlich."

Nachdem die Trendfunktion fixiert ist, wird in einem zweiten Schritt die Saisonkomponente ermittelt.

„Ich denke, es wäre besser, wenn wir eine monatsweise Saison betrachten, weil sich unser Auftragseingang nicht übermäßig an Quartalen orientiert", sagt Alfred. Marlene stimmt

ihm zu, wirft aber ein, dass die Datenmenge für eine monatliche Saisonalität zu klein sein dürfte: „Für die Monate Juni bis Dezember haben wir jeweils nur drei Werte vorliegen. Ich denke, das ist zu wenig, um eine belastbare Saisonalität zu bestimmen." Daher bestimmen sie zunächst eine quartalsweise Saisonalität, die sie im Anschluss nach obigem Verfahren auf Monatsebene glätten.

ABB. 99: Die beiden Forecastmodelle im Vergleich

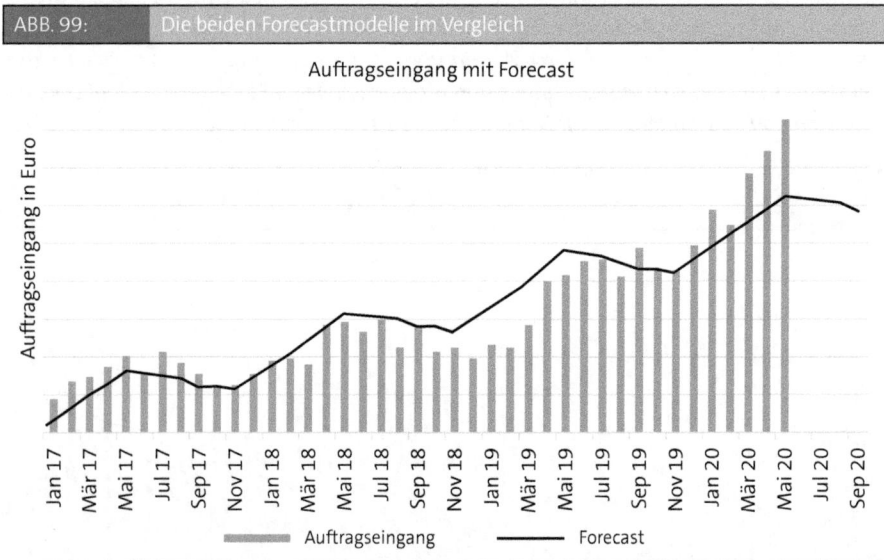

Auftragseingang mit Forecast

Ihr Vater ist nicht völlig begeistert von dem Ergebnis: „Gerade die aktuelleren Werte liegen deutlich über unserer Forecastfunktion. Was ist da passiert?" „Hmm, auch in den Daten gibt es einen stärkeren Sprung im Mai 2019. Kurz vorher im April haben wir unser neues Craft-Beer auf den Markt gebracht, wahrscheinlich hat das zu einem Strukturbruch, also zu einer Veränderung von Trend und Saisonalität, in der Zeitreihe geführt."

Sie beschließen daher, einen neuen Trend ab April 2019 zu berechnen, so dass sich der Forecast an die veränderten Zustände anpassen kann. Die Daten vor April 2019 fließen so nicht mehr in die Berechnung des Trends für den Forecast ein.

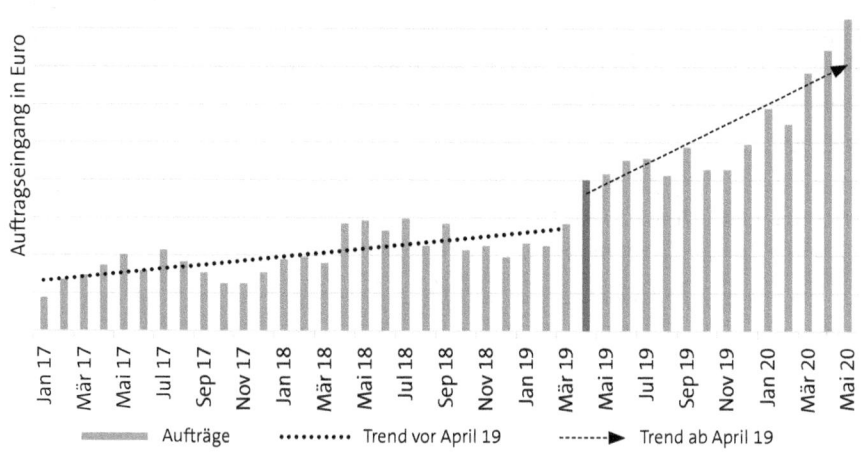

ABB. 100:	Durch das neue Craft-Beer hat sich der Trend der Zeitreihe im April stark geändert. Durch diesen besonderen Einfluss ist es sinnvoll, ein neues Modell ab diesem Zeitpunkt zu berechnen.

Neues Modell ab April 2019

Aufträge ·········· Trend vor April 19 -------► Trend ab April 19

Diese ausführliche Betrachtung des Auftragseingangs hat zwei positive Effekte. Zum einen ist in den Zahlen deutlich geworden, dass die Einführung des neuen Craft-Beers Ausgangspunkt für einen erhöhten Auftragseingang ist. Die Veränderung des Trends vor April 2019 zum stärkeren Trend ab April 2019 sollte in die Beurteilung des Erfolgs der neuen Biersorte einfließen. Zum anderen können auf Basis dieser Überlegungen zukünftige Auftragszahlen abgeschätzt werden, indem Trend und Saison in die Zukunft fortgeschrieben werden. Da das Modell linearer Trend mit additiver Saisonalität nun fixiert ist, kann es rollierend auf neue Werte reagieren. Die Berechnung wird in der Brauerei automatisiert umgesetzt. Allerdings behalten sie im Hinterkopf, dass die erneute Einführung eines neuen Produkts wohl wieder einen Strukturbruch herbeiführen wird. Deshalb wird auch die Qualität des Forecasts regelmäßig evaluiert, um festzustellen, ob das Modell noch die Realität abbilden kann.

4.6.3 Exponentielles Glätten

Alle Modelle, die wir uns bisher angesehen haben, können **Trendwenden** nicht automatisiert erkennen. Verändert sich die Struktur des Trends durch einen externen Effekt, wie die Einführung eines neuen Produkts in obigem Beispiel, so muss ab diesem Zeitpunkt per Hand ein neuer Trend aufgesetzt werden. Das ist nicht optimal, da Trendwenden so nur im Nachhinein als solche erkannt werden können. Wir wollen uns daher noch ein Verfahren zur Bestimmung der Trendfunktion genauer anschauen, dass Trendwenden automatisiert erkennen kann.

Beim exponentiellen Glätten ist die Funktion $f(t)$, die den Trend bestimmen soll, abhängig von den Werten $y(t)$. Dies unterscheidet die Methode stark von der Trendbeschreibung durch eine glatte Funktion mit der oben vorgestellten Methode. Denn dort hängt die Funktion $f(t)$ nur indirekt von $y(t)$ ab. Die Funktion $f(t)$ ist durch die **rekursive Vorschrift**

$$f(t + 1) = ay(t) + (1 - a)f(t)$$

mit $0 \leq a \leq 1$ gegeben.

Es gilt also:
$$f(2) = ay(1) + (1 - a)f(1)$$
$$f(3) = ay(2) + (1 - a)f(2)$$
$$f(4) = ay(3) + (1 - a)f(3)$$
$$\vdots$$

Die Funktion $f(t)$ ist ein **gewichteter Durchschnitt** aus dem aktuellen Wert der Zeitreihe und dem Wert $f(t-1)$ aus dem vergangenen Zeitpunkt. Der gegenwärtige Zeitreihenwert wird also immer auch von den vergangenen Werten beeinflusst, wobei sich der Einfluss umso stärker abschwächt, je weiter der Wert in der Vergangenheit liegt. Die Idee ist, dass Werte, die über dem Trend liegen, zu einer Erhöhung des Trends $f(t)$ führen, während Werte, die unter dem Trend liegen, eine Trendabnahme induzieren. Dadurch kann die Trendfunktion Fehleinschätzungen für neue Daten selbstlernend korrigieren.

Wie stark der Einfluss der Vergangenheitswerte ist, wird durch den Parameter a bestimmt. a wird manchmal Glättungsparameter genannt, da er bestimmt, wie stark die Funktion $f(t)$ geglättet wird. Ist a sehr groß, so werden die Schwankungen von $y(t)$ nicht ausgeglichen und finden sich auch in $f(t)$ wieder. Je kleiner a ist, desto glatter ist $y(t)$, desto weniger Knicke weist also $y(t)$ auf.

Wir werden von a als Gedächtnisparameter sprechen, da dieser angibt, wie hoch der Einfluss vergangener Werte auf den aktuellen Trend ist. Ist a nah an 1, so orientiert sich der

Trend stark an der Gegenwart (und wird dadurch anfälliger für Ausreißer in den Daten). Ist a nahe an 0, so orientiert sich der Trend stärker an vergangenen Entwicklungen, wodurch die Trendwende im April 2019 nur langsam erkannt wird.

ABB. 101: Die Zeitreihe Auftragseingang vollzieht eine Trendwende im April 2019, welche automatisiert durch das exponentielle Glätten erkannt werden kann.

Exponentielles Glätten mit verschiedenen Gedächtnissparametern

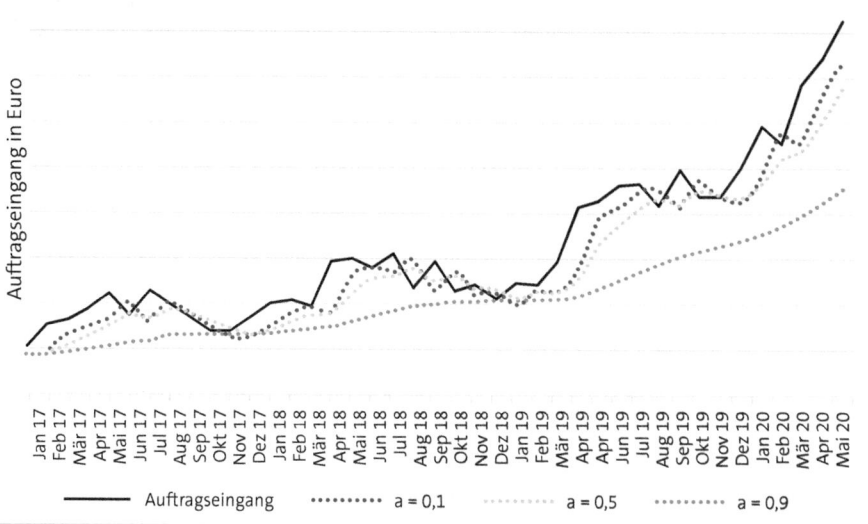

Der Wert von a kann entweder vorab festgelegt werden oder genau wie bei der Parameterwahl bei den anderen Trendverfahren so bestimmt werden, dass die Summe der quadratischen Fehler minimiert wird.

Den Wert f(0) wählt man, indem man f(0) = y(0) setzt. In manchen Situationen bietet es sich aber an, diese Wahl anzupassen.

Der Forecast des Trends kann nicht so leicht gebildet werden, wie im Fall der Beschreibung durch glatte Funktionen, da f(t) für Werte von t, für die y(t−1) nicht vorliegt, nicht bestimmt werden kann. Ist der letzte Zeitpunkt T, für den y(T) vorliegt, so berechnet sich der Forecast durch:

$$f(T + 1) = ay(T) + (1 - a)f(T)$$

▶ *Zum Verständnis betrachten wir ein letztes Mal das einfache Rechenbeispiel, an dem wir bereits die Berechnung für den glatten Trend erläutert haben.*

t	1	2	3	4	5
y(t)	15	18	22	21	29

Nehmen wir beispielhaft an, dass der Gedächtnisparameter a = 0,7 festgelegt ist. Als Startwert setzen wir f(1) = 15. Damit können wir f(2) bestimmen, denn f(2) = ay(1) + (1 – a)f(1) = 0,7 • 15 + 0,3 • 15 = 15. Kennt man diesen Wert, so lässt sich f(3) bestimmen, denn f(3) = ay(2) + (1 – a)f(2) = 0,7 • 18 + 0,3 • 15 = 17,1. Damit folgt f(4) = 0,7 • 22 + 0,3 • 17,1 = 20,53 und f(5) = 20,86. Die Prognose für den nächsten Eintrag der Zeitreihe ist somit gegeben als f(6) = ay(5) + (1 – a)f(5) = 0,7 • 29 + 0,3 • 20,86 = 26,56.

Vorteile: Diese Methode kann auch verwendet werden, wenn kein Muster, wie ein linearer oder exponentieller Trend, zu beobachten ist, da keine solche Annahme für die Trendfunktion getroffen werden muss, um sie zu berechnen. Außerdem können auch Veränderungen im Trend abgebildet werden. Die Trendfunktion passt sich selbstlernend an Veränderungen im Trend durch Strukturbrüche an.

Nachteile: Der Trend lässt sich nur schwer interpretieren und die Berechnung ist komplizierter als in anderen Methoden.

Das exponentielle Glätten kann um eine Saisonkomponente erweitert werden, so dass auch diese automatisiert auf Verschiebungen reagieren kann. Außerdem können so Saison und Trend in einem gemeinsamen Schritt bestimmt werden.

4.6.4 Bezug zum maschinellen Lernen

ABB. 102: Algorithmen, die zur Bestimmung eines datengetriebenen Forecasts genutzt werden, lernen in drei Schritten.

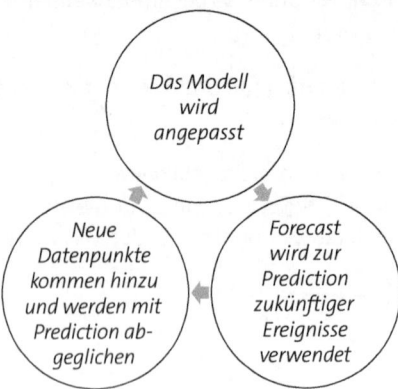

Alle Verfahren, die wir kennengelernt haben, nutzen Methoden des maschinellen Lernens, denn sie können sich selbständig an die Daten anpassen und ihre Vorhersage auf Basis neuer Daten evaluieren und verbessern. Wir wollen unser bisheriges Verständnis nun nutzen, um die grundlegende Verfahrensweise des maschinellen Lernens zu veranschaulichen. Dadurch wollen wir besser verstehen, wie genau Algorithmen lernen, und so den Blackbox-Charakter dieser Methoden abbauen.

Am Anfang muss ein Modell für den Forecast gewählt werden. Hier können schon sehr konkrete Vorgaben gemacht werden. Legt man beispielsweise fest, dass ein linearer Trend gewählt werden soll, so wird der Algorithmus den bestmöglichen linearen Trend suchen, aber eben immer die Einschränkung linearer Trend berücksichtigen. Es ist auch möglich diese Vorgabe weiter zu fassen. Dabei ist aber erforderlich, dass klar festgelegt wird, was sich aus dem Modell der Forecast ergibt. Viele, aber nicht alle Modelle sehen so aus, dass der Algorithmus bestimmte Parameter (wie **Gedächtnis-, Lage- oder Anstiegsparameter**) lernt, die das Modell eindeutig beschreiben. Das war bei allen Modellen, die wir uns angeschaut haben, der Fall.

Der Algorithmus lernt nun, indem er ein Modell vorschlägt, schaut, wie gut das Modell auf die vorliegenden Daten passt und das Modell dann verbessert. Im rollierenden Forecast lernt der Algorithmus auch im zeitlichen Verlauf, denn der Algorithmus kann seinen Forecast stets mit den neuen Datenpunkten abgleichen und das Modell vor der Ausgabe des neuen Forecasts auf diese neuen Informationen anpassen, wodurch der Forecast immer besser wird.

Der Algorithmus vergleicht sein Modell also stetig mit den vorliegenden Daten, um so zu lernen. Dieser Vergleich geschieht auf Basis einer **Verlustfunktion**, die ein Maß für den Abstand vom Modell zu den Daten ist. In der Methode der kleinsten Quadrate, wie wir sie oben kennengelernt haben, entspricht die Verlustfunktion der Summe der quadrierten Fehler zwischen Forecast und Daten. Das Ziel des Algorithmus ist, diese Verlustfunktion zu minimieren.

Vorteile: Selbstlernende Algorithmen können dabei helfen, Muster und Strukturen in den Daten zu erkennen, die sonst verborgen geblieben wären. Sind sie einmal im Unternehmen etabliert, können auf diesem Wege vollständig automatisiert belastbare Prognosen gebildet werden.

Nachteile: Der selbstlernende Forecast begründet nicht, weshalb eine bestimmte Prognose getroffen wird. Der Algorithmus baut, anders als von Laien manchmal vermutet, kein tiefes Verständnis für komplexe Zusammenhänge auf, sondern findet nur solche Muster, die ihm vorab aufgetragen wurden zu suchen.

4.6.5 Weitere Methoden – Ein Ausblick

Es gibt zahlreiche weitere Methoden, mithilfe des maschinellen Lernens einen datengetriebenen Forecast aufzusetzen. Im maschinellen Lernen sind die zwei entscheidenden Stellschrauben durch die **Wahl des Modells** und durch die **Wahl der Verlustfunktion** gegeben. Für beide Wahlen gibt es eine Vielzahl verschiedener Möglichkeiten, die jedoch nicht unabhängig voneinander kombiniert werden sollten.

Alternativen zur Verlustfunktion der kleinsten Fehlerquadrate:

► **Gewichtung der Fehler**
Die Verlustfunktion der kleinsten Fehlerquadrate behandelt alle Datenpunkte gleich. In vielen Anwendungen sind aber aktuelle Daten relevanter, weshalb ihrer Fehler stärker in die Verlustfunktion einfließen können als Fehler von zeitlich weiter zurückliegenden Datenpunkten.

► **Entsprechend dem finanziellen Risiko**
Manchmal ist es sinnvoll, die Verlustfunktion entsprechend dem finanziellen Risiko zu wählen, das eine Abweichung der IST-Werte zum Forecast nach sich zieht. Ein Beispiel ist, dass man den Forecast lieber unter- als überschätzen lassen möchte. In diesem Fall würde man negative Abweichungen IST minus Forecast stärker in die Verlustfunktion einfließen lassen als positive Abweichungen.

► **Regularisierungsfunktionen**
Manchmal wird der Verlust um eine Regularisierungsfunktion ergänzt. Beispielsweise können so Trendwenden stärker gewichtet werden, so dass ein Gleichbleiben des Trends bevorzugt wird, wenn die Daten nicht deutlich auf eine Wende hindeuten. Erlaubt man dem Trend, die Richtung zu wechseln, ohne die Verlustfunktion zu regularisieren, würde der Trend zu leichtfertig auf kurzfristige Entwicklungen eingehen.

Alternativen zu den vorgestellten Modellen:

► **Autoregressive Modelle**
Ähnlich wie beim einfachen exponentiellen Glätten nimmt man hier an, dass die Zeitreihe aus den Vergangenheitswerten bestimmt werden kann. Dadurch können Saisonalitäten und der Trend in einem gemeinsamen Schritt bestimmt werden. Ein Vorteil dieser Methode ist, dass sie leicht auf Veränderungen in den Daten reagieren kann. Das kann aber auch zum Nachteil werden, da einmalige Schwankungen zu einer starken Verschiebung des Forecasts führen.

► **Nicht parametrische Regression**
Diese Modelle sind besonders flexibel, da keine Form des Trends oder der Saisonalität vorgegeben wird. Dadurch sind die Ergebnisse aber auch deutlich schwerer zu interpretieren.

Aufgrund der Vielzahl verschiedener Möglichkeiten, die alle mit eigenen Vor- und Nachteilen kommen, kann es für den Laien schwer sein, die optimale Lösung für das eigene Unternehmen zu finden. Daher kann es hilfreich sein, zur Ersteinrichtung eine externe Beratung hinzuzuziehen. Auch einige professionelle Controlling-Softwarelösungen setzen auf eine Forecast-Berechnung mittels maschinellen Lernens. Manchmal kann bei der Ersteinrichtung der Software eine passgenaue Lösung für die unternehmensspezifischen Anforderungen gefunden werden. In jedem Fall sollte bei der Verwendung von vorgefertigten Lösungen darauf geachtet werden, dass transparent ist, welche Daten und Annahmen in die Erstellung des Forecasts einfließen, denn nur dann lassen sich die Ergebnisse seriös beurteilen und interpretieren.

Methoden des maschinellen Lernens finden nicht nur in der Bestimmung von Forecasts für Finanzdaten Anwendung im Unternehmenscontrolling. So können beispielsweise PR-Agenturen durch das automatisierte Auswerten von Zeitungsartikeln die Reichweite von verschickten Pressemitteilungen als Kennzahl erheben.

Für die Brauerei Mälzers ist essenziell, zu jedem Zeitpunkt ausreichend Leergut zur Verfügung zu haben, da sonst zusätzliche Flaschen zugekauft werden müssen. Allerdings lässt sich nur schwer vorhersagen, wann Kunden Leergut zurückbringen, wodurch die Versorgung mit dem Rohstoff „Mehrweg-Glasflasche" nur schwer steuerbar ist. Da dies ein hohes Risiko für die Brauerei bedeutet, würden Alfred und Marlene gerne einen Frühwarnindikator zur Leergut-Versorgung etablieren. Deshalb beschließen sie zu prüfen, ob sich mit externer Hilfe ein selbstlernender auf die Bedürfnisse der Brauerei abgestimmter Forecast zur Versorgung mit Leergut etablieren lässt.

4.7 Mit Unsicherheiten umgehen lernen – Die richtige Interpretation

Kein Forecast kann eine sichere Abbildung der Zukunft liefern. Es handelt sich nur um eine Prognose und diese kann falsch sein. Wenn der Wetterbericht Regen vorhersagt, bedeutet es nicht, dass es am morgigen Tag mit Sicherheit regnen wird. Eine bessere Interpretation ist, dass man sicherheitshalber einen Schirm mitnehmen sollte. Aus diesem Grund gibt der Wetterbericht oft eine Regenwahrscheinlichkeit an. Das Gleiche gilt für einen guten Forecast.

Es wird Abweichungen von der Prognose geben. Die Fragen, die man sich stellen sollte, sind: Wie groß sind diese Abweichungen und mit welcher Häufigkeit treten diese auf? Das lässt sich nicht allgemein beantworten, da die Antwort vom gewählten Modell abhängt. Wir wollen verschiedene Möglichkeiten betrachten, die helfen können, den Forecast unter diesem Gesichtspunkt zu analysieren.

Im Kapitel „Frühwarnsystem" werden wir uns mit der Interpretation der Ergebnisse des Forecasts in der Unternehmenssteuerung auseinandersetzen. Dort werden wir sehen, wie der Forecast genutzt werden kann, um Risiken frühzeitig zu erkennen. In diesem Kapitel wollen wir uns zunächst anschauen, wie die Zuverlässigkeit der Prognose und die Qualität des Forecasts beurteilt und bewertet werden können. Diese Problemstellung unterteilt sich in zwei Fragen, die man trennscharf unterscheiden muss.

1. **Wie gut war die Prognose des Forecasts in der Vergangenheit?**
   Diese Frage fragt nach der Qualität des Forecasts. Die Perspektive der Frage ist, dass sowohl die ursprüngliche Prognose bekannt ist als auch die wahren tatsächlich eingetretenen Werte. Wir fragen also rückblickend, wie gut die Prognose war.

2. **Wie verlässlich ist die aktuelle Prognose des Forecasts für die Zukunft?**
   Diese Frage hat eine andere Perspektive, denn wir kennen zwar schon die Prognose, aber noch nicht die wahren zukünftigen Werte. Um das Unternehmen auf Basis des Forecasts steuern zu können, müssen wir also fragen, wie hoch ist die Eintrittswahrscheinlichkeit des Forecasts? Mit welchen Abweichungen müssen wir rechnen?

Auch wenn beide Fragestellungen unterschiedliche Perspektiven auf die Forecastqualität einnehmen, sind diese Fragestellungen nicht unabhängig voneinander. Lag die Prognose des Forecasts in der Vergangenheit beispielsweise oft weit daneben, so können wir nicht davon ausgehen, dass die aktuelle Prognose mit hoher Wahrscheinlichkeit korrekt ist. Andersherum bedeutet aber eine gute Prognose in der Vergangenheit nicht, dass auch die aktuelle Prognose gut ist.

4.7.1 Die Forecastqualität messen

Fußballfans behaupten am Ende der Saison oft: „Ich habe schon am ersten Spieltag gesehen, dass die Bayern Meister werden." Rückblickend werden die Zweifel, die man während der Saison hatte, ausgeblendet und die Prognose wird nach dem Eintreffen als sicherer wahrgenommen als sie wirklich war. Wenn der Ausgang eines Ereignisses bekannt ist, wird angenommen, dass dieses besser vorausgesagt werden konnte, als es zum Prognosezeitpunkt tatsächlich möglich war. Diese Überschätzung der eigenen prognostischen Fähigkeiten erleben wir auch beim Unternehmensforecast.

Wie gut war die Performance des Forecasts in der Vergangenheit? Diese Frage muss man sich immer wieder stellen, da sich die Forecastqualität durch Veränderungen in den externen und internen Einflüssen schnell ändern kann. Es ist daher notwendig, die Forecastqualität stets im Auge zu behalten, so dass Verschlechterungen frühzeitig erkannt und Gegenmaßnahmen, wie beispielsweise ein Neuaufsetzen des Modells, wie wir es in obigen Craft-Beer-Beispiel gesehen haben, getroffen werden können. Ein gangbarer Weg ist, die Forecastqualität mittels Kennzahlen ins regelmäßige Reporting aufzunehmen. Wir werden zunächst verschiedene Kennzahlen vorstellen, die sich in der Anwendung bewährt haben, und im Anschluss auf mögliche Gegenmaßnahmen eingehen.

Alle hier vorgestellten Kennzahlen lassen sich auch auf experten-getriebene Forecasts anwenden. Zur Veranschaulichung werden wir jedoch annehmen, dass wir einen rollierenden datengetriebenen Forecast betrachten. Wichtig ist, sich klar zu machen, dass wir in dieser Situation sowohl den Forecast als auch die IST-Werte gespeichert und beobachtet haben. Wir wollen nun rückblickend den Abstand zwischen der Prognose und den tatsächlich eingetroffenen Werten messen und in Kennzahlen überführen. Uns interessieren vorrangig zwei Faktoren: Die Magnitude als die Größe der Abweichung sowie die Richtung der Abweichung.

BEISPIEL ▸ *Um die Kennzahlen besser zu verstehen, betrachten wir ein einfaches Zahlenbeispiel. Nehmen wir dazu an, dass wir einen rollierenden Forecast auf Monatsebene betrachten. Wir wollen wissen, wie genau die Vorhersage für den kommenden Monat ist. Neben den IST-Werten der Kennzahl haben wir auch die alten Forecast-Werte gespeichert. Diese stellen wir nun gegenüber*

	Okt 19	Nov 19	Dez 19	Jan 20	Feb 20	Mär 20
IST-Werte	1.000	1.020	1.000	890	970	1.120
Forecast	1.010	1.000	925	837	980	1.010

Hierbei entspricht der Forecast-Wert im Oktober 19 der Prognose aus dem September 19, der Forecast-Wert im November 19 der Prognose aus dem Oktober 19, der Forecastwert im Dezember 19 der Prognose aus dem November 19 usw.

Eine erste Idee wäre, die **absolute und die relative Abweichung** zwischen den IST-Werten und der Vorhersage zu betrachten.

BEISPIEL ▸ *Im Zahlenbeispiel ergibt sich damit für die absolute und relative Abweichung*

	Okt 19	Nov 19	Dez 19	Jan 20	Feb 20	Mär 20
Absolute Abweichung	10	20	75	53	10	110
Relative Abweichung	1 %	2 %	8 %	6 %	1 %	10 %

Man sieht schnell, dass dieser Ansatz schnell unübersichtlich wird, vor allem wenn mehr Datenpunkte vorliegen, also die Zeitreihe länger wird.

Da der rollierende Forecast im Regelfall für mehrere Monate Vorhersagen treffen soll, beispielsweise für die kommenden zwölf Monate, schlägt dieser Ansatz jedoch fehl. Im Zwölf-Monats-Forecast würde dieser Ansatz 24 einzelne Werte für Kennzahlen liefern, die nicht mehr nachvollzogen werden könnten und das Reporting nur unübersichtlicher machen würden. Ein besserer Ansatz ist daher, diese einzelnen Werte in einer Kennzahl zusammenzufassen, beispielsweise dem mittleren/absoluten Fehler.

Mittlerer absoluter Fehler:

Beim mittleren absoluten Fehler addiert man die absoluten Fehler aller Zeitpunkte auf und dividiert diese Summe durch die Anzahl der beobachteten Zeitpunkte (im rollierenden Zwölf-Monats-Forecast also durch 12).

$$\frac{\text{Summe der absoluten Fehler über einen festen Zeitraum}}{\text{Anzahl der Zeitpunkte innerhalb dieses Zeitraums}}$$

Der mittlere absolute Fehler ist also der Mittelwert aller absoluten Fehler. Manchmal wird hier auch ein gewichteter Mittelwert gebildet, bei dem die kurzfristigen Prognosen stärker gewichtet werden als langfristige. Auf diesem Weg wird die absolute Abweichung in einer Kennzahl aggregiert.

BEISPIEL *Im Zahlenbeispiel ist der mittlere absolute Fehler gegeben als*

$$\frac{10 + 20 + 75 + 53 + 10 + 110}{6} = 46,33.$$

Das bedeutet, die Schätzung des Forecasts lag im Mittel 46,33 Einheiten entfernt vom tatsächlichen Wert. Dadurch ist noch keine Aussage darüber getroffen, ob der Forecast über- oder unterschätzt.

Mittlerer relativer Fehler:

Der mittlere relative Fehler ist nicht der Mittelwert der relativen Fehler zu jedem Zeitpunkt, da dies zu einer instabilen Kennzahl führen würde, die leicht durch niedrige Werte verzehrt würde.

$$\frac{\text{Summe der absoluten Fehler über einen festen Zeitraum}}{\text{Summe der IST-Werte über diesen Zeitraums}}$$

Die Einheit dieser Kennzahl ist Prozent und ihre Zielsetzung ist, möglichst niedrig zu sein, wobei ein Wert von 0 unrealistisch ist und je nach Laufzeit des Forecasts eher ein Wert von weniger als ca. 15 % angestrebt wird.

BEISPIEL *Im Zahlenbeispiel ergibt sich*

$$\frac{10 + 20 + 75 + 53 + 10 + 110}{1.000 + 1.020 + 1.000 + 890 + 970 + 1.120} \approx 5\ \%.$$

Im Mittel ist also mit einer Abweichung von ca. 5 % zum Forecast zu rechnen.

Beide Kennzahlen sind sehr robust gegen Ausreißer und auch bei Zeitreihen mit stark schwankenden Wertstellungen sinnvoll, da die Schwankungen in den Fehlern durch die

Bildung des Mittelwerts herausgerechnet werden. Aufgrund seiner Einheitslosigkeit kann der mittlere relative Fehler genutzt werden, um verschiedenen Forecastmethoden und Forecasts verschiedener Zeitreihen zu vergleichen.

Manchmal wird zusätzlich der **mittlere quadratische Fehler** betrachtet, wie er in der Methode der kleinsten Quadrate genutzt wird. Dieser lässt sich jedoch nur schwer interpretieren.

Ein Nachteil aller obigen Kennzahlen ist, dass Verschiebungen zwischen den Monaten als gravierende Fehler des Forecasts wahrgenommen werden, aber oft keine negative Auswirkung auf die Unternehmenssteuerung hatten. Verschiebt sich beispielsweise der Auftragseingang eines Großkunden um einen Monat nach hinten, so wird der Forecast den Umsatz zunächst überschätzen, für den nächsten Monat aber unterschätzen, was im rollierenden Forecast meist ohnehin korrigiert werden kann. Beide Monate haben dadurch jedoch hohe absolute Fehler, die sich nicht gegenseitig aufheben. Daher betrachtet man häufig zusätzlich den **Abstand vom Mittelwert aller Prognosewerte zum Mittelwert aller IST-Werte**.

Manchmal möchte man verschiedene Forecasts in einer Kennzahl zusammenfassen. Ein Beispiel hierfür ist, dass man für alle Bestandskunden eine separate Umsatzprognose erstellt. Sinnvoll ist hier die Betrachtung des **Mittelwerts aller mittleren relativen Fehler über die einzelnen Forecasts**, da der relative Fehler unabhängig von der Größenordnung der einzelnen Zeitreihen ist. Auch dieser Mittelwert wird je nach Anwendungsfall gewichtet (beispielsweise anhand des mittleren Anteils am Gesamtauftragsvolumen aller Bestandskunden).

All diese Kennzahlen beschreiben nur die Größe der Abweichung, nicht aber ihre Richtung, also den **Bias**. Viele Forecasts sind so konstruiert, dass sie mit gleicher Wahrscheinlichkeit über- oder unterschätzen. Manchmal über- oder unterschätzt ein Forecast aber auch systematisch und das kann gewollt sein. Nutzt man beispielsweise einen Forecast, um die Liquidität zu schätzen, kann eine konservative Schätzung, bei der die Liquidität unterschätzt wird, gewünscht sein, da eine Überschätzung potenzielle Engpässe übersieht.

Der Bias wird je nach konkretem Anwendungsfall mit einer der beiden folgenden Kennzahlen erfasst.

Anteil der Überschätzungen:
Diese Kennzahl ist der prozentuale Anteil der Überschätzungen.

$$\frac{\text{Anzahl der Überschätzungen}}{\text{Anzahl der betrachteten Zeitpunkte}}$$

Die Einheit dieser Kennzahl ist Prozent und ihre Zielsetzung hängt vom Anwendungsfall ab. Liegt der Anteil der Überschätzungen bei ungefähr 50 %, so wird genauso oft über- wie unterschätzt. Ein hoher Wert bedeutet hingegen, dass vor allem über, ein niedriger Wert bedeutet, dass eher unterschätzt wird.

BEISPIEL *Der Forecast im Zahlenbeispiel hat zwei- von sechsmal, nämlich im Oktober und im Februar überschätzt, das entspricht einem Anteil von 33 %. Aufgrund der kleinen Stichprobe von gerade einmal sechs Werten im Beispiel ist dieses Ergebnis jedoch noch kaum aussagekräftig und deutet nicht auf eine systematische Unterschätzung des Forecasts hin.*

Der mittlere Bias:
Unter dem mittleren Bias verstehen wir den Mittelwert über alle Abweichungen.

$$\frac{\text{Summe der Abweichungen (FC − IST)}}{\text{Anzahl der betrachteten Zeitpunkte}}$$

Die Einheit des mittleren Bias entspricht der Einheit der prognostizierten Kennzahl. Im mittleren Bias kann eine negative Abweichung durch eine positive Abweichung zu einem späteren Zeitpunkt ausgeglichen werden. Ein Wert von ungefähr 0 bedeutet, dass keine systematische Über- oder Unterschätzung vorliegt.

BEISPIEL *Im Zahlenbeispiel ergibt sich*

$$\frac{(1.010 − 1.000) + (1.000 − 1.020) + (925 − 1.000) + (837 − 890) + (980 − 970) + (1.010 - 1.120)}{6} ≈ 39{,}67.$$

Bei allen Kennzahlen zur Forecastqualität ist zu beachten, dass sie umso verlässlicher werden, desto mehr zu validierende Forecastwerte vorliegen. Daher sollte zu diesen Kennzahlen auch keine Zeitreihe gebildet werden.

4.7.2 Eintrittswahrscheinlichkeiten einschätzen

Die Wahrscheinlichkeit, dass die Vorhersage exakt eintrifft, ist null. Dennoch ist der Forecast sehr nützlich, da er angibt, in welchem Bereich zukünftige Entwicklungen liegen, wenn man so weitermacht wie bisher. Deshalb sollte man sich die Frage „Wie zuverlässig ist die Prognose?" stellen. Die eigentliche Frage, die sich dahinter verbirgt, lautet: **„Mit Abweichungen in welcher Höhe muss ich rechnen?"**

Diese Frage kann man nicht exakt beantworten. Es gibt aber verschiedene Methoden, die einem eine Einschätzung zu dieser Fragestellung geben können.

4.7.2.1 Korridore aus verschiedenen Modellen

Nutzt man verschiedene Methoden zur Erstellung von Forecasts für die gleiche Zeitreihe, so führen diese zu verschiedenen Schätzwerten. Ist jeder der Forecasts für sich gerechtfertigt, so sind auch die Schätzungen sinnvoll. Ein Vergleich der Schätzungen kann helfen, die Unsicherheiten der Prognose zu quantifizieren. Liegen alle Vorhersagen nah beieinander oder ist mit großen Unsicherheiten zu rechnen? In dieser Situation betrachtet man oft den Bereich zwischen dem jeweils besten und schlechtesten Forecast als mögliches Intervall für den zukünftigen IST-Wert.

ABB. 103: Korridore aus verschiedenen Modellen

Worst- und Best-case durch Verwendung verschiedener Forecasts

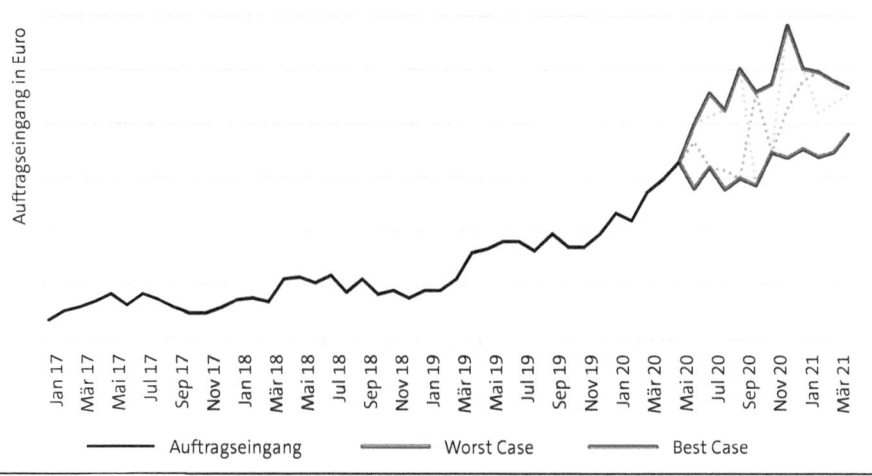

Um mit dem Forecast, beispielsweise i. S. des Frühwarnsystems, weiterarbeiten zu können, empfiehlt es sich, zusätzlich den Mittelwert über die verschiedenen Modelle zu betrachten. Der auf diesem Weg bestimmte Forecast hat oft eine bessere Prognosequalität als die einzelnen Modelle. Durch Nutzung eines gewichteten Mittelwerts können „bessere" Modelle stärker berücksichtigt werden. Dazu sollten die Gewichte in objektiver Weise auf Basis der Forecast-Qualität der einzelnen Modelle bestimmt werden.

4.7.2.2 Konfidenz- und Prognoseintervalle

Eine andere Möglichkeit, den Korridor für zukünftige Werte zu quantifizieren, sind Konfidenzintervalle. Dabei werden neben den konkreten Forecastwerten Bereiche angegeben, in denen die zukünftigen Werte mit hoher Wahrscheinlichkeit liegen werden (vorausgesetzt, alle internen und externen Faktoren bleiben unverändert). Diese Konfidenzintervalle werden auf Basis der vergangenen Werte und ihrer Abweichungen zum Forecast gebildet. Die konkrete Berechnung hängt jedoch stark vom betrachteten Modell ab. Wir beschränken uns an dieser Stelle daher auf die Interpretation der Konfidenzintervalle, da die Berechnung im Regelfall ohnehin automatisiert durchgeführt wird.

Werden für einen Forecast keine Konfidenzintervalle angegeben, so lässt sich ein grobes Konfidenzintervall schätzen, indem man den mittleren relativen Fehler vergangener Forecasts zu den wahren Werten betrachtet. Sinnvoll ist hier, die Abweichung für die einmonatige, zweimonatige, dreimonatige usw. Vorhersage separat zu betrachten. Nun kann man den relativen Fehler zum Forecastwert addieren und subtrahieren und so ein Intervall erhalten, bei dem die wahren Werte in der Mitte liegen. Auf diesem Weg erhält man zwar kein verlässliches Konfidenzintervall, aber eine grobe Einschätzung zur Genauigkeit der Prognose.

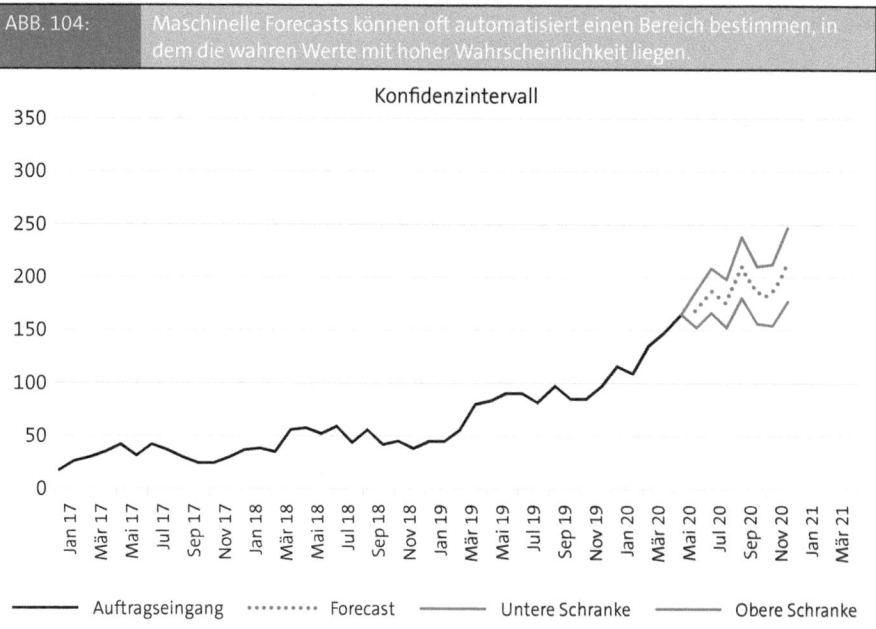

ABB. 104: Maschinelle Forecasts können oft automatisiert einen Bereich bestimmen, in dem die wahren Werte mit hoher Wahrscheinlichkeit liegen.

Konfidenzintervall

——— Auftragseingang   ·········· Forecast   ——— Untere Schranke   ——— Obere Schranke

Da Konfidenzintervalle im Regelfall automatisiert von der genutzten Software ausgegeben werden, ist besonders wichtig zu verstehen, wie man das Intervall interpretiert. Es ist in jedem Fall nicht so, dass zukünftige Werte in jedem Fall innerhalb des Konfidenzintervalls liegen. Vielmehr sind Konfidenzintervalle immer an eine **Eintrittswahrscheinlichkeit** geknüpft. Oft betrachtet man 95 %-Konfidenzintervalle. Das bedeutet, dass zukünftige Werte mit einer Wahrscheinlichkeit von 95 % innerhalb des Intervalls liegen werden und mit einer Wahrscheinlichkeit von 5 % außerhalb des Intervalls. Es ist also nur sehr unwahrscheinlich, dass die Kennzahl die Unter Schranke unter- oder die obere Schranke überschreitet, aber nicht unmöglich. Es können auch andere Wahrscheinlichkeiten gewählt werden. Je größer die gewählte Eintrittswahrscheinlichkeit ist, desto größer ist auch das Konfidenzintervall. Daher hängt die Wahl der Eintrittswahrscheinlichkeit stark vom Anwendungsfall ab.

Wir verwenden den Begriff Konfidenzintervall synonym zum Prognoseintervall. In der Literatur wird zwischen diesen Begriffen oft unterschieden. Bei der Prädiktion von Zeitreihen mithilfe von Methoden des maschinellen Lernens, also ohne explizite Annahme von zugrunde liegenden statistischen Modellen, ist diese Unterscheidung jedoch nicht notwendig. Deshalb sind Prognoseintervalle stets Konfidenzintervalle in unserem Sinne.

Betrachten wir beispielhaft den relativen Fehler eines Umsatzforecasts. In folgender Grafik sehen wir den relativen Fehler zwischen der Prognose mittels Forecasts und dem dann tatsächlich eingetroffenen Wert.

ABB. 105: Beispielhafte Auswertung eines Umsatzforecasts

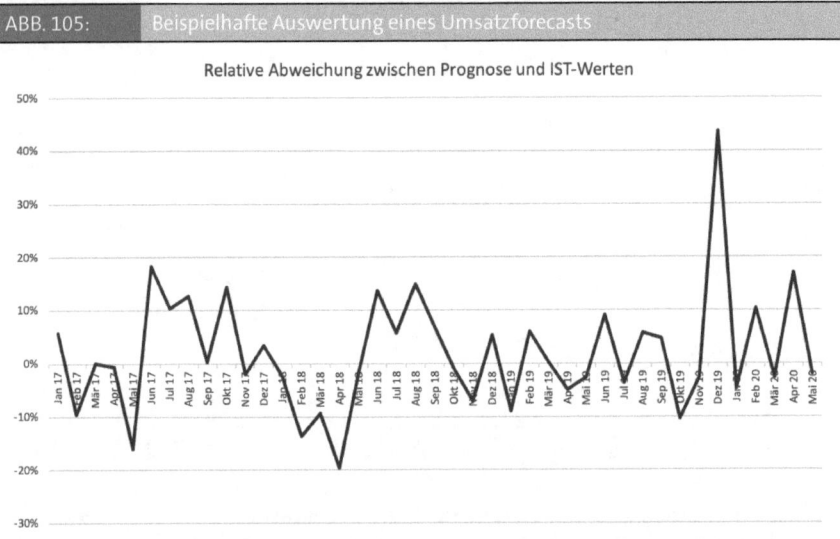

Relative Abweichung zwischen Prognose und IST-Werten

Auf den ersten Blick erkennt man, dass die Intensität der Abweichung zwischen den Monaten stark schwankt und oft sogar zweistellig wird. Dieses Verhalten ist nicht untypisch, da exakte Prognosen nie erreicht werden können. Auch der besonders hohe Ausreißer im Dezember 2019 ist nicht besorgniserregend. Im besten Fall sind solche hohen Abweichungen unwahrscheinlich und treten nur selten auf. Unmöglich sind sie aber nicht, weshalb ein gelegentliches Auftreten zu erwarten ist.

In der Grafik kann man ablesen, dass der Forecast ähnlich oft über wie unterschätzt. In diesem Beispiel liegt der Mittelwert über alle relativen Abweichungen bei 2 %, was die Einschätzung, dass der Forecast keinen Bias hat, also nicht bevorzugt über- oder unterschätzt, unterstreicht.

Eine Einschätzung, mit welchem relativen Fehler bei zukünftigen Werten gerechnet werden muss, erhalten wir, indem wir die relativen Fehler quadrieren, mitteln und dann die Wurzel ziehen. Im Beispiel erhalten wir so eine Genauigkeit von ± 11 %. Liegt der Forecast für den nächsten Monat bei 10.000 €, können wir also einen tatsächlichen IST-Wert zwischen 8.900 € und 11.100 € erwarten. Von den letzten 41 Beobachtungen lagen 10, also etwas weniger als 25 %, außerhalb des ± 11 %-Intervalls.

4.7.3 Kritische Bewertung – Grenzen

Nachdem wir uns angeschaut haben, welche Potenziale und Möglichkeiten ein Forecast auf Basis des maschinellen Lernens bietet, müssen wir uns bewusst machen, wo die Grenzen eines datengetriebenen Forecasts liegen. Hier gibt es vor allem drei Dinge zu beachten:

Der Forecast ist nur so gut wie die zugrunde liegenden Daten: Die Datenqualität ist eine der wichtigsten Stellschrauben für die Qualität eines datengetriebenen Forecasts. Verzögerungen und Fehler in den Buchungen schlagen sich direkt in der Berechnung des Forecasts nieder.

Strukturumbrüche und schwarze Schwäne: Ein Ereignis, das völlig unerwartet und unvorhergesehen auftritt, aber erhebliche Folgen hat, wird schwarzer Schwan genannt. Im Kontext des Unternehmensforecasts kann es sich dabei beispielsweise um Kriege, Pandemien oder Börsencrashs handeln. Auf solche schwarzen Schwäne ist kein Forecast gefasst, weshalb die Prognosen in diesen Phasen nicht brauchbar sein werden. Oft ist es sinnvoll, kommende Forecasts nur auf Basis der Daten, die zeitlich nach dem schwarzen Schwan liegen, zu bilden.

Strukturumbrüche, wie beispielsweise Trendwenden in den Verkaufszahlen infolge von Werbekampagnen, sind hingegen keine schwarzen Schwäne. Grundsätzlich kann ein Forecast mit solchen Situationen umgehen. Dennoch sollte in solchen Phasen die Forecastqualität besonders im Auge behalten werden, da möglicherweise das gewählte Modell neu tariert werden muss, wie wir auch im Craft-Beer-Beispiel gesehen haben.

Der Forecast kann Erfahrung nicht ersetzen: Kein Forecast ist perfekt. Kommt man auf Basis eigener Erfahrungswerte oder in Abstimmung mit den Kollegen zu einer vom Forecast abweichenden Einschätzung, so sollte man sich nicht davon abbringen lassen, nur weil der Algorithmus eine andere Ansicht vertritt. Vielmehr sollte der Forecast eine bewusste Auseinandersetzung mit der zukünftigen Entwicklung ermöglichen und zusätzliche Perspektiven liefern. Am Ende muss aber nicht der Algorithmus, sondern der Mensch die Entscheidungen treffen, und da ist der Forecast nur eines von zahlreichen Werkzeugen.

4.8 Fallstricke

▶ **Automatisierter Forecast wird als Ersatz für menschliche Expertise verstanden:** Der Mensch und seine Expertise stehen im Mittelpunkt. Der automatisierte Forecast sollte nur als zusätzliche Perspektive betrachtet werden. Alle Entscheidungen sollten weiterhin von Menschen getroffen werden.

▶ **Der Forecast ist eigentlich eine Zielplanung:** Zwischen Prognose und Budgetplanung sollte klar unterschieden werden, auch wenn sich Prognose und Budget gegenseitig beeinflussen.

▶ **Der Forecast ist zu kompliziert:** Ist der Forecast überladen oder zu umständlich in der Erstellung, reduziert das den Nutzen.

▶ **Der Forecast wird nicht richtig interpretiert:** Kein Forecast kann eine sichere Abbildung der Zukunft liefern. Es wird daher Abweichungen von der Prognose geben. Die Fragen, die man sich stellen sollte, ist daher: Mit welchen Abweichungen muss ich rechnen?

▶ **Wichtige Faktoren werden nicht berücksichtigt:** Der Forecast sollte wichtige Komponenten wie aktuelle Entwicklungen über Trends oder Saisonalitäten berücksichtigen.

▶ **Kosten-Nutzen stimmen nicht:** Ein schlechter Forecast bringt wenig Nutzen, aber viel Aufwand mit sich. Daher sollte man Arbeitsschritte stets kritisch hinterfragen.

▶ **Übertriebene Erwartungen:** Keine Methode wird jede Facette aller Kennzahlen vorhersagen können. Die Erwartungen, die an den Forecast gestellt werden, sollten realistisch sein.

▶ **Kein Vertrauen innerhalb des Teams in die Methodik:** Hat der Forecast einen schlechten Ruf, so wird er innerhalb des Unternehmens nicht genutzt. Es ist daher wichtig, von Anfang an alle Abteilungen mit ins Boot zu holen und die Vorteile klar zu kommunizieren. Von einem guten Forecast können alle profitieren.

▶ **Die Qualität des Forecasts wird nicht gemessen:** Es ist wichtig, die Qualität regelmäßig an objektiven, vorab festgelegten Standards zu überprüfen und den Forecast darauf aufbauend stetig zu verbessern.

5. Frühwarnsystem

Marlene ist seit einiger Zeit in dem väterlichen Unternehmen aktiv eingebunden und hat in den bisherigen Projekten viel umgesetzt. Zudem ist sie in der Verhandlung mit der Bank involviert. Der Bankberater hat ihnen einen Zinssatz in Aussicht gestellt, den sie als sehr gut empfand, bis sie mit einem Studienfreund sprach. Dieser arbeitet in einem vergleichbaren Unternehmen und hat gerade ebenfalls einen Kreditantrag in einer ähnlichen Größenordnung vorbereitet. Die Konditionen waren um 0,5 Prozentpunkte besser.

Eine Nachverhandlung mit der Bank bringt keine Verbesserung der Kondition.

Marlene und ihr Vater Alfred sind konsterniert und ihnen wird bewusst, wie wichtig es ist, wie andere das Unternehmen einschätzen, gerade bei Finanzierungen. Bisher hatte sich Alfred nur sehr rudimentär mit den Bilanzen auseinandergesetzt, was zwei Gründe hat. Zum einen vertraut er in dem Bilanzgespräch mit seinem Steuerberater darauf, dass dieser ihn auf schlechte Entwicklungen hinweist. Zum anderen ist der Abschluss meistens erst drei bis fünf Monate nach Jahresende fertig und nicht mehr wirklich „aktuell".

Alfred und Marlene stellen fest, dass die Erstellung des Jahresabschlusses bisher zu einem großen Teil dem Finanzamt und der Ablage gedient hat. Sie beschließen, dies zu ändern und die Zahlen für die Optimierung ihres Unternehmens zu verwenden. Klar ist jedoch, dass die Methodik des Jahresabschlusses, der in der Mitte des Folgejahres fertig wird, nicht geeignet ist, Verbesserungen herbeizuführen.

5.1 Was ist ein Frühwarnsystem?

Ein Frühwarnsystem hat die Aufgabe, auf Risiken frühzeitig hinzuweisen. In dem Fall von Unternehmen haben Risiken i. d. R. eine Auswirkung auf Ergebnis und Liquidität. Frühzeitig heißt, dass ausreichend zeitlicher Vorlauf besteht, um Gegenmaßnahmen einzuleiten.

Hierzu werden **aussagekräftige Kennzahlen** ausgewählt und Kriterien festgelegt, die beurteilen, ob ein Risiko vorliegt oder nicht. Wird auf diesem Weg ein Risiko festgestellt, erhält der Empfänger frühzeitig eine Information bzw. einen Hinweis. Das Frühwarnsystem kann als eine Ergänzung oder Erweiterung des Reportings genutzt werden und ist Teil des Risikomanagements. Die Aussagekraft kann durch die Einbindung zukunftsgerichteter Perspektiven wie die Betrachtung der Trends und des Forecasts zusätzlich gestärkt werden.

Das Frühwarnsystem ist vergleichbar mit den **Warnleuchten** im Auto. Solange alles reibungslos läuft, bleiben die Warnleuchten aus. Wird jedoch ein möglicher Defekt bemerkt, so signalisiert die Warnleuchte: „Achtung, hier könnte etwas sein. Bitte genauer prüfen."

Nur sehr wichtige Indikatoren/Kennzahlen wie die Geschwindigkeit werden im Autocockpit dauerhaft angezeigt. Analog lässt sich ein Frühwarnsystem gut mit dem bestehenden Reporting verbinden.

Das Frühwarnsystem, wie wir es in diesem Buch vorstellen, kann größtenteils **automatisiert** umgesetzt werden. Einmal im Unternehmen eingeführt, müssen nicht mehr alle Kennzahlen fortlaufend manuell überwacht werden und ein Eingreifen ist erst erforderlich, wenn das Frühwarnsystem anspringt. Dazu müssen die in diesem Kapitel aufgezeigten Methoden an die bestehende IT-Infrastruktur angepasst werden.

ABB. 106: Beispielhafte Visualisierung eines Frühwarnsystems

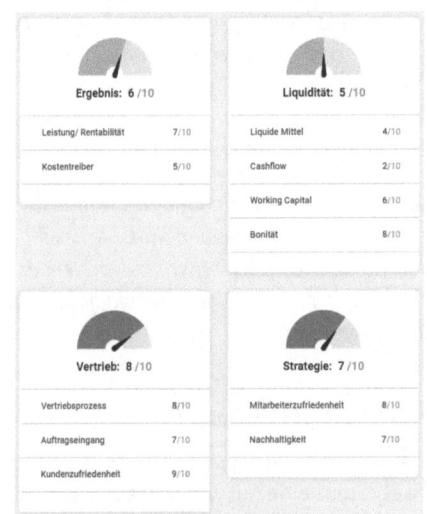

5.2 Was sind die Mehrwerte?

Der Nutzen eines Frühwarnsystems liegt entsprechend in drei entscheidenden Punkten.

5.2.1 Risiken frühzeitig erkennen

Der zeitliche Vorlauf ermöglicht es der Geschäftsführung, Maßnahmen zu ergreifen, so dass die Auswirkungen negativer Entwicklungen vermindert oder sogar abgewendet werden können. Im Vergleich zu der vergangenheitsorientierten Betrachtung von Betriebswirtschaftlichen Auswertungen ist der Vorteil erheblich.

Bislang hatten Alfred Mälzers und seine Vertriebsmitarbeiter mit ihren Kunden nur Jahresgespräche geführt. Durch das Frühwarnsystem können potenziell negative Entwicklungen bereits frühzeitig erkannt werden, was ihnen ermöglicht, die Gespräche proaktiv zu suchen.

5.2.2 Entscheidungen verbessern

Bei einer Entscheidung gibt es Handlungsalternativen, da sonst keine Entscheidung nötig und möglich ist. Je mehr Zeit vorhanden ist, desto gründlicher kann die Entscheidung durchdacht werden und desto mehr Handlungsalternativen gibt es i. d. R.

BEISPIEL *Ein Unternehmen hat einen Liquiditätsengpass. Mit ausreichend zeitlichem Vorlauf kann es verschiedene Finanzierungsinstrumente prüfen, wie z. B. ein klassisches Darlehen, Fördermittel oder Eigenkapital über die Aufnahme von Investoren. Die Suche nach einem geeigneten Investor oder Partner kann lange dauern. Diese Alternative entfällt im Falle eines kurzfristigen Problems. Jede Alternative hat Vor- und Nachteile. Die Bewertung benötigt Zeit und entsprechend wird die Qualität der Entscheidung mit größerem zeitlichen Vorlauf gesteigert.*

5.2.3 Bonität verbessern

Die Bewertung eines Unternehmens durch Banken oder andere Außenstehende erfolgt zu einem großen Teil auf Basis der Finanzdaten. Werden die Finanzkennzahlen unter dieser Perspektive in einem Frühwarnsystem überwacht, fallen negative Entwicklungen frühzeitig auf und können korrigiert werden.

Im Zuge des Kreditantrags der Brauerei wurden die Jahresabschlüsse und Betriebswirtschaftlichen Auswertungen durch Analysten der Bank bewertet. Auf Nachfrage von Alfred Mälzers nannte der Kundenbetreuer Beispiele für Kennzahlen, auf die geachtet wird: Eigenkapitalquote, Schuldentilgungsdauer, Betriebsergebnis und Lieferantenzahlungsdauer. Die Entwicklung dieser Kennzahlen soll im Zuge des Frühwarnsystems überwacht werden, um die Bonität gezielt zu verbessern und dieses Ziel auch bei anderen Entscheidungen zu berücksichtigen.

5.3 Was zeichnet ein Frühwarnsystem aus?

5.3.1 Risikohinweise

Im Frühwarnsystem geht es darum, sich mit den Risiken des Unternehmens auseinanderzusetzen. Eine mögliche Leitfrage ist: „Welche Risiken sind für das Unternehmen relevant?" Aus dieser Frage ergeben sich Indikatoren, die in Form von Kennzahlen gemessen werden und somit Risikohinweise geben.

5.3.2 Einfachheit

Während das Reporting, wie die Tankanzeige im Auto, wichtige Informationen stets bereitstellt, soll das Frühwarnsystem nur dann anschlagen, wenn ein konkretes Risiko vorliegen könnte, vergleichbar mit der Warnleuchte „Tank leer". Das System sollte möglichst einfach und übersichtlich gestaltet sein, denn komplexe Analysen haben keinen Mehrwert, wenn daraus die falschen Schlüsse gezogen werden.

5.3.3 Zeitersparnis

Das Frühwarnsystem besteht aus zahlreichen Einzelanalysen. Diese manuell durchzuführen, würde einen hohen Aufwand und damit hohe Kosten verursachen. Aufgrund der repetitiven Prozesse kann das Frühwarnsystem weitgehend automatisiert werden. Ohne eine Automatisierung sollte es nur in reduzierter Form Anwendung finden, da der Erstellungsaufwand sonst zu hoch wäre. Den Vergleich zum Autocockpit nutzend wäre dies so, als ob Benzinstand, Luftdruck und Ölstand im Auto bis zur nächsten Inspektion vor jeder Fahrt manuell geprüft würden.

5.3.4 Sensibilisierung

Entscheidungsträger müssen für die Frühwarnindikatoren sensibilisiert sein. Schlägt das Frühwarnsystem aus, sind die Ergebnisse kritisch zu analysieren und zu bewerten. Als Ergebnis könnte eine Maßnahme gesetzt werden, die auch so aussehen kann, dass das Frühwarnsystem nachjustiert wird.

5.4 Frühwarnsystem mittels Kennzahlen

Bei der Konzeption eines Frühwarnsystems sind in einem ersten Schritt die zu überwachenden Risiken und damit die Ziele des Systems zu definieren. Hierbei helfen folgende Fragen:

► Was sind relevante Risiken für unser Unternehmen?

► Welche Vorboten für diese Risiken gibt es?

► Welche Kennzahlen bilden diese Risiken ab?

► Sind unter diesen Kennzahlen auch Frühindikatoren?

► Wie bewerten wir, ob sich eine Kennzahl negativ entwickelt?

Die Fragen führen zu einer bewussten und frühzeitigen Auseinandersetzung mit Risiken. In der Kombination mit daraus abgeleiteten Maßnahmenplänen kann dies zu Vorteilen gegenüber n Wettbewerbern führen, die sich mit dieser Fragestellung nicht auseinandersetzen.

Alfred und Marlene überlegen, welche Risiken für ihre Brauerei relevant sind. Dabei identifizieren sie folgende Risikobereiche:

► *Finanzrisiken*

► *Marktrisiken*

► *Produktions- und Logistikrisiken*

► *Immaterielle Risiken*

Mit immateriellen Risiken nehmen sie auch Bezug auf den Erhalt des unternehmerischen Wissens, insbesondere von Alfred, da ein Ausfall von ihm schwierig zu kompensieren wäre. Daher legen sie insbesondere bei Planung und Reporting Wert darauf, die Annahmen, Analysen und Maßnahmen gut zu dokumentieren und so nachvollziehbar zu machen.

In einem zweiten Schritt überlegen sie, welche Frühwarnindikatoren ihnen zu den definierten Risikobereichen einfallen. Ihnen fällt auf, dass sie bereits einige Frühwarnindikatoren etabliert haben. Beispielsweise sind das die Mitarbeiterfluktuation zum Risiko des Wissensverlusts oder viele Kennzahlen zur Vertriebspipeline, die Marktrisiken abdecken.

Jedes Unternehmen hat sehr individuelle Risiken, die berücksichtigt werden müssen.

Es gibt jedoch auch unternehmensübergreifende Indikatoren. Das ultimative Unternehmensrisiko ist die Insolvenz.

Anhand dieses Risikos zeigen wir beispielhaft mögliche Bestandteile eines Frühwarnsystems auf. Diese können als Anregung für die Konzeption eines unternehmensindividuellen Frühwarnsystems genommen werden. Die Auswahl der Methodik hängt auch stark von der betroffenen Kennzahl ab.

Für die **Implementierung des Frühwarnsystems** ist es also sinnvoll zu überlegen, welche **vorgelagerten Phasen** es zu der **Insolvenz** als maximalem Risikopotenzial gibt.

Dann können **pro Phase Frühindikatoren** in Form von Kennzahlen identifiziert werden.

Eine Insolvenz tritt nicht überraschend ein, sondern wird durch zeitlich vorgelagerte Krisen „angekündigt".

Geschäftsmodell und **Strategie** sind **Voraussetzungen** für den **langfristigen Unternehmenserfolg**. Ein Geschäftsmodell beschreibt, wie ein Unternehmen einen Wert für seine Kunden schafft. Die Strategie berücksichtigt zudem den Wettbewerb und stellt dar, mit welchem Alleinstellungsmerkmal sich das Unternehmen im Vergleich zum Wettbewerb differenziert. Ziel ist, den langfristigen Fortbestand des Unternehmens, zu sichern.

Aufgrund des schnellen technologischen Fortschritts und der Globalisierung steigt die Notwendigkeit, das eigene Geschäftsmodell und die Strategie stetig zu hinterfragen.

Beispiele, die dies belegen, sind vielzählig. Folgende Auswahl soll einen Eindruck vermitteln:

► CD-Geschäft und Filmverleih wurden durch Streamingdienste teils ersetzt.

► Telefonbuch und Gelbe Seiten sind durch Google verdrängt worden.

► Der stationäre Handel hat mit Amazon einen starken Wettbewerber erhalten.

► Nokia war bis zur Erfindung des iPhones Marktführer bei Mobiltelefonen.

► ...

Die genannten Beispiele mögen sich eher mit Vorlauf abgezeichnet haben. Es gibt jedoch auch Risiken, die kurzfristig unternehmensgefährdend sein können:

► Sinkender Auftragseingang durch den Eintritt eines Wettbewerbers mit deutlich besserer Kostenstruktur.

► Starke Abhängigkeit von einzelnen Kunden/Märkten, die in Schwierigkeit geraten, bis hin zu Zahlungsausfällen.

► ...

Wird **nicht frühzeitig auf Veränderungen im Markt reagiert** oder werden diese nicht bewusst gestaltet, dann führt dies zu einer **Ertragskrise**. Dies kann sich, wie im Fall von Nokia, in rückgängigen Umsätzen bemerkbar machen oder in erhöhten Produktionskosten. Gründe für die erhöhten Kosten liegen beispielsweise in veralteten Prozessen.

Sinken die **Gewinne** oder entstehen sogar Verluste, **führt** dies zu **Liquiditätsproblemen**. In letzter Konsequenz droht die **Insolvenz**.

Es ist offensichtlich, dass mit jeder Phase der Handlungs- und Gestaltungsspielraum des Unternehmens enger wird. Gleichzeitig steigt das Risiko, denn Fehler ziehen immer stärkere Konsequenzen nach sich. Geschäftsmodelle und Strategien müssen vorerprobt werden. Nicht alle Entscheidungen können richtig sein.

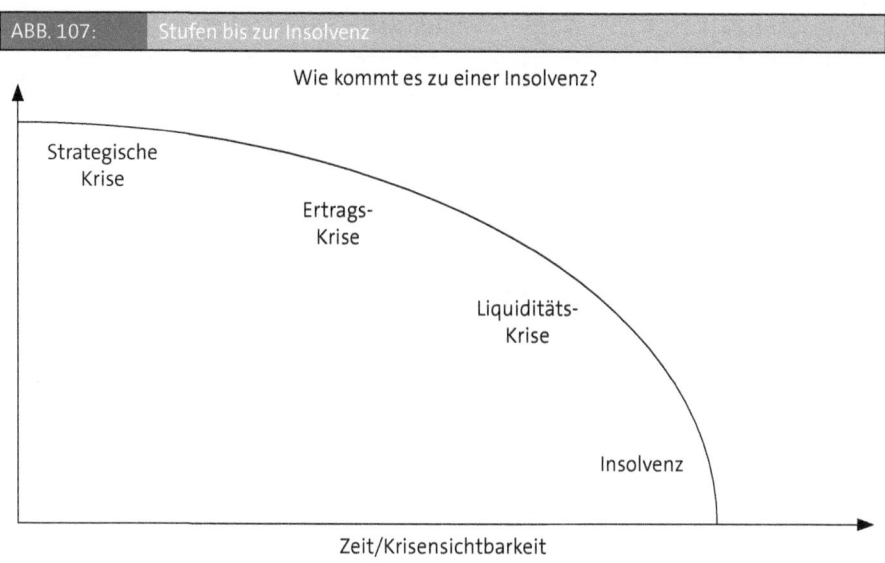

ABB. 107: Stufen bis zur Insolvenz

Wie kommt es zu einer Insolvenz?

Strategische Krise

Ertrags-Krise

Liquiditäts-Krise

Insolvenz

Zeit/Krisensichtbarkeit

Es gibt zahlreiche Kennzahlen, die für die Konzeption eines Frühwarnsystems infrage kommen. Die Auswahl sollte firmenindividuell und unter Kosten-Nutzen-Abwägung erfolgen. Erfahrungsgemäß ist es wichtig, zu starten und im Laufe des Prozesses zu optimieren.

Bevor wir uns anschauen, wie die einzelnen Kennzahlen i. S. des Frühwarnsystems interpretiert werden können, wollen wir für jede Phase beispielhafte Kennzahlen herausarbeiten. Hierbei haben wir auch Kennzahlen ausgewählt, die keine Frühindikatoren sind, jedoch als Indikatoren für die einzelnen Phasen dienen und aus den Daten der Buchhaltung abgeleitet werden können.

Unternehmen, die im Begriff sind, ein Frühwarnsystem zu etablieren, können im ersten Schritt auf diese Kennzahlen zurückgreifen. Zudem stellen wir Methoden vor, die eine zukunftsorientierte Bewertung ermöglichen, also Bezug nehmen auf Zielerreichung und Trends. Die Kennzahl wird damit nicht zum Frühindikator, jedoch werden risikoreiche Tendenzen früher deutlich.

Unternehmen, die bereits ein ausgeprägtes Kennzahlensystem, das auf die Strategie abgestimmt ist und Frühindikatoren beinhaltet, etabliert haben, greifen auf diese zurück. Die Methodik der Analyse und Bewertung ist auch hier anwendbar.

5.4.1 Kennzahlen zu Strategie/Wachstum – Die strategische Krise

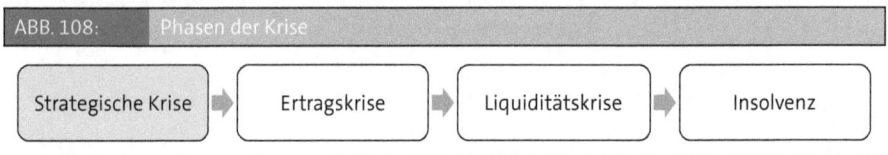

ABB. 108: Phasen der Krise

Strategische Krise ➡ Ertragskrise ➡ Liquiditätskrise ➡ Insolvenz

Der Erfolg von Geschäftsmodell und Strategie ist schwer mittels Frühwarnindikatoren zu messen. Eine Möglichkeit, unternehmensindividuelle Frühwarnindikatoren aus der Strategie abzuleiten, ist die Betrachtung der Balanced Score-Card. Sie umfasst die Perspektiven Finanzen, Kunden, Prozesse und Mitarbeiter/Lernen. Die nicht finanziellen Perspektiven können als Treiber und Vorlaufindikatoren des finanziellen Ergebnisses gesehen werden.

Da sich dieses Buch dem operativen Controlling widmet, gehen wir an dieser Stelle nicht detailliert auf das Thema der Strategie ein und nutzen solche Kennzahlen und Frühwarnindikatoren, die allgemein für viele Unternehmen von Bedeutung sind.

Basis für die stete **Weiterentwicklung** und **Umsetzung langfristiger Ziele** sind engagierte **Mitarbeiter** (s. Kapitel Mitarbeiterzufriedenheit) und die **technische Ausstattung**, wie beispielsweise Maschinenpark oder Hotelgebäude.

Die Mitarbeiterzufriedenheit wird in der Praxis als Frühwarnindikator wenig genutzt. Da Mitarbeiterzufriedenheit ein sehr sensibles Instrument ist, das sich auch methodisch stark von der Betrachtung der Finanzkennzahlen unterscheidet, widmen wir dieser ein eigenes Kapitel.

Daneben sind auch Nachhaltigkeit, Innovationskraft sowie diverse weitere Punkte Indikatoren für den langfristigen Erfolg eines Unternehmens. Das Thema Nachhaltigkeit wird, aufgrund seiner zunehmenden Bedeutung, in einem eigenen Kapitel vorgestellt, die anderen Punkte sind nicht Gegenstand dieses Buches.

Die **Attraktivität des Angebots** in Form von Produkten oder Dienstleitungen wird **durch den Kunden** und damit über den Umsatz bewertet. **Vorgelagert** geben das Vertriebscontrolling und insbesondere der **Vertriebsprozess** eine Indikation des Erfolgs. Damit ist der Vertrieb zwischen der Strategie- und der Ertragskrise anzusetzen und erklärt das Wachstum eines Unternehmens. Das Vertriebsprozesscontrolling hilft, frühzeitig auf Umsatzrückgänge hinzuweisen. Damit ist es der Ertragskrise vorgelagert, gleichzeitig aber die Folge einer guten Strategie.

„Wir nutzen bereits ein sehr ausführliches Vertriebscontrolling und bestimmen in diesem Zusammenhang zahlreiche Kennzahlen. Bisher werten wir diese aus, um unseren Vertriebsprozess zu optimieren, aber wir sollten sie auch im Kontext des Frühwarnsystems betrachten", sagt Marlene. Alfred stimmt ihr zu: „Zum Beispiel kann die durchschnittliche Abschlussquote, die sich aus der Vertriebspipeline ergibt, genutzt werden, um abzuschätzen, wie attraktiv unser Angebot auf potenzielle Kunden wirkt. Das ist natürlich nur eine Indikation, da die Kennzahl auch anderweitig getrieben wird, beispielsweise durch das Verkaufsgeschick des Vertrieblers. Dennoch hilft uns eine Betrachtung dieser Kennzahl, Umsatzrückgänge frühzeitig zu erkennen. Die Vertriebspipeline an sich ist ja auch ein Frühindikator." Sie stellen daher fest, dass sie die Attraktivität des Angebots dank ihres neuen Vertriebscontrollings teilweise bereits erheben, aber bisher noch nicht erschöpfend interpretieren.

Ergänzend dazu möchten Alfred und Marlene ihren Marktanteil messen, da negative Veränderungen als Risikoindikator dienen. Marlene und Alfred notieren diese in ihrem Kennzahlenhandbuch.

KENNZAHL

Absoluter Marktanteil:
Unter dem absoluten Marktanteil versteht man das **Verhältnis von eigenem Umsatz zum Marktvolumen.**

$$\frac{\text{Eigener Umsatz}}{\text{Marktvolumen}}$$

Die Einheit der Kennzahl ist Prozent und sollte möglichst hoch sein. Bei der Berechnung können auch lokale Märkte betrachtet werden. Falls keine statistischen Daten vorliegen, kann auf nachvollziehbare dokumentierte Schätzungen zurückgegriffen werden.

Marlene möchte auf möglichst einfachem Wege das Marktvolumen der Brauerei schätzen. Über die Internetseite des Statistischen Bundesamts erfährt sie, dass der Bierabsatz in Deutschland im Jahr 2019 bei rund 76,1 Mio. Hektoliter lag. Regionale Daten kann Marlene nicht finden. Daher bestimmt sie den durchschnittlichen Bierabsatz pro Kopf und rechnet diesen auf die Einwohnerzahl der Zielregion der Brauerei hoch. Dies genügt ihr als erster Richtwert, den sie zur verkauften Biermenge ins Verhältnis setzt. Da das statistische Bundesamt den Bierabsatz in Deutschland jährlich aktualisiert, erhält sie auf diesem Weg ein jährlich aktualisiertes Marktvolumen, welches mit der Größe der Zielregion der Brauerei skaliert.

Zur Berechnung des absoluten Marktanteils muss das Marktvolumen ermittelt werden. Je nach Branche liegen Daten zur Marktgröße bereits vor und werden regelmäßig aktualisiert. Diese bieten eine gute Grundlage, um das Marktvolumen zu schätzen. Liegen solche Daten nicht vor, lässt sich eine Einschätzung oft über die Betrachtung der Mitbewerber und die konkrete Definition der Zielgruppe erreichen.

Dieses Vorgehen wird ebenfalls genutzt, um einen expertisegetriebenen Umsatzforecast zu bestimmen. Dazu schätzt man das (zukünftige) Marktvolumen, während der absolute Marktanteil konstant gehalten wird. Auf diesem Weg erhält man mögliche Umsatzpotenziale für das Unternehmen.

Ergänzend werden Alfred und Marlene die Umsatzanteile der zehn größten Kunden nachhalten und prüfen, ob Abhängigkeiten und damit Risiken zunehmen.

Beiden ist klar, dass eine Anpassung der langfristigen Ziele nicht leichtfertig und nur auf Basis des Frühwarnsystems erfolgt. Vielmehr sehen sie es als einen Baustein zur Validierung der Zielausrichtung.

Im Workshop ist ihnen jedoch aufgefallen, dass sie bisher keinen guten Überblick über ihre Investitionen haben, da sie jede mögliche Investition separat betrachten. Dabei sind Investitionen sowohl auf Seite der Produktion (z. B. in Form von Qualität, Effizienz und Kapazitäten) als auch in Form neuer Produkte (z. B. neue Flaschenformen, neue Produktgruppen wie Fassbrause) für das Wachstum der Brauerei essenziell. Marlene informiert sich daher, wie andere Unternehmen diesen Aspekt in Kennzahlen übersetzen, und stößt auf die „Reinvestitionsquote".

KENNZAHL

Reinvestitionsquote/technische Ausstattung:
Unter der Reinvestitionsquote versteht man das **Verhältnis von Investitionen in Sachanlagen und der Abschreibung auf Sachanlagen.**

$$\frac{\text{Sachanlagenzugang}}{\text{Abschreibung}}$$

Die Einheit der Kennzahl ist Prozent und sollte um die 100 % oder höher liegen.

Diese Kennzahl ist z. B. für produzierende Unternehmen oder Hotels, die einen hohen Anteil an Sachanlagen haben, wichtig. Der technische Stand der Maschinen und die Beschaffenheit der Hotelräumlichkeiten sind ein wichtiger strategischer Erfolgsfaktor.

Ein Wert über 100 **%** deutet darauf hin, dass das Unternehmen **wächst** und/oder in **Technologie investiert**. Voraussetzung ist, dass der Anstieg der Investitionen nicht in Preissteigerungen begründet ist.

Liegt der Wert **bei 100 %**, dann hält das Unternehmen den **Status quo** und nimmt nur **Ersatzinvestitionen** vor.

Sinkt der Wert **unter 100 %**, lässt dies darauf schließen, dass **Ersatzinvestitionen vernachlässigt** werden, was auf Dauer zu **Wettbewerbsnachteilen** führen kann.

5.4.2 Kennzahlen zur Ertragskraft – Die Ertragskrise

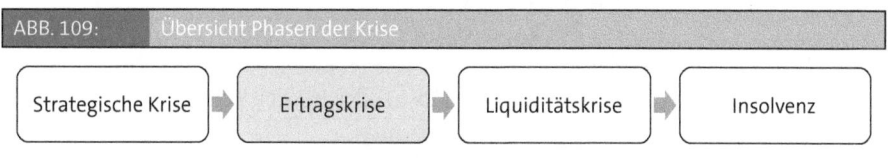

ABB. 109: Übersicht Phasen der Krise

| Strategische Krise | ➡ | Ertragskrise | ➡ | Liquiditätskrise | ➡ | Insolvenz |

In der Ertragskrise brechen die Umsätze ein. Die **Ertragskraft** sagt aus, ob das Unternehmen in der Lage ist, ausreichend Gewinn zu erzielen, um den Fortbestand des Unternehmens langfristig zu sichern.

„Die Ertragskraft sollte sich leicht messen lassen", vermutet Marlene. „Wir müssen uns einfach ansehen, wie hoch unser Gewinn ist. Außerdem sollten wir einen möglichst hohen Umsatz erzielen." Ihr Vater teilt diese Einschätzung jedoch nicht. Zwar ist es auch sein Ziel, einen möglichst hohen Umsatz und einen hohen Gewinn zu erzielen, jedoch weiß er, dass diese Kennzahlen kaum Aussagekraft zur Stärke eines Unternehmens liefern. Um diesen Gedanken seiner Tochter zu vermitteln, wählt er ein Beispiel: „Als Schüler war ich besonders gut im Hochsprung. Das lag jedoch nicht daran, dass ich so viel Sprungkraft hatte. Ich war einfach immer schon größer gewachsen als meine Mitschüler. Die Sprungkraft kann man also nicht messen, indem man nur die Sprunghöhe betrachtet. Genauso verhält es sich auch mit der Ertragskraft eines Unternehmens."

„Du meinst, dass wir auch den Umsatz in Relation zu den Möglichkeiten unseres Unternehmens und vielleicht auch des Wettbewerbs setzen müssen, um unsere Ertragskraft zu bestimmen und diese interpretieren zu können?"

Die Gesamtkapitalrentabilität wie auch die Cashflow-Leistungsrate wurden exemplarisch ausgewählt, da sie die Ertragslage beurteilen, auch wenn sie für sich genommen keine Frühwarnindikatoren sind.

KENNZAHL

Gesamtkapitalrentabilität
Die Gesamtkapitalrentabilität misst die **Verzinsung** des **gesamten** im Unternehmen **investierten Kapitals**.

$$\frac{\text{Gewinn und Fremdkapitalzinsen}}{\text{Gesamtkapital}}$$

Die Einheit der Kennzahl ist **%** und die Gesamtkapitalrentabilität sollte **möglichst hoch** sein.

Cashflow-Leistungsrate:

Die Cashflow-Leistungsrate zeigt an, wie viel % der Gesamtleistung dem Unternehmen für Investitionen, Tilgung oder Gewinnausschüttung zur Verfügung stehen.

$$\frac{\text{Cashflow aus lfd. Geschäftstätigkeit}}{\text{Gesamtleistung}}$$

Die Einheit der Kennzahl ist **%** und sie sollte **möglichst hoch** sein.

Die Cashflow-Leistungsrate ist ein Indikator für die Innenfinanzierungskraft eines Unternehmens.

Das Ergebnis, also der Ertrag, ergibt sich aus Umsatz und Kosten. Für Umsätze kann der Auftragseingang als Frühwarn-Indikator genutzt werden. Auf weitere Kennzahlen zum Umsatz sind wir bereits im Kapitel Vertriebscontrolling eingegangen.

Auftragseingang:

Unter Auftragseingang versteht man die Summe der Kundenaufträge oder -bestellungen, die in einer Periode eingegangen sind und noch nicht produziert werden.

$$\text{Summe eingegangener Kundenaufträge}$$

Die Einheit der Kennzahl ist **Euro** und sie sollte **möglichst hoch** sein.

Die Kennzahl ermöglicht einen Ausblick auf zukünftige Produktionsmengen und damit Kapazitäten.

Daher betrachten wir hier Kennzahlen zum Kostencontrolling. Insbesondere die Kennzahl Materialintensität ist wichtig, da sie eine Aussage über die Margen (Umsatz abzüglich der dem Umsatz direkt zurechenbaren Kosten) ermöglicht. Diese können kostengetrieben sinken und auch marktgetrieben durch niedrigere Verkaufspreise. In der nächsten Ebene könnten dann einzelne Kostenarten auf Auffälligkeiten untersucht werden.

„Bisher haben wir uns nur die Einnahmen angesehen. Um die Ertragskraft des Unternehmens zu messen, sollten wir uns auch die Ausgaben genauer ansehen", schlägt Marlene vor. „Wir haben zwei große Kostenfaktoren, das Material in Form von Rohstoffen und natürlich Personalkosten."

„Genau, und dann gibt es noch Kosten wie Mieten oder Versicherungen", ergänzt Alfred. „Es ist jedoch nicht einfach die Höhe der Kosten zu interpretieren, da Wachstum auch bedeutet, dass die Kosten steigen."

„Das stimmt. Im Frühwarnsystem interessiert uns in so einer Situation, ob der Anstieg in den Kosten sich in unserer Gesamtleistung widerspiegelt. Ich würde daher vorschlagen, dass

wir diese drei Kostenfaktoren im Verhältnis zu unserer Gesamtleistung betrachten. Auf diesem Weg erkennen wir leicht, wenn einer der Kostenfaktoren unverhältnismäßig stark ansteigt."

Diese Überlegungen führen zu drei weiteren Kennzahlen, die Alfred im Kennzahlenhandbuch notiert.

KENNZAHL

Materialintensität:
Die Kennzahl setzt den Materialeinsatz ins Verhältnis zum Umsatz und zeigt an, ob ein Unternehmen material- oder lohnintensiv ist.

$$\frac{\text{Materialeinsatz}}{\text{Gesamtleistung}}$$

Die Einheit der Kennzahl ist **%** und sie sollte im Zeitverlauf **möglichst konstant bleiben oder sinken**.

Gründe für Änderungen könnten beispielsweise in Preisänderungen oder einem erhöhten Verbrauch durch Ausschuss liegen.

Die Kennzahl muss auch im Kontext mit der Marge betrachtet werden.

KENNZAHL

Personalintensität:
Die Personalintensität setzt den Personalaufwand ins Verhältnis zur Gesamtleistung.

$$\frac{\text{Personalkosten}}{\text{Gesamtleistung}}$$

Die Einheit der Kennzahl ist **%** und sie sollte im Zeitverlauf **möglichst konstant bleiben oder sinken**.

Sinkt die Personalintensität, könnte dies ein Anzeichen für erfolgreiche Restrukturierungsmaßnahmen und Produktivitätssteigerungen im Unternehmen sein.

KENNZAHL

Sonstige betriebliche Aufwendungen (SBA)-Intensität:
Die Kennzahl zeigt an, wie sich die sonstigen betrieblichen Aufwendungen im Verhältnis zur Gesamtleistung entwickeln.

$$\frac{\text{Sonstige betriebliche Aufwendungen}}{\text{Gesamtleistung}}$$

Die Einheit der Kennzahl ist **%** und sie sollte **möglichst niedrig** sein.

Unter den SBA sind diverse Kostenpositionen zusammengefasst. Im Falle einer negativen Entwicklung beinhaltet diese Position i. d. R. Einsparungspotenziale.

5.4.3 Kennzahlen zur Finanzstärke – Die Liquiditätskrise

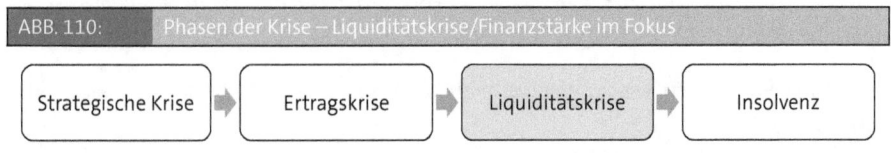

ABB. 110: Phasen der Krise – Liquiditätskrise/Finanzstärke im Fokus

| Strategische Krise | ➡ | Ertragskrise | ➡ | Liquiditätskrise | ➡ | Insolvenz |

Eine Liquiditätskrise kann durch eine gute Finanzstärke abgewandt werden. Innerhalb des Frühwarnsystems lässt sich die Finanzstärke besonders gut über die Finanzierung und insbesondere die Unterscheidung zwischen Innen- und Außenfinanzierung beschreiben.

Die Eigenkapitalquote und die Schuldentilgungsdauer sind beispielhafte Kennzahlen, um die finanzielle Stabilität zu beschreiben. Basis ist der Cashflow, weswegen wir diesen ebenfalls erklären. Der Free-Cashflow ist eine sinnvolle Ergänzung, da er neben dem operativen Geschäft auch Investitionen berücksichtigt und somit längerfristig eine höhere Aussagekraft hat. Wir führen diesen jedoch nicht näher aus.

KENNZAHL

Eigenkapitalquote:
Die Eigenkapitalquote gibt den Anteil des Eigenkapitals am Gesamtkapital wieder.

$$\frac{\text{Eigenkapital}}{\text{Gesamtkapital}}$$

Die Einheit der Kennzahl ist **%** und eine **hohe Kennzahl** wird von Fremdkapitalgebern positiv bewertet, da es im Falle einer Insolvenz als Haftungsmasse zur Verfügung steht.

Eine hohe Eigenkapitalquote hat Vor- und Nachteile, die in der nachfolgenden Grafik gegenübergestellt werden.

ABB. 111: Gegenüberstellung der Vor- und Nachteile einer hohen Eigenkapitalquote

Vorteile	Nachteile
Bessere Kreditwürdigkeit	Fremdkapital kann die Eigenkapitalrendite erhöhen (Leverage-Effekt)
Unabhängigkeit gegenüber Dritten	Höheres Haftungsrisiko für den Gesellschafter
Schonung der Liquidität, da Ausschüttung nur in guten Jahren	Finanzierung über Eigenkapital ist wegen der höheren Haftung langfristig teurer als bei Fremdkapital

---

KENNZAHL

Schuldentilgungsdauer:
Die Schuldentilgungsdauer gibt an, in wie vielen Jahren man schuldenfrei wäre, wenn man die gesamte Liquidität zur Schuldentilgung verwendete.

$$\frac{\text{Fremkapital} - \text{Flüssige Mittel}}{\text{Cashflow aus lfd. Geschäftstätigkeit}}$$

Die Einheit der Kennzahl sind **Jahre** und sie sollte **möglichst gering** sein.

Es ist zu beachten, dass der operative Cashflow auch für Investitionen und ggf. Ausschüttungen verwendet wird.

Die Schuldentilgungsdauer und die Eigenkapitalquote geben nur begrenzt Auskunft über die Liquidität des Unternehmens. Wichtig ist auch zu sehen, wie viele Mittel zur freien Verfügung stehen. Dazu wird der Cashflow betrachtet.

KENNZAHL

Cashflow aus laufender Geschäftstätigkeit:
Die Kennzahl beschreibt den Cashflow, den ein Unternehmen aus dem operativen Geschäft erwirtschaftet. Die Berechnung erfolgt i. d. R. über die indirekte Methode. Nachfolgende Formel zeigt ein einfaches Berechnungsbeispiel:

Jahresüberschuss ± Abschreibung ± Veränderung Rückstellung

Die Einheit der Kennzahl ist **Euro** und sie sollte **möglichst hoch** sein.

Investitionen und Finanzierung werden hier nicht berücksichtigt. Die Kennzahl ist also ein Indikator für die Innenfinanzierungskraft eines Unternehmens. Optimierungsmöglichkeiten bietet hier, neben den bisher ausgeführten Einflussfaktoren, das Working Capital (Forderungen und Verbindlichkeiten aus Lieferung und Leistung).

KENNZAHL

Liquidität 1. Grades:
Die Kennzahl setzt die flüssigen Mittel ins Verhältnis zu den kurzfristigen Verbindlichkeiten. Berechnungsbeispiel:

$$\frac{\text{Flüssige Mittel}}{\text{Kurzfristige Verbindlichkeiten}}$$

Die Einheit der Kennzahl ist **%** und sie sollte **möglichst hoch** sein.

Werte über 100 % bedeuten, dass alle kurzfristigen Verbindlichkeiten zum Stichtag gedeckt werden können.

Die Kennzahl muss nicht bei 100 % liegen, da Forderungen aus Lieferung und Leistung und Vorräte auch zur Deckung der Verbindlichkeiten genutzt werden können.

Um Umsatz zu generieren, muss ein Unternehmen Rohstoffe bei Lieferanten bestellen. Diese werden verarbeitet und sind bis zur Lieferung auf Lager. Solange die Ware auf dem Lager liegt, bindet sie das Geld, das für den Kauf benötigt wurde.

Die Ware kann nun direkt bezahlt worden sein, dann wird das Lager durch eigenes Geld finanziert oder der Lieferant räumt ein Zahlungsziel ein. Die Ware muss also erst später bezahlt werden. Der Lieferant gibt quasi einen kurzfristigen Kredit. Nun wird die Ware verkauft und ausgeliefert. In dem Fall, dass sofort bezahlt wird, fließt das Geld wieder zurück ins Unternehmen. Wird dem Kunden ein Zahlungsziel eingeräumt, also ein Kredit gegeben, dann verzögert sich der Rückfluss entsprechend.

ZWEI BEISPIELE

1. *Ware wird **sofort bezahlt** und liegt **30 Tage auf Lager**. Dem Kunden wird ein Zahlungsziel von 30 Tagen eingeräumt. Das Unternehmen muss also in der Lage sein, zwei Monate vorzufinanzieren, bevor es Geld erhält. Gehen wir von einem Warenwert von **50.000 €** aus und es gibt keine eigenen Reserven, benötigt man eine **Finanzierung bei der Bank**. Gerade bei jungen Unternehmen können hier Hindernisse auftreten. Wird davon ausgegangen, dass dies dauerhaft passiert, und rechnet man mit einem Zinssatz von 2 %, dann kostet die Finanzierung 1.000 € pro Jahr.*

2. *Ware wird **mit 30 Tagen Zahlungsziel** bezahlt und **liegt 30 Tage auf Lager**. Der Kunde zahlt sofort. Das Unternehmen **braucht kein Geld**, um zu produzieren, da mit dem Geld des Kunden der Lieferant bezahlt werden kann.*

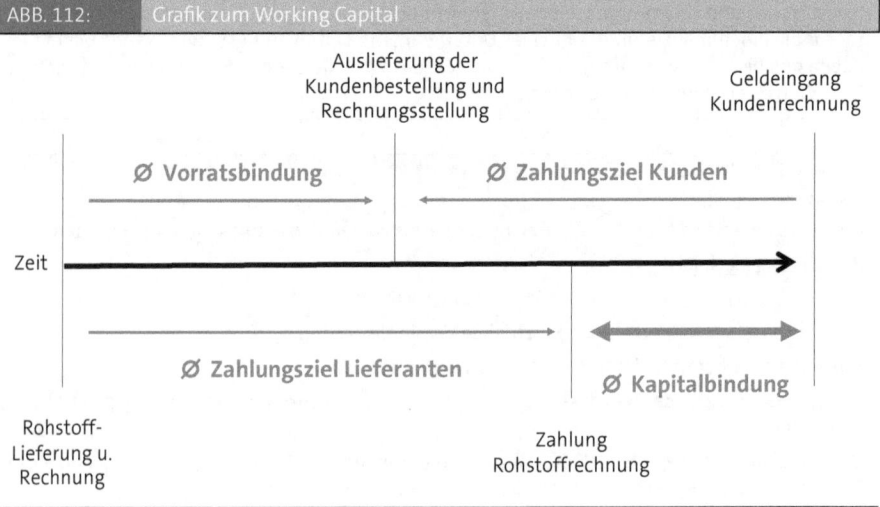

ABB. 112: Grafik zum Working Capital

Das Beispiel zeigt auf, wie wichtig das Working-Capital-Management für die Liquidität ist, weswegen es beispielsweise mithilfe nachfolgender Kennzahlen überwacht werden kann.

KENNZAHL

Ø Vorratsreichweite:
Die Kennzahl Vorratsreichweite („Days inventory outstanding/held" oder Lagerumschlagsdauer) misst die durchschnittliche Reichweite der Lagerbestände.

$$\frac{\text{Ø Lagerbestand}}{\text{Ø Umsatz}} \cdot 365$$

Die Einheit der Kennzahl ist **Tage** und gibt an, in wie vielen Tagen der Lagerbestand theoretisch verbraucht wäre. Je niedriger die Lagerdauer ist, desto höher ist der Lagerumschlag und desto geringer die Kapitalbindung im Lager. Dies wirkt sich positiv auf die Liquidität aus und reduziert Bestandsrisiken.

KENNZAHL

Ø Zahlungsziel Lieferanten:
Die Kennzahl ist auch bekannt als „Days Payables Outstanding" misst die Ø-Laufzeit der Verbindlichkeiten.

$$\frac{\text{Ø Verbindlichkeiten aus Lieferung und Leistung}}{\text{Ø Materialeinsatz + Umsatzsteuer}} \cdot 365$$

Die Einheit der Kennzahl ist **Tage** und misst den Zeitraum von Rechnungsdatum oder Rechnungseingang bis zur Zahlung an den Lieferanten. Da Verbindlichkeiten als Lieferantendarlehen betrachtet werden können, sollte die Kennzahl **möglichst hoch** sein. Die Ausnutzung von Skonto steht dem entgegen.

KENNZAHL

Ø Zahlungsziel Kunden:
Die Kennzahl ist auch bekannt als „Days Sales Outstanding" und misst die Ø-Laufzeit der Forderungen.

$$\frac{\text{Ø Forderungen}}{\text{Umsatzerlöse + Umsatzsteuer}} \cdot 365$$

Die Einheit der Kennzahl ist **Tage** und gibt an, in wie vielen Tagen die Kunden im Schnitt zahlen. Die Zahl sollte **möglichst niedrig** sein.

Forderungen sind Darlehen an Kunden, was bei Verhandlungen zu beachten ist.

5.4.4 Kennzahlen zu Gesundheit/Bonität

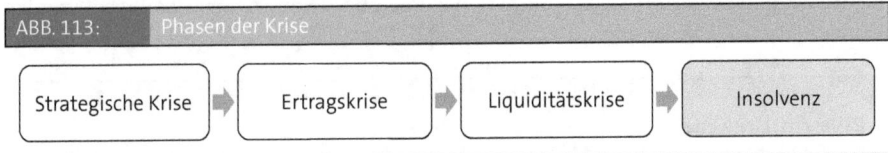

ABB. 113: Phasen der Krise

Strategische Krise ➡ Ertragskrise ➡ Liquiditätskrise ➡ Insolvenz

Die letzte Phase der Krise ist die Insolvenz. Das **Insolvenzrisiko** wird von den Banken bei der Kreditvergabe genauestens geprüft, denn es würde im schlimmsten Fall zu einem Ausfall der Rückzahlung führen. Entsprechend gibt es Ansätze, die versuchen, Insolvenzen zu prognostizieren.

Grundlage für die Einschätzung des Insolvenzrisikos bilden die uns bereits bekannten Finanzkennzahlen. Betrachtet man all diese Kennzahlen separat, so kann oft keine eindeutige Einschätzung zu der Frage, ob ein mögliches Insolvenzrisiko vorliegt, gegeben werden. Im weiteren Verlauf des Kapitels werden wir daher die Methode der Diskriminanzanalyse vorstellen, die verschiedene Kennzahlen gewichtet und zu einem Wert zusammenfasst und so das Insolvenzrisiko kompakt bewerten kann.

5.5 Bewertungsmethodik

Die Aussagekraft der einzelnen Kennzahlen entsteht erst durch ihre Bewertung. Ob eine Kennzahl eine positive Entwicklung beschreibt oder auf ein mögliches Risiko hindeutet, kann nicht allein über ihren aktuellen Wert beurteilt werden. Entscheidend ist, dass man einen Kontext aus **Vergleichsgrößen** bilden kann, in dem der Wert der Kennzahl betrachtet wird. Diese Vergleichsgrößen können in Form fester Korridore, beispielsweise mittels **externen Benchmarkings**, also dem Vergleich zu anderen Unternehmen, dem **Vorjahresvergleich**, dem **Budget** oder dem **Forecast** vorliegen. Es ist auch möglich, die Entwicklung der Kennzahl im zeitlichen Verlauf mittels einer **Trendanalyse** zu betrachten.

Diese verschiedenen methodischen Ansätze, die separat verwendet werden können, aber erst kombiniert ihre volle Wirkung entfalten, wollen wir in diesem Unterkapitel vorstellen.

Alfred und Marlene haben mittlerweile zahlreiche Kennzahlen für die Brauerei Mälzers iden-tifiziert, die sie ins Frühwarnsystem integrieren wollen. Auch wenn Alfred die Mehrwerte, die jede einzelne der Kennzahlen mit sich bringt, sieht, hat er eine große Sorge: „Wenn wir versuchen, jeden Monat alle Kennzahlen zu betrachten, haben wir einen hohen zeitlichen Aufwand, den wir nicht leisten können."

„Da stimme ich dir zu." Marlene überlegt einen Moment. „Erinnerst du dich, dass wir über die Warnleuchten am Auto gesprochen haben? Auch dort gibt es eine ganze Reihe verschie-

dener „Kennzahlen", aber es leuchten nur diejenigen auf, bei denen ein Risiko vorliegt. Wir müssen also gar nicht jeden Monat alle Kennzahlen betrachten, sondern nur diejenigen, bei denen ein mögliches Risiko festgestellt wurde."

Alfred greift den Gedanken seiner Tochter auf: „Stimmt. Die Tankleuchte leuchtet beispielsweise nur dann auf, wenn der Spritstand unter einen bestimmten, vorab festgelegten Pegel gefallen ist. Können wir diesen Ansatz auf die Kennzahlen im Frühwarnsystem übertragen?"

Dieser Gedanke bringt Marlene und Alfred auf die Idee, zu allen Kennzahlen konkrete Voraussetzungen, die automatisiert überprüft werden können, zu definieren, wann der Frühwarnindikator anschlagen soll.

5.5.1 Feste Korridore

Ein naheliegender erster Ansatz ist, **starre Grenzen** zur Beurteilung festzulegen, um die Kennzahl auf diesem Weg zu bewerten. Diese Grenzen können auf Basis verschiedener Grundlagen gebildet werden:

a) **Externes Benchmarking**: *Vergleichbare Unternehmen haben eine Umsatzrendite zwischen 10 % und 15 %. Liegt die Kennzahl Umsatzrendite außerhalb dieses Intervalls, so sollte das Frühwarnsystem anschlagen.* Diese Methode bietet sich vor allem für Unternehmen an, die homogenen Gruppen zugeordnet werden können. Das sind beispielsweise Ärzte, Handwerker, Friseure etc.

b) **Internes Benchmarking/Erfahrungswerte**: *Erfahrungsgemäß gelingt es dem Vertrieb, ein gutes Zehntel der kalten Kontakte zu einem Abschluss zu bringen. Liegt die Kennzahl Ø Kontakt/Deal Anzahl unter 10 %, sollten die Gründe hierfür genauer untersucht werden.* Auf diesem Weg erfolgt ein Vergleich mit sich selbst, der in einen kontinuierlichen Verbesserungsprozess übergehen kann.

c) **Praktische Überlegungen**: *Durch ablaufendes Mindesthaltbarkeitsdatum kann ein Produkt nach einer bestimmten Einlagerungszeit nicht mehr verkauft werden. Besteht die Gefahr, dass die Lagerzeit diesen Wert überschreitet, sollte das Frühwarnsystem anschlagen. Ein weiteres Beispiel sind garantierte Funktionszeiten für Softwarelösungen. Bei cloudbasierten Lösungen wird eine Mindestverfügbarkeit garantiert, die nicht unterschritten werden darf.*

Hat man die Korridorgrenzen festgelegt, so lässt sich sehr leicht überprüfen, ob die Kennzahl im entsprechenden Bereich liegt oder ob das Frühwarnsystem anschlagen sollte. Dabei ist darauf zu achten, die Korridorgrenzen so zu setzen, dass Warnmeldungen frühzeitig gegeben werden, so dass ausreichend Zeit zu reagieren bleibt. Die Grenzen sollten regelmäßig überprüft und eventuell angepasst werden.

Alfred und Marlene etablieren im ersten Schritt ein sehr einfaches, aber wirkungsvolles Konzept. Sie definieren eine Mindestliquidität auf Basis durchschnittlicher Ausgaben und eines Puffers. Wird diese Grenze unterschritten, werden sie in Form einer Warnleuchte darauf aufmerksam gemacht. In Kombination mit dem rollierenden Forecast werden Alfred und Marlene bereits im Planungsprozess darauf hingewiesen, dass die Liquidität die kritische Schwelle unterschreiten wird. Das gibt ihnen die Möglichkeit, Zahlungsziele mit Lieferanten zu strecken und eigene Forderungen gezielt einzufordern bzw. die gewährten Zahlungsziele zu verkürzen.

Dieses Verfahren ist vor allem für robuste Kennzahlen, die wenigen Schwankungen unterliegen, geeignet. Aufgrund ihrer Einfachheit und da sie sich ohne tiefe Einblicke in das operative Unternehmensgeschäft durchführen lässt, wird die Methode der festen Korridore auch oft verwendet, wenn das Unternehmen extern geprüft und bewertet wird, beispielsweise von möglichen Investoren oder Banken.

Der **Quicktest nach Prof. Kralicek** sowie **Diskriminanzanalysen** gehören diesem Ansatz an und werden nun weiter ausgeführt.

5.5.1.1 Quick-Test nach Kralicek

Die Kennzahlen des Quick-Tests, die wir bereits vorgestellt haben, sind robust und nutzen das Informationspotenzial von Bilanz und Gewinn- und Verlustrechnung sehr gut aus. Daher sind sie gut geeignet für eine Bewertung mittels „fester Korridore".

Der „feste Korridor" sind Grenzwerte, die in folgender Bewertungsmatrix dargestellt sind:

ABB. 114: Bewertungsschema nach Prof. Kralicek				
	sehr gut	**gut**	**mittel**	**schlecht**	**insolvenz-gefährdet**
Gesamtkapitalrentabilität	> 15 %	> 12 %	> 8 %	< 8 %	negativ
Cashflow-Leistungsrate	> 10 %	> 8 %	> 5 %	< 5 %	negativ
EK-Quote	> 30 %	> 20 %	> 10 %	< 10 %	negativ
Schuldentilgungsdauer	< 3 Jahre	< 5 Jahre	< 12 Jahre	< 30 Jahre	> 30 Jahre

Die Kennzahl wird anhand der Matrix einer Note zugeordnet, die nach dem österreichischen Notensystem von 1 bis 5 geht. Die Note 5 heißt, dass das Unternehmen insolvenzgefährdet ist.

Anhand von drei Beispielunternehmen A, B und C zeigen wir mögliche Kennzahlenergebnisse auf und deren Bewertung nach dem Quick-Check.

HINWEIS

WICHTIG: In der Regel werden Bilanzkennzahlen auf Basis der **Jahresabschlussdaten** berechnet. Der Jahresabschluss wird häufig erst einige Monate nach Jahresabschluss fertig. Für ein **Frühwarnsystem** sollte eine **monatliche Berechnung** gewählt werden. Dabei ist bei der Berechnung darauf zu achten, dass die **Bilanzwerte stichtagsbezogen** sind und die **Gewinn-und Verlustrechnung** sich auf einen **Zeitraum** bezieht. Um saisonale Einflüsse zu vermeiden, betrachtet man daher auch unterjährig den Zeitraum der letzten zwölf Monate. Auf diesem Weg erhält man eine robuste Einschätzung der Kennzahl.

Im ersten Schritt werden die Kennzahlen berechnet. Hierbei ist zu beachten, dass bei einer monatlichen Betrachtung der Schuldentilgungsdauer der Cashflow auf einen Jahreswert hochgerechnet werden muss.

ABB. 115:	Berechnung Quicktest für drei Beispielunternehmen					
Kennzahl	A		B		C	
Eigenkapital-Quote	44,9 %	1	52,7 %	1	88,4 %	1
Gesamtkapital-Rentabilität	−3,3 %	5	17,5 %	1	4,1 %	4
Schuldentilgungsdauer	−2,37	5	1,54	1	4,35	2
Cashflow-Leistungsrate	−9 %	5	36 %	1	58 %	1
Note Quick-Check		4		1		2

Im zweiten Schritt werden die Kennzahlen anhand der Bewertungsmatrix in Noten übersetzt.

Möchte man die Einzelnoten zu einer Gesamtnote „Note Quick Check" aggregieren, so kann der Mittelwert der vier Noten betrachtet werden.

Im dritten Schritt werden die Ergebnisse interpretiert:

► Bei **Unternehmen A** sind die Kennzahlen sehr kritisch. Die Ursachen sind genauer zu analysieren und Gegenmaßnahmen zu treffen.

► Auch bei **Unternehmen C** ist die **Cashflow-Leistungsrate** in dem betrachteten Monat **besonders gut** und oberhalb der normalen Werte. Bei Unternehmen C ist die **Schuldentilgungsdauer** ebenso **positiv** und mit 1 bewertet. Trotz der guten Gesamtnote ist die **Gesamtkapitalrentabilität** mit 4 bewertet. Hier sollte die Entwicklung im Blick behalten werden.

► Bei **Unternehmen B** bestehen **keine Auffälligkeiten**. Das Unternehmen steht sehr gut da.

Ein Frühwarnsystem darf nicht erst anschlagen, wenn die Bewertung auf „insolvenzgefährdet" steht. Auch schlechte Bewertungen oder eine Verschlechterung der Bewertung im Zeitverlauf muss als Anlass zur kritischen Auseinandersetzung genommen werden.

5.5.1.2 Diskriminanzanalyse

Diskriminanzanalysen sind eine gute Möglichkeit, um Kennzahlen zu binären Entscheidungen zusammenzufassen. Ein Beispiel für eine solche Entscheidung ist: „Liegt ein Insolvenzrisiko vor? Ja oder Nein?" Ziel der Diskriminanzanalyse ist es, Kennzahlen, die einen hohen Einfluss auf diese Entscheidung haben in einem Wert zusammenzufassen und dann mithilfe eines Benchmarkings die Entscheidung zu treffen.

Bevor wir uns eine konkrete Analyse mitsamt Beispiel ansehen, wollen wir verstehen, wie eine Diskriminanzanalyse und das zugehörige Benchmarking aufgebaut sind.

Dazu nehmen wir vereinfacht an, dass nur zwei Kennzahlen Einfluss auf die Entscheidung haben. Bei den Unternehmen A–E liegt kein Insolvenzrisiko vor, bei den Unternehmen F–K hingegen schon. In der Grafik ist das durch die unterschiedlichen Graustufen dargestellt. Auf Basis dieses Wissens kann nun eine Entscheidungsgrenze gebildet werden (in unserem Beispiel ist diese durch die schwarze Linie dargestellt). Diese entsteht durch ein Benchmarking der Unternehmen A–K. Soll nun ein neues Unternehmen auf dieser Basis bewertet werden, so schaut man, ob es links (kein Risiko) oder rechts von der Entscheidungsgrenze liegt.

ABB. 116: Mithilfe eines Benchmarkings durch die Unternehmen A-K konnte eine Entscheidungsgrenze bestimmt werden. Laut dieser liegt beim Unternehmen „?" kein Insolvenzrisiko vor, da es links von der Entscheidungsgrenze liegt.

Schematische Diskriminanzanalyse

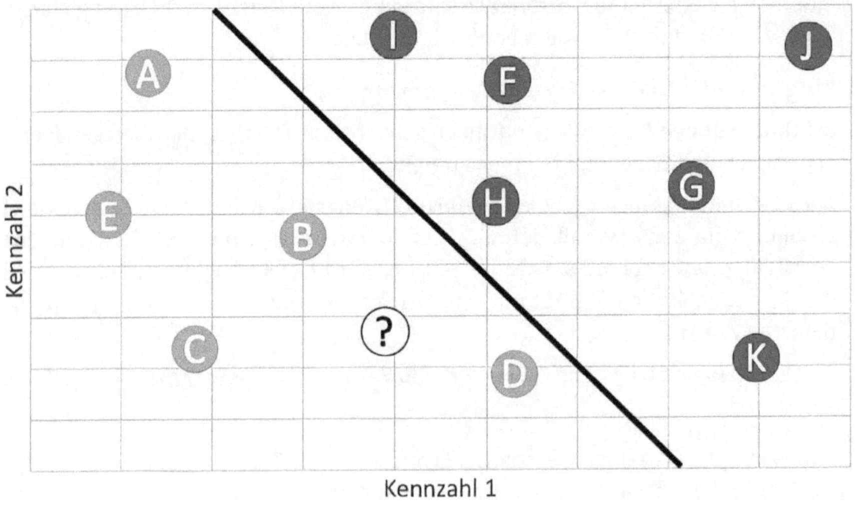

Mathematisch lässt sich die Entscheidung, auf welcher Seite der Entscheidungsgrenze ein Unternehmen liegt, über eine gewichtete Summe der Kennzahlen ausdrücken.

Da in der Praxis das Benchmarking (Ergebnisse durchgeführter Analysen) bereits vorgegeben ist, muss zur Bewertung des eigenen Unternehmens also nur mithilfe einer Formel überprüft werden, auf welcher Seite der Entscheidungsgrenze man steht.

Wir wollen uns nun ein konkretes Beispiel für eine solche Diskriminanzanalyse ansehen, das auf nur vier Kennzahlen basiert und Benchmarks nutzt, die sich in der Praxis bewähren konnten.

ABB. 117: Gewichtung der Kennzahlen in der Diskriminanzanalyse	
	Gewichtung
Cashflow/Fremdkapital	0,09
Gesamtleistung/Bilanzsumme	0,01
Erg. d. gewichteten Geschäftstätigkeit/Gesamtleistung	0,6
Erg. d. gewichteten Geschäftstätigkeit/Gesamtkapital	0,3

Innerhalb der Diskriminanzanalyse werden vier Kennzahlen berechnet und mit ihrer Gewichtung multipliziert. Die Ergebnisse werden summiert. Ein positiver Wert bedeutet hier, dass kein direktes Insolvenzrisiko ermittelt wurde. Im Sinne eines Frühwarnsystems ist jedoch eine differenziertere Betrachtung mithilfe der untenstehenden Tabelle nötig. Hier wird nicht nur berücksichtigt, auf welcher Seite der Entscheidungsgrenze ein Unternehmen steht, sondern auch, wie weit es von der Entscheidungsgrenze entfernt ist.

ABB. 118: Bewertungsschema Diskriminanzanalyse	
extrem gut	> 0,18
sehr gut	> 0,13
gut	> 0,09
mittel	> 0,06
schlecht	> 0,02
leicht insolvenzgefährdet	< 0,02
insolvenzgefährdet	< 0
stark insolvenzgefährdet	< −0,06

Nachfolgend werden wir anhand der drei Beispielunternehmen aus dem Quick Test das Bewertungsschema näher erklären.

Im ersten Schritt werden die Kennzahlen errechnet und mit dem entsprechenden Faktor multipliziert. Die Ergebnisse sind in den Spalten der folgenden Tabelle ersichtlich.

Im zweiten Schritt wird die Summe der Werte gebildet und das Ergebnis anhand obiger Skala bewertet.

Im dritten Schritt werden die Ergebnisse analysiert. Dazu haben wir auch die Note des Quick-Check ergänzt, um die beiden Systeme miteinander zu vergleichen.

Bei **Unternehmen A** ist der „Cashflow/Fremdkapital" negativ. Das „Erg. d. gewichteten Geschäftstätigkeit/Gesamtleistung" ist sehr positiv. Das ist erklärungsbedürftig und hat den Grund, wie beim Quick-Check, in den unterschiedlichen Betrachtungszeiträumen. Der Cashflow bezieht sich auf die letzten zwölf Monate, Ergebnis und Gesamtleistung auf den aktuellen Monat.

Unternehmen B und C haben ebenso wie im Quick Check gute Noten.

ABB. 119:	Beispiel Diskriminanzanalyse mit Vergleich Quick Check					
	Unternehmen A		**Unternehmen B**		**Unternehmen C**	
	Wert	gewichtet	Wert	gewichtet	Wert	gewichtet
$\dfrac{\text{Cashflow}}{\text{Fremdkapital}}$	−0,360	−0,032	0,630	0,057	0,280	0,025
$\dfrac{\text{Gesamtleistung}}{\text{Gesamtkapital}}$	0,950	0,010	1,350	0,014	0,050	0,001
$\dfrac{\text{Erg. d. gew. Geschäftstätigkeit}}{\text{Gesamtleistung}}$	0,200	0,120	0,120	0,072	0,150	0,090
$\dfrac{\text{Erg. d. gew. Geschäftstätigkeit}}{\text{Gesamtkapital}}$	−0,040	−0,012	0,190	0,057	0,010	0,003
Note – **Insolvenzfrühwarnindikator**	**0,085** (mittel)		**0,199** (extrem gut)		**0,119** (gut)	
Quick Check	3		1		2	

5.5.2 Der Vorjahresvergleich

Einen festen Korridor zur Bewertung der Kennzahl festzulegen, ist in viele Fällen nicht oder nur schwer möglich. Außerdem können starre Korridore die Entwicklung der Kennzahl nicht berücksichtigen. Als Lösung im Sinne eines Frühwarnsystems haben wir als ersten Ansatz etabliert, den Korridor so zu setzen, dass er nicht erst im kritischen Fall anschlägt, sondern bereits früher.

Nimmt beispielsweise die Eigenkapitalquote durch Verluste kontinuierlich ab, so lebt das Unternehmen von seiner Substanz und es sollte gegengesteuert werden. Ein Frühwarnsystem, dass auf starren Korridorgrenzen basiert, würde jedoch erst anschlagen, sobald die Eigenkapitalquote unter einen bestimmten Wert gefallen ist. In diesem Fall schlägt das Frühwarnsystem also verspätet an, da die Entwicklung der Kennzahl nicht berücksichtigt wurde.

Ein wichtiger Baustein des Frühwarnsystems sollte daher die Betrachtung im **zeitlichen Verlauf** sein. Dazu vergleicht man die aktuellen Werte mit den Wertständen des Vorjahrs, wie wir es bereits zur Plausibilisierung der Budgetplanung eingeführt haben.

ABB. 120:   Beispiel für die Betrachtung einer Kennzahl im Zeitvergleich

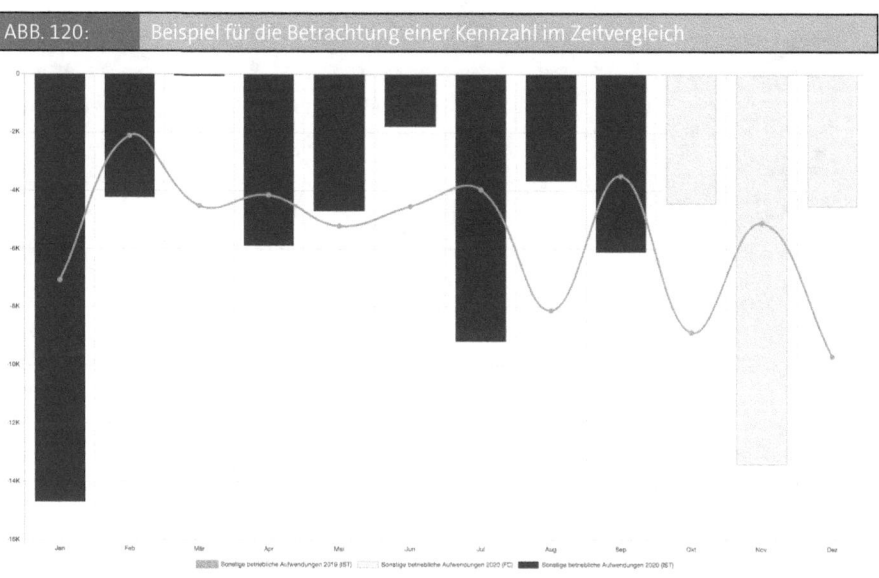

Der Vorjahresvergleich kann entweder auf Monats- oder Quartalsebene stattfinden. Wichtig ist jedoch, jeweils die identischen Zeiträume, also den aktuellen April mit dem April des Vorjahrs, das dritte Quartal mit dem dritten Quartal des Vorjahrs etc., zu vergleichen, da die Ergebnisse aufgrund der Saisonalitäten sonst keine Aussagekraft haben. Es sollte stets sowohl die **absolute Abweichung** als auch die **relative Abweichung** in Prozent betrachtet werden. Mit den **Top-Flop-Listen** haben wir im Kapitel zum Reporting bereits eine gute Möglichkeit kennengelernt, den Vorjahresvergleich visuell ansprechend aufzuarbeiten.

Diese Methode ist vor allem für robuste Kennzahlen sehr effektiv. Unterliegt die betrachtete Kennzahl jedoch starken Schwankungen oder periodischen Einflüssen, die nicht (vollständig) durch kalendarische Saisonalitäten erklärt werden können, so ist es schwierig, den Vorjahresvergleich zu interpretieren.

BEISPIEL ▶ *Betrachten wir beispielhaft die Kennzahl „Auftragsbestand". Im monatsweisen Vorjahresvergleich ist die Kennzahl auffallend stark gesunken.*

	IST	Vorjahr	Absolute Abweichung	Relative Abweichung
Auftragsbestand	35.145,62 €	41.436,24 €	−6.290,62 €	−18 %

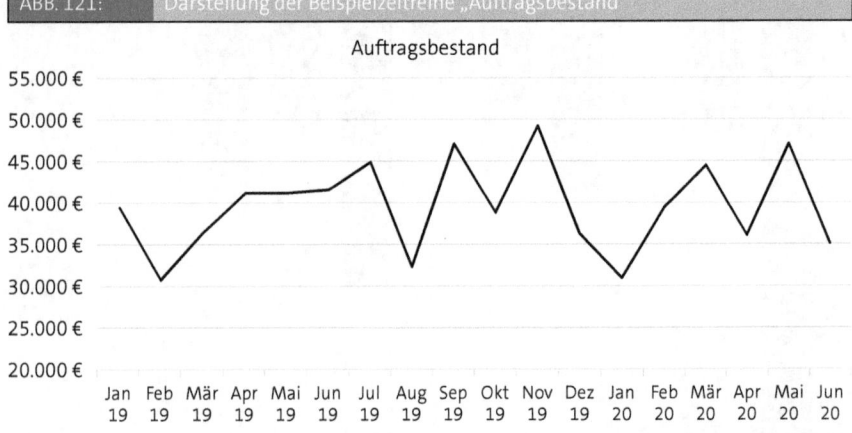

ABB. 121: Darstellung der Beispielzeitreihe „Auftragsbestand"

Schaut man sich die Zeitreihe jedoch grafisch an, sieht man, dass der aktuelle Wert nicht besonders niedrig ist. Der Auftragsbestand liegt stets um 40.000 €, hat aber eine hohe Volatilität.

Die hohe relative Abweichung ist in diesem Fall also stark irreführend, da Schwankungen innerhalb eines bestimmten Rahmens für die Kennzahl üblich sind. Dies kann durch alleinige Angabe des Vorjahreswertes jedoch nicht erkannt werden.

In solchen Situationen ist es daher sinnvoll, die Zeitreihe zunächst zu glätten. Dies geschieht mithilfe der **Methode der gleitenden Mittelwerte**. Dabei werden die Werte der Zeitreihe zu jedem Zeitpunkt durch Mittelwerte über ein Zeitintervall ersetzt. Je größer das Intervall gewählt wird, desto glatter wird die resultierende Zeitreihe. Für die Wahl des Intervalls haben sich vor allem drei Möglichkeiten durchgesetzt:

a) **Die gesamte Zeitreihe:**
In diesem Fall entspricht die geglättete Zeitreihe einer Konstanten, die dem Mittelwert der Kennzahl über die gesamte Länge der Zeitreihe hinweg entspricht. In unserem Beispiel ist der Mittelwert über die gesamte Zeitreihe 39.525,26 €. Vergleicht man den IST-Wert mit diesem Mittelwert, kann die Abweichung deutlich besser eingeschätzt werden, da die Schwankung des Vorjahreswertes eliminiert worden ist. Liegt in der Zeitreihe ein Trend vor, kann dieser jedoch nicht im Mittelwert abgebildet werden.

b) **Quartalsschritte:**
Statt nur den aktuellen Wert zu betrachten, betrachtet man zu jedem Zeitpunkt den Mittelwert aus vorangegangenem Monat, betrachtetem Monat und nachfolgendem Monat. Auf diesem Weg werden monatliche Schwankungen eliminiert, die Grundrichtung der Zeitreihe bleibt erhalten.

ABB. 122: In unserem Beispiel errechnet sich der gleitende Mittelwert als Mittel aus dem Monatswert sowie dem Wert des vorangegangenen und des darauffolgenden Monats.

SUMME	X	✓	f_x	=MITTELWERT(C2:E2)		
	A	B	C	D	E	F	G
1		Jan 19	Feb 19	Mär 19	Apr 19	Mai 19	Jun 19
2	Auftragsbestand	39.268,30 €	30.721,05 €	36.401,72 €	41.185,21 €	41.091,94 €	41.436,24 €
3	Quartalsweise gleitende Mittelwerte		35.463,69 €	RT(C2:E2)	39.559,62 €	41.237,79 €	42.468,69 €

c) **Last twelve months (LTM):**
Bei der Methode der Last twelve months (englisch für „letzte zwölf Monate") wird der Durchschnitt stets über die vergangenen zwölf Monate gebildet. Auf diesem Weg werden jährliche Saisonalitäten vollständig eliminiert. Dieses Vorgehen entspricht einer Hochrechnung mit einem rollierenden naiven Forecast, wie wir ihn im letzten Kapitel kennengelernt haben.

Das exponentielle Glätten, welches wir im Kapitel Frühwarnsysteme kennengelernt haben, ist eine Erweiterung dieser Methode. Zielsetzung ist bei beiden Ansätzen, die Zeitreihe soweit zu glätten, dass Saisonalitäten und einmalige Effekte herausgerechnet werden.

173

BEISPIEL ▶ *Wir betrachten erneut die Beispielkennzahl „Auftragsbestand" und glätten diese mit der Methode der last twelve months.*

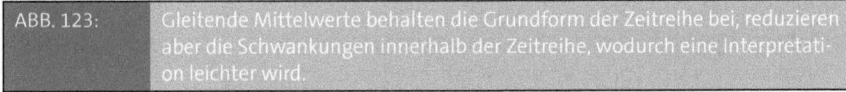

ABB. 123: Gleitende Mittelwerte behalten die Grundform der Zeitreihe bei, reduzieren aber die Schwankungen innerhalb der Zeitreihe, wodurch eine Interpretation leichter wird.

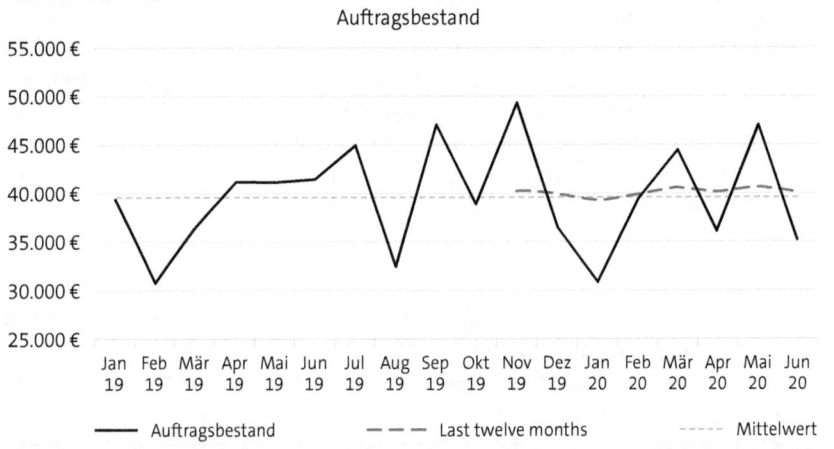

Ist die Zeitreihe auf diesem Weg geglättet worden, kann ein aussagekräftigerer Vorjahresvergleich angestellt werden. Eine Betrachtung der ungeglätteten Zeitreihe, wie in vorangegangenem Beispiel, hatte dies noch nicht ermöglicht.

	Last twelve months	Mittelwert Vorjahr	Absolute Abweichung	Relative Abweichung
Auftragsbestand	40.112,52 €	39.890,60 €	221,92 €	1 %

Das Konzept der letzten zwölf Monate ist sehr hilfreich und eine gute Ergänzung zu einer Zeitreihenbetrachtung. Gleichzeitig ist diese Betrachtung nicht sehr verbreitet und daher ungewohnt in der Interpretation. Daher wollen wir uns ein zweites Beispiel ansehen, dass die Interpretation der Methode besser erklärt. Hierzu wählen wir die Kennzahl EBITDA (Ergebnis vor Steuern, Zinsen und Abschreibung). Diese Kennzahl ist kein Frühwarnindikator, aber eine Kennzahl, die über die Buchhaltung ermittelt wird und das operative Ergebnis beschreibt.

BEISPIEL *EBITDA*

Im **ersten Schritt** interpretieren wir die Kennzahl EBITDA in einer einfachen, aber üblichen Form

▶ Das EBITDA liegt deutlich unter dem Vorjahreswert.

ABB. 124:   EBITDA im Vergleich zum VJ

	IST	VJ	Delta VJ
EBITDA	11.883,71 €	31.334,32 €	−62 %

Ein Blick auf den grafischen Verlauf der Zeitreihe relativiert das Ergebnis. Da der Vorjahreswert einen Spike, also einen besonders starken Monatswert beschreibt, eignet sich dieser nur begrenzt zur Einschätzung des aktuellen Werts.

ABB. 125:   Darstellung der Kennzahl EBITDA als Zeitreihe und Betrachtung der LTM

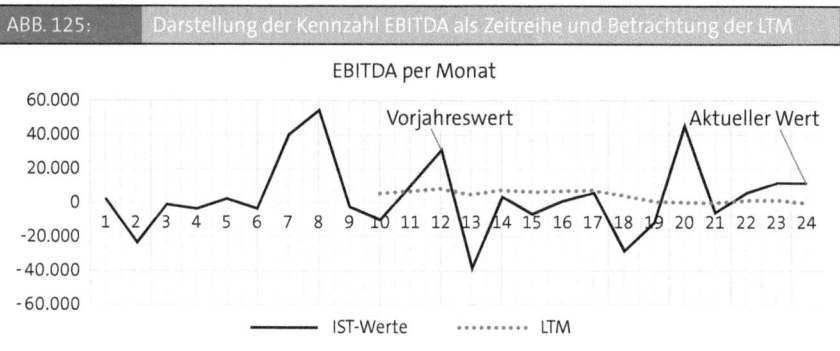

In einem zweiten Schritt (gepunktete Linie in der Grafik) betrachten wir die Methode der letzten zwölf Monate (LTM). Schon in der grafischen Auswertung können wir sehen, dass der aktuelle Wert über dem durch die LTM beschriebenen Niveau liegt.

5.5.3 Erreiche ich meine Ziele? – Der Budgetvergleich

Eine zentrale Frage, die immer wieder auftaucht und auch in diesem Buch schon angeschnitten wurde, lautet: Kann ich meine Ziele, also die Werte meiner Budgetplanung erreichen? Diese Frage ist deshalb zentral, weil sie einen Indikator für den zukünftigen Unternehmenserfolg bildet. Das Budget ist eine Zielvorgabe und berücksichtigt geplante Änderungen im Vergleich zum Vorjahr. Entsprechend ist der Vergleich mit dem Budget aussagekräftiger und besser geeignet, die aktuelle Lage einzuschätzen.

Bisher haben wir das Budget vor allem im Kontext mit den Finanzen betrachtet. Diesen Blick erweitern wir nun, wie wir beim rollierenden Forecast schon erwähnten, teils um nicht-finanzielle Kennzahlen i. S. des Frühwarnsystems.

ABB. 126:	Beispielhafte Übertragung der Unternehmensziele auf Kennzahlen, die mittels Budgetvergleich nachverfolgt werden können. So kann frühzeitig abgesehen werden, welches Ziel in Gefahr ist.	
Zielsetzung	**Maßnahmen zur Zielerreichung**	**Formalisierung auf Kennzahlebene**
Stärkere Bindung des unternehmensspezifischen Wissens	Stärkere Betrachtung des Faktors Mitarbeiterzufriedenheit	Kennzahl Mitarbeiterfluktuation liegt zum Jahresende unter 10 %
Verbesserung der internen Controlling-Prozesse	Gezielte Durchführung von Mitarbeiterschulungen	keine
Steigerung des Umsatzes	Zusätzliche Messebesuche, Verbesserung des Auftritts in sozialen Netzwerken	Kennzahl Umsatz steigt um 6 %
Digitalisierung der Produktion verbessern	Nachhaltige Investitionen in die technische Infrastruktur	Erhöhung der Investitionsquote

Alfred Mälzers erwartet für das aktuelle Jahr einen höheren Umsatz, da zum einen ein neuer Vertriebsmitarbeiter eingestellt wurde und zum anderen die Ausgaben für Marketing erhöht wurden. Im Vergleich zu den Vorjahren bedeutet dies erhebliche Mehrkosten. Entsprechend beobachtet Alfred Mälzers sehr genau, ob seine Zielsetzungen, die er in der Budgetplanung festgehalten hat, eintreffen oder ob er Maßnahmen ergreifen muss.

Eine zentrale Voraussetzung für einen qualitativ guten Budget-Vergleich ist das Vorliegen einer durchdachten und realistischen Budgetplanung, auf die die Unternehmenssteuerung ausgerichtet ist.

Sei also für eine Kennzahl (beispielsweise für den Umsatz) die Budgetplanung gegeben. Wir wollen diese nun mit den tatsächlichen IST-Werten vergleichen. Um einen Blick in die Zukunft ermöglichen zu können, soll außerdem ein rollierender Forecast auf Basis der IST-Daten vorliegen, so wie wir ihn im Kapitel zum Forecast vorgestellt haben.

Die zentralen Fragen im Budgetvergleich sind:

► Haben wir das geplante Budget im Monat und Zeitraum erreicht?

► Werden wir das Jahresbudget erreichen?

► Mit dieser Frage ist eigentlich gemeint: Erreichen wir das geplante Budget, wenn wir so weitermachen, oder müssen wir zusätzliche Maßnahmen ergreifen, um unsere Ziele zu erreichen?

Die erste Frage wird in vielen Unternehmen beantwortet. Die zweite Frage setzt einen Forecast voraus. Dafür ermöglicht die Antwort im Falle einer negativen Abweichung eine frühzeitige Korrektur. Das vergrößert den Handlungsspielraum und verbessert die Qualität von Entscheidungen. Zudem werden die Qualität und Aussagekraft des Frühwarnsystems erheblich verbessert. Die beiden Fragen ermöglichen zwei Analysen:

► Den Plan-IST-Vergleich und

► den Zielcheck, also den Vergleich von Budget und Forecast.

Beide Ansätze schauen wir uns zunächst separat an und erklären im Anschluss, wie man sie kombiniert interpretieren kann. Der Vergleich IST vs. FC dient zur regelmäßigen Evaluation des Forecasts, wie im Kapitel zum Prognosealgorithmus beschrieben, und wird daher nicht zur Beurteilung der IST-Werte im Frühwarnsystem verwendet.

5.5.3.1 Der Plan-Ist-Vergleich

Die IST-Werte beschreiben, was eingetreten ist, und die Planungswerte des Budgets, was das Ziel war. Der Plan-Ist-Vergleich beschreibt also, wie weit die erreichten Werte von der Planung abweichen. Damit ist er Teil des Controlling-Regelkreises, der besteht aus

► Zielsetzung,

► Umsetzung,

► Plan/Ist- Abgleich mit Analyse,

► Maßnahmen (im Falle von Abweichungen).

Die gängigste Methode des Plan-Ist-Vergleichs besteht darin, die **monatlichen und kumulierten Abweichungen** zu betrachten. Hier sind drei Vergleichspunkte entscheidend:

1. **Die absolute Abweichung:** Welche Intensität hat die Abweichung?

2. **Die relative Abweichung:** Wie hoch ist die Intensität der Abweichung im Verhältnis zum Wert der Kennzahl?

3. **Die Richtung der Abweichung:** Wurde die Planung über- oder untertroffen?

Grundsätzlich ist es sinnvoll, alle Abweichungen, also auch positive Abweichungen, genauer zu betrachten. Dem Motto „Keine Kennzahl ohne Kommentar" sollten alle Abweichungen kommentiert werden, die wesentlich sind (s. dazu Kapitel Reporting). Manchmal lassen sich leicht Ursachen für die Abweichungen finden, beispielsweise wenn Wertstellungen auf spätere Monate verschoben wurden. Diese Kommentare werden bei zukünftigen Planungen und Analysen eine große Hilfe sein.

Innerhalb des Frühwarnsystems macht es Sinn, Abweichungen auch automatisiert zu bewerten. Der einfachste Ansatz ist zu jeder Kennzahl **feste Benchmarks** zu den drei Vergleichspunkten absolute Abweichung, relative Abweichung und Richtung der Abweichung festzulegen und das Frühwarnsystem anschlagen zu lassen, sobald diese Benchmarks überschritten sind.

Alfred und Marlene überlegen, wie sie die Abweichung des Budgetvergleichs gut in ihr Frühwarnsystem übertragen können. Analog zur Methode der festen Korridore wollen sie ein Notensystem festlegen. Sie entscheiden sich für eine dreistufige Ampel. Liegen die IST-Werte im Budget (Abweichung < 5 %), ist die Ampel grün. Bei einer Abweichung von 5 % bis zu 10 % ist die Ampel gelb und bei einer größeren Abweichung wird die Ampel rot. Sie entscheiden sich dafür, auch positive Abweichungen zu berücksichtigen, obwohl in dieser Situation ihre Zielsetzungen erfüllt sind.

Eine Alternative zu festen Benchmarks besteht darin, die Abweichung mit den Abweichungen der vergangenen Monate zu vergleichen. In diesem Fall schlägt das Frühwarnsystem an, wenn die Abweichung stärker ist als in der Vergangenheit. Auf diesem Wege können Benchmarks automatisiert erlernt werden.

Zusätzlich ist es hilfreich, diejenigen Kennzahlen, die die höchsten absoluten Abweichungen haben, zu betrachten, auch wenn keine Benchmarks überschritten wurden. Dies kann beispielsweise mittels **Top-Flop-Listen** geschehen. Eine Alternative sind **Tabellen mit Abweichungsanalyse**, wie das folgende Beispiel zeigt:

ABB. 127: Bericht in Excel mit einer visuellen Darstellung von Abweichungen

Erreicht die Demo Nachhaltigkeit ihr Ziele im Monat und Zeitraum?

T EUR	Mär 20					Jan - Mär 2020				
	Vorjahr	Budget	IST	Delta absolut	Delta %*	Vorjahr	Budget	IST	Delta absolut	Delta %
Umsatzerlöse	224	55	35	-20	-36%	1.092	166	172	6	4%
Bestandsveränderung	0	0	0			0	0	0		
	0%	0%	0%			0%	0%	0%		
Gesamtleistung	224	55	35			1.092	166	172		
	100%	100%	100%			100%	100%	100%		
Materialeinsatz	-143	-35	-20			-677	-106	-97		
	64%	64%	58%			62%	64%	56%		
Rohertrag (DB 1)	81	20	15			415	60	75		
	36%	36%	42%			38%	36%	44%		
Personalaufwand	0	0	0			0	0	0		
	0%	0%	0%			0%	0%	0%		
Sonst. betr. Aufw.	-65	-9	-9			-200	-28	-29		
	29%	16%	26%			18%	17%	17%		
EBITDA	16	11	6	-6	-51%	215	32	46	14	45%
	7%	20%	16%			20%	19%	27%		
Abschreibung	0	0	0			0	0	0		
	0%	0%	0%			0%	0%	0%		
EBIT	16	11	6			215	32	46		
	7%	20%	16%			20%	19%	27%		
Finanzergebnis	0	0	0			0	0	0		
	0%	0%	0%			0%	0%	0%		
EBT (Ergebnis vor Steuern)	16	11	6			215	32	46		
	7%	20%	16%			20%	19%	27%		
A.o. Ergebnis	0	0	0			0	0	0		
Steuern	0	0	0			0	0	0		
EAT (Ergebnis nach Steuern)	16	11	6	-6	-51%	215	32	46	14	45%
	7%	20%	16%			20%	19%	27%		45%

EBIT = Betriebsergebnis vor Abschreibung, Zinsen, Steuern
EBITDA = Ergebnis vor Abschreibung, Zinsen, Steuern

Alle Prozentangaben beziehen sich auf den Umsatz.
Berechnung Delta zum Budget in % = Delta/ Budget.

Die Positionen der Gewinn- und Verlustrechnungen werden im aktuellen Monat und im Zeitraum betrachtet. Zur Bewertung werden der Plan- und Vorjahresvergleich herangezogen. Die Abweichung wird absolut und relativ dargestellt.

Um Kostensteigerungen im Vergleich zum Vorjahr und Budget schnell zu erfassen, bietet sich eine relative Betrachtung zum Umsatz an. Steigt der relative Wert im Vergleich zum Umsatz, deutet dies auf Kostensteigerungen hin.

Der monatliche IST/BUD-Vergleich ist nur sinnvoll, wenn eine monatliche Planung vorliegt, die auch saisonale Effekte berücksichtigt.

Bei der Interpretation und **Ursachenforschung** der Abweichungen sollte beachtet werden, dass diese nicht unbedingt in den IST-Werten liegen muss, sondern auch eine zu ambitionierte Zielvorgabe die Ursache sein kann.

BEISPIEL *Betrachten wir ein Beispiel, um besser zu verstehen, worauf es beim Plan-IST-Vergleich ankommt. Dazu schauen wir uns eine vereinfachte Umsatzplanung an.*

ABB. 128:	Vereinfachte Umsatzplanung											
	Jan	Feb	Mär	Apr	Mai	Jun	Jul	Aug	Sep	Okt	Nov	Dez
IST	5.000 €	10.000 €	10.700 €									
BUD	12.000 €	10.000 €	10.000 €	8.000 €	8.000 €	12.000 €	14.000 €	14.000 €	12.000 €	10.000 €	10.000 €	8.000 €

Im aktuellen Monat liegt der IST-Wert 7 % über dem Budget. Der Planwert ist also erreicht worden. Wir sehen allerdings auch, dass im aktuellen Jahr bisher (year to date) ein Gesamtumsatz von 25.700 € erreicht wurde und dieser unter dem Plan-Wert für diesen Zeitraum von 32.000 € liegt. Um das Jahresziel dennoch erreichen zu können, muss auch in den nächsten Monaten der Budgetwert übertroffen werden. Ob dies realistisch ist, kann jedoch die einfache Betrachtung der IST-Werte nicht beantworten.

5.5.3.2 IST-Forecast-Vergleich (Zielcheck)

Der Vergleich von IST- und Budget-Werten kann für sich genommen nicht entscheiden, ob das Jahresziel realistisch erreicht werden kann.

BEISPIEL *Im Rechenbeispiel gibt es eine Lücke von 6.300 € (32.000 € – 25.700 €) zum Budget. Um diese Lücke zu schließen, müssen in den nächsten Monaten die Budgetwerte übertroffen werden. Ist das realistisch oder sollten Gegenmaßnahmen eingeleitet werden? Diese Frage kann mithilfe eines (rollierenden) Forecasts beantwortet werden.*

Der Forecast prognostiziert einen Wert von 30.000 € für das zweite, von 50.000 € für das dritte und von 30.000 € für das vierte Quartal. Der vorhergesagte Jahresabschluss liegt somit bei 135.700 € und damit über dem Plan-Wert von 128.000 €.

Beim Vergleich zwischen Forecast und Budget werden i. d. R. keine Monatsvergleiche angestellt. Stattdessen betrachtet man hier die kumulierten Werte bis zum Jahresende. Dieser Vergleich eignet sich besonders dann, wenn ein Forecast vorliegt, der monatsweise erneuert wird. Aber auch wenn der Forecast nur einmal im Jahr errechnet wird, ist dieser Vergleich sinnvoll.

Die Vergleichspunkte können analog zum IST/BUD-Vergleich gewählt werden. In diesem Fall betrachtet man die **absolute Abweichung**, die **relative Abweichung** und die **Richtung der Abweichung**.

Zusammengenommen kann damit beantwortet werden, ob die Zielwerte der Planung erreicht werden können. Wie verlässlich diese Aussage ist, liegt natürlich daran, wie verlässlich der Forecast ist.

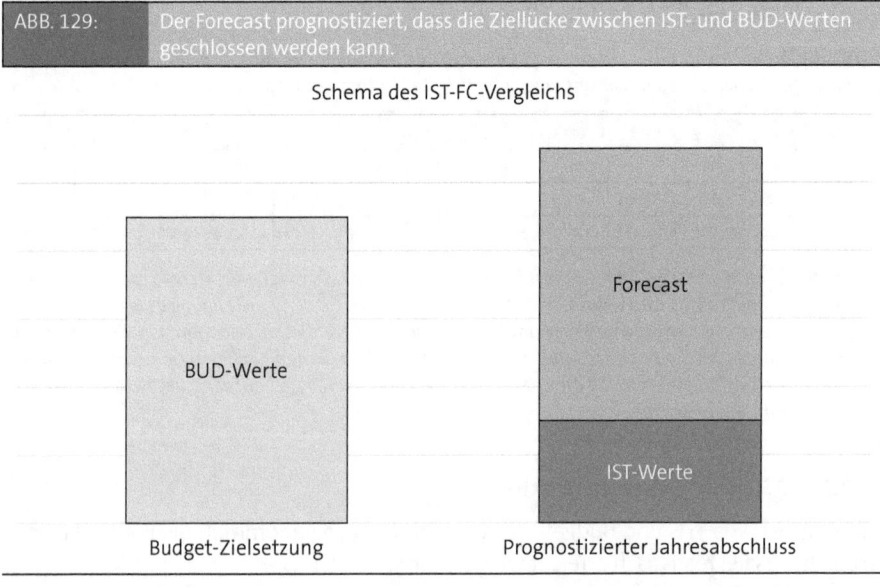

ABB. 129: Der Forecast prognostiziert, dass die Ziellücke zwischen IST- und BUD-Werten geschlossen werden kann.

Schema des IST-FC-Vergleichs

Forecast

BUD-Werte

IST-Werte

Budget-Zielsetzung   Prognostizierter Jahresabschluss

Auf diesem Weg kann nur entschieden werden, ob das Jahresziel voraussichtlich erreicht werden wird. Eine differenziertere Fragestellung ist: „**Mit welcher Wahrscheinlichkeit kann das Jahresziel erreicht werden?**" Es ist nicht leicht, eine präzise Antwort auf diese Frage zu geben.

Komplexere Forecast-Methoden des maschinellen Lernens können die Wahrscheinlichkeit automatisiert angeben. Allerdings ist dieses Vorgehen in der Praxis oft nicht umsetzbar, da die Forecastqualität dazu sehr genau bekannt sein muss.

Um die **Eintrittswahrscheinlichkeit** dennoch einschätzen zu können, betrachtet man die Ziellücke. Als **Ziellücke** bezeichnet man den Abstand zwischen Jahresziel und Hochrechnung aus der Kombination von IST und Forecast.

Im Kapitel zur Prognoseerrechnung haben wir zwei Methoden kennengelernt, mit denen Bereiche bestimmt werden können, in denen zukünftige Wertstellungen mit hoher Wahrscheinlichkeit liegen werden, nämlich Konfidenz- oder Prognoseintervalle und Korridore auf Basis verschiedener Forecast-Methoden. Auch aus der Betrachtung von best- und worst-case-Szenarien erhält man ein solches Fenster als Bereich zwischen best- und worst-case (s. nachfolgende Grafik). Dieses Fenster kann nun in Relation zur Ziellücke gesetzt werden. Als Faustregel gilt, je größer (Größe der Ziellücke/Größe des Fensters), desto unwahrscheinlicher ist es, dass das Ziel erreicht wird. Liegt die Zielsetzung sogar außerhalb des Fensters, wird das Ziel mit aller Wahrscheinlichkeit verfehlt.

Die Einschätzung zur Zielerreichung wird im Jahresverlauf immer genauer, da weniger Monate mithilfe des Forecasts geschätzt werden müssen. Dadurch wird das Fenster der Prognose kleiner.

ABB. 130:	Schematische Darstellung des Plan-FC-Vergleichs unter Zuhilfenahme von Worst- und Best-Case Szenarien

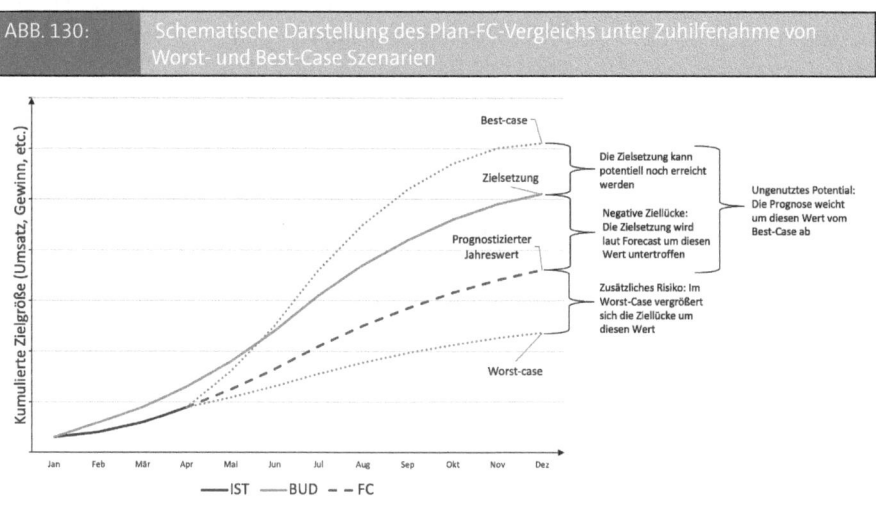

Alfred und Marlene analysieren das Monatsergebnis. Dieses ist leicht über Plan. Dennoch ist Alfred nicht froh, denn er weiß, dass ein oder zwei kleine Bestandkunde die Ware ausgelistet haben. In der Budgetplanung waren diese Umsätze geplant. Daher ist klar, dass das Jahresziel schwierig zu erreichen sein wird. Ein reiner Plan-Ist-Vergleich hilft jedoch nicht bei der Aussage, um wie viel das Ergebnis in Gefahr ist. Alfred und Marlene nutzen den Umsatz-

forecast aus der Vertriebspipeline und stellen auf diesem Weg fest, dass das Jahresziel in Gefahr ist.

Nachdem Alfred und Marlene dank des BUD-FC-Vergleiches die Ziellücke errechnet haben, stellen sie das Ergebnis im nächsten Vertriebsmeeting vor. Gemeinsam wird besprochen, mit welchen Aktionen der verlorene Umsatz kompensiert werden könnte. Auch die Vertriebsmitarbeiter waren über die Transparenz froh und motiviert, ihren Teil zum Unternehmenserfolg beizutragen. Bereits im nächsten Vertriebsmeeting konnte die Lücke zum geplanten Umsatz weiter geschlossen werden. Die getroffene Gegenmaßnahme führt auch zu einer Verbesserung des rollierenden Forecasts, da der Vertrieb neue Leads in der Vertriebspipeline angelegt hat und die Eintrittswahrscheinlichkeit bestehender Leads durch Gespräche mit den potenziellen Kunden verbessern konnte. Nach wenigen Monaten ist die Ziellücke geschlossen und der Forecast prognostiziert das Erreichen der Jahresziele.

5.5.4 Trendanalyse

Der Vorjahresvergleich ist ein erster Ansatz, die Entwicklung der Kennzahlen zu berücksichtigen. Wie sich die Kennzahlen entwickeln, ist ein entscheidender Faktor, um Risiken frühzeitig erkennen zu können. Trends geben eine Indikation, ob sich eine Kennzahl positiv oder negativ entwickelt. Wechselt ein Trend, kann dies ein Hinweis auf ein zukünftiges Abfallen sein. Diese Information ist durch einen einfachen Plan-Ist-Vergleich oder die Betrachtung einer Zwölf-Monatszeitreihe nicht immer zu erhalten. Ein Grund dafür ist, dass Saisonalitäten oder Ausreißer die Interpretation erschweren und sogar verzerren können. Deshalb sollte die Entwicklung der Kennzahlen eine herausgehobene Position innerhalb des Frühwarnsystems einnehmen.

Sowohl zur Berechnung des Trends als auch für den Vorjahresvergleich werden vergangene IST-Daten verwendet. Der Trend hat dennoch eine andere Perspektive als der Vorjahresvergleich auf die Kennzahl:

1. Die Trendanalyse erweitert die bisherige Betrachtung um das aktuelle Momentum und hilft so, die aktuelle Entwicklung einzuschätzen.

2. Negativen Entwicklungen geht im Regelfall ein Abflachen, also Schwächerwerden, des Trends voraus. Daher ist dies ein wichtiger Frühindikator, der jedoch durch den reinen Vorjahresvergleich nicht erfasst werden kann, da ein abgeflachter Trend noch immer einer positiven Entwicklung i. S. des Vorjahresvergleichs entspricht.

3. Der Vorjahresvergleich überbetont vergangene Werte, da die Entwicklung innerhalb des Vorjahrs in den Mittelpunkt gestellt wird.

Deshalb sollte der Trend der Kennzahl zusätzlich zum Vorjahresvergleich im Frühwarnsystem berücksichtigt werden.

Wichtige Grundlagen zur Bestimmung von Trends haben wir im Kapitel „Prognoseerrechnung" kennengelernt. Sollten Ihnen die dort vorgestellten Objekte und Methoden nicht mehr bekannt sein, so empfiehlt sich ein kurzer Blick zurück.

Der erste Schritt der Trendanalyse besteht darin, den aktuellen Trend der Kennzahl zu bestimmen. In einem zweiten Schritt sollte der Trend bewertet werden. Dabei sind zwei Vergleichspunkte entscheidend:

1. Die Richtung des Trends: Ist der Trend positiv oder negativ?

2. Die Entwicklung des Trends: Hat sich der Trend beschleunigt oder verlangsamt?

Die Intensität des Trends kann zusätzlich bewertet werden. Allerdings kann dadurch nur ein geringer Mehrwert erzeugt werden, da eine Interpretation der Intensität oft nur im Zusammenhang mit der Entwicklung des Trends möglich ist.

Wir wollen uns nun drei Möglichkeiten anschauen, wie man sich dem Trend annähern kann.

5.5.4.1 Möglichkeit 1: Der naive Trend

Der naive Trend ergibt sich wie der naive Forecast aus den Vorjahreswerten. Er ist gegeben als

$$\frac{\text{aktueller Wert} - \text{vergangener Wert}}{\text{vergangener Wert}}$$

Um saisonale Effekte abzuschwächen, nutzt man Mittelwerte über vorab festgelegte Zeiträume (beispielsweise die Wertstellungen seit Jahresbeginn und den gleichen Zeitraum im Vorjahr). In der monatsweisen Betrachtung entspricht diese Berechnung der relativen Abweichung aus dem Vorjahresvergleich. Der naive Trend wird auch als **Wachstumsrate** bezeichnet.

In folgender Grafik wird die durchschnittliche Wachstumsrate über vier Jahre betrachtet. Auf diesem Weg erhält man einen Indikator für die langfristige Entwicklung der Kennzahl.

ABB. 131:	Vierjahrestrend

Ergebnis - 4-Jahrestrend

T EUR	Apr 18					Jan - Apr 2018				
	2015	2016	2017	**2018**	Ø WTR	2015	2016	2017	**2018**	Ø WTR
Umsatzerlöse	96	100	117	**218**	31%	310	428	734	**717**	32%
Bestandsveränderung	0		0	**0**		0		0	**0**	
Gesamtleistung	**96**	**100**	**117**	**218**		**310**	**428**	**734**	**717**	
Materialeinsatz	-12	-11	-20	**-44**		-54	-63	-88	**-54**	
Rohertrag 1 (DB1)	**84**	**88**	**97**	**174**		**256**	**365**	**646**	**610**	
	-87%	*-89%*	*-83%*	*-80%*		*-83%*	*-85%*	*-88%*	*-85%*	
Personalaufwand	-74	-98	-122	**-122**		-297	-347	-495	**-510**	
	77%	*99%*	*104%*	*56%*		*96%*	*81%*	*67%*	*71%*	
Sonstige betr. Aufw.	-20	-19	-19	**-20**		-90	-86	-90	**-72**	
	21%	*19%*	*17%*	*9%*		*29%*	*20%*	*12%*	*10%*	
EBITDA	**-11**	**-29**	**-45**	**32**	**-244%**	**-131**	**-67**	**62**	**28**	**-160%**
	11%	*29%*	*38%*	*-15%*		*42%*	*16%*	*-8%*	*-4%*	
Abschreibung	0	0	0	**0**		0	0	0	**0**	
	0%	*0%*	*0%*	*0%*		*0%*	*0%*	*0%*	*0%*	
EBIT	**-11**	**-29**	**-45**	**32**		**-131**	**-67**	**62**	**28**	
	11%	*29%*	*38%*	*-15%*		*42%*	*16%*	*-8%*	*-4%*	
Finanzergebnis	-4	-4	-3	**-2**		-18	-16	-13	**-13**	
EBT	**-15**	**-33**	**-48**	**30**		**-131**	**-83**	**49**	**16**	
	-16%	*-33%*	*-41%*	*17%*		*-42%*	*-23%*	*8%*	*3%*	
A.o Aufw.	0	0	0	**0**		0	0	0	**0**	
Steuern	0	-8	-26	**-22**		-7	-34	-102	**-110**	
EAT	**-15**	**-41**	**-73**	**8**	**-180%**	**-157**	**-116**	**-53**	**-94**	**-16%**
	16%	*41%*	*62%*	*4%*		*-51%*	*-27%*	*-7%*	*-13%*	

Es wird die Gewinn- und Verlustrechnung im Vierjahresvergleich auf Monats- und Zeitraumebene dargestellt. Für das Kostencontrolling ist es zu empfehlen, diese Grafik um Verhältniskennzahlen zu ergänzen. Werden die Kostengruppen im Verhältnis zu Umsatz oder Gesamtleistung betrachtet, kann gut differenziert werden zwischen:

▶ Konstant: Die Kosten wachsen mit dem Umsatz.

▶ Steigend: Die Kosten wachsen schneller als der Umsatz.

▶ Sinkend: Das Wachstum hat positive Skalen-/Größeneffekte bewirkt.

Marlene betrachtet die Abschreibung im Vergleich zum Umsatz und stellt fest, dass diese konstant gestiegen ist. Das Gleiche ist bei den Personalkosten der Produktion der Fall. Das überrascht sie, hätte sie doch vermutet, dass mit steigendem Umsatz aufgrund der vielen Investitionen der manuelle Aufwand sinkt. Auch Marlenes Vater hätte diesen Zusammenhang so nicht erwartet. „Die Produktion unserer Standardsorten ist schneller geworden. Die neue Produktlinie des „Craft-Bier" hat uns in den letzten zwei Jahren Zeit gekostet in Form von Tests und Optimierungen. Ich hätte jedoch nicht gedacht, dass sich das so in den Zahlen widerspiegelt. Das ist sehr wertvoll und hilft, künftige Neuentwicklungen besser zu planen. Wir werden diese Anlaufkosten in Zukunft auch in der Preisbildung berücksichtigen, denn diese Kosten hatten wir bisher nicht ausreichend bedacht."

5.5.4.2 Möglichkeit 2: Maschinelles Lernen

Im Kapitel zur Prognoseerrechnung haben wir zahlreiche Möglichkeiten zur Bestimmung der Trendkomponente kennengelernt. Bestimmt man, je nach Kennzahl, einen linearen, exponentiellen oder degressiven Trend, so kann die Richtung des Trends direkt am Parameter a abgelesen werden. Die Entwicklung des Trends, ob dieser abflacht oder beschleunigt, kann ebenfalls an der Entwicklung des Parameters a im Zeitverlauf abgelesen werden.

	Linearer Trend	Exponentieller Trend	Degressiver Trend
Positiver Trend	$a > 0$	$a > 1$	$a > 0$
Negativer Trend	$a < 0$	$a < 1$	$a < 0$

Da der Trend lokal betrachtet werden soll, ist es sinnvoll, den Trend stets auf Grundlage der letzten zwölf Monate zu betrachten. Bei kürzeren Zeiträumen übertragen sich saisonale Effekte auf den Trend, wodurch die Interpretation komplexer wird.

5.5.4.3 Möglichkeit 3: Visualisieren der Zeitreihe

Aus der reinen Visualisierung der Zeitreihe kann kein Trend abgelesen werden. Wird die Zeitreihe jedoch mithilfe der Methode der gleitenden Mittelwerte, wie wir sie oben kennengelernt haben, um die Saisonkomponente bereinigt, so kann die resultierende Kurve als Trend interpretiert werden. Dazu bietet sich vor allem die Methode der last twelve months an, da diese saisonale Einflüsse vollständig eliminiert. Durch diese Form der Visualisierung können Trendwenden gut erkannt werden.

Die Interpretation der Visualisierung ist nicht gut automatisierbar. Deshalb macht es Sinn, auch aus den last twelve months eine Wachstumsrate in Analogie zum naiven Trend abzuleiten.

BEISPIELE

Rechenbeispiel:

Man bestimmt zunächst die saisonbereinigte Zeitreihe der Last Twelve Months. Die Wachstumsrate kann dann über den Vorjahresvergleich innerhalb dieser saisonbereinigten Zeitreihe bestimmt werden.

ABB. 132: Berechnung der Last Twelve Months mit Excel

	A	N	O	P	Q	R	S	T
1		Jan 19	Feb 19	Mär 19	Apr 19	Mai 19	Jun 19	Jul 19
2	Kennzahl	1.188,35 €	1.121,31 €	1.057,76 €	1.227,92 €	1.266,53 €	1.247,44 €	1.102,23 €
3	Last Twelve Months	1.089,82 €	1.092,21 €	1.082,56 €	1.099,37 €	1.115,86 €	1.136,45 €	1.136,73 €
4	Wachstumsrate LTM							

	A	U	V	W	X	Y	Z	AA	AB
1		Aug 19	Sep 19	Okt 19	Nov 19	Dez 19	Jan 20	Feb 20	Mär 20
2	Kennzahl	1.169,52 €	1.224,78 €	1.158,98 €	1.145,40 €	1.211,57 €	1.407,98 €	1.344,09 €	1.317,51 €
3	Last Twelve Months	1.144,33 €	1.163,58 €	1.170,25 €	1.170,51 €	1.176,82 €	RT(O2:22)	1.213,68 €	1.235,33 €
4	Wachstumsrate LTM					10%	=(Z3-N3)/N3	11%	14%

Beispiel EBITDA:

Betrachten wir erneut die Beispielzeitreihe zum EBITDA, die wir uns bereits im Beispiel zum Vorjahresvergleich angesehen haben.

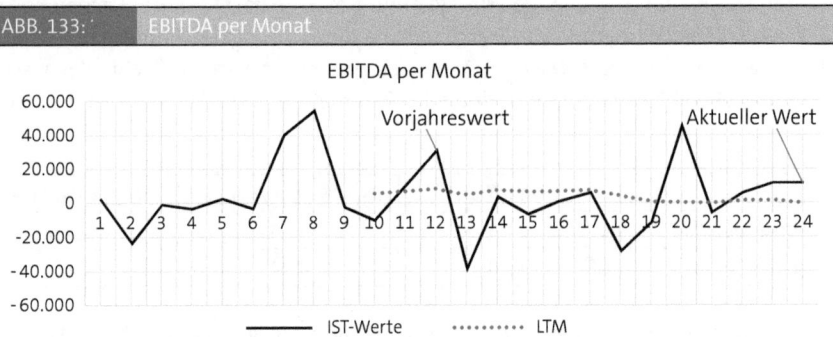

ABB. 133: EBITDA per Monat

Wir haben den aktuellen Wert bereits mit der Methode der LTM in Relation zu den Vorjahreswerten gestellt und konnten so feststellen, dass es aktuell keinen Grund zur Besorgnis gibt, da der Wert nicht das „übliche Niveau" unterschreitet.

Nun fragen wir uns, wie sich die Kennzahl entwickelt hat und ob wir ein Wachstum in der Zukunft erwarten können. Dazu bestimmen wir den linearen Trend, wie wir ihn im Kapitel Forecast kennengelernt haben.

Dies machen wir einmal auf Basis der letzten zwölf IST-Werte und auf Basis der durch Nutzung der Methode der last twelve months geglätteten Zeitreihe.

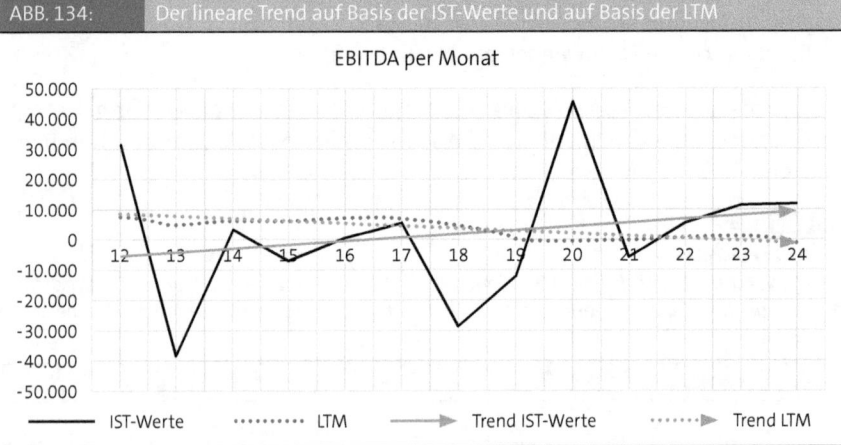

ABB. 134: Der lineare Trend auf Basis der IST-Werte und auf Basis der LTM

Auf den ersten Blick scheinen beide Betrachtungsweisen widersprüchliche Ergebnisse zu liefern, denn der Trend auf Basis der IST-Werte steigt an, während der Trend auf Basis der LTM langsam abfällt. Woran liegt das?

Der Trend auf Basis der IST-Werte berücksichtigt nur die letzten zwölf Monate. Daher fallen aktuelle Entwicklungen und saisonale Effekte stärker ins Gewicht als bei der Betrachtung des Trends auf Basis der LTM. Ursache hierfür ist die robuste Glättung mithilfe der Methode der last twelve months. Im konkreten Fall konnten die starken Monate 7 und 8 im aktuellen Jahr nicht erneut erreicht werden, stattdessen war das Ergebnis oft negativ (Monate 13, 15, 18, 19).

Eine mögliche Interpretation lautet also, dass sich die Kennzahl nach schwächeren Phasen erholt und positiv entwickelt, jedoch noch nicht wieder auf Höhe der ursprünglichen positiven Werte liegt. Obwohl das EBITDA kein Frühwarnindikator ist, kann durch diese umfangreiche Betrachtung der Entwicklung der Kennzahl eine risikobehaftete Tendenz frühzeitig erkannt werden. Deshalb ist eine Einbindung des EBITDA ins Frühwarnsystem gut zu rechtfertigen.

5.5.5 Szenario-Analysen

Zusätzlich können Modellrechnungen oder „Was wäre, wenn"-Analysen durchgeführt werden. Die konkrete Ausgestaltung hängt sehr stark vom konkreten Anwendungsfall im Unternehmen ab, allerdings bringen solche Szenario-Analysen fast immer Mehrwerte.

Die Grundidee besteht darin, ein Szenario in Form eines veränderten Parameters zu formulieren. Dies könnte beispielsweise in dem Wegbruch eines Kunden, einem drastischen Anstieg der Materialkosten oder dem Ausfall von Forderungen bestehen. Methodisch entspricht dies der Anpassung des Forecasts an das Szenario.

Das Frühwarnsystem kann nun automatisiert auf Basis der veränderten Parameter überprüfen, ob in dem Szenario ein tatsächliches Risiko vorliegt (das Frühwarnsystem schlägt an) oder ob kein oder nur ein geringes Risiko vorliegt (das Frühwarnsystem schlägt nicht an).

Der größte Kunde der Brauerei Mälzers ist eine Getränkemarkt-Kette. Über diese wird aktuell fast 7 % des Umsatzvolumens aus dem Bestandskundengeschäft erzielt. Alfred Mälzers ist sehr optimistisch, dass die anstehenden Verhandlungen mit den Getränkemärkten positiv ausgehen werden. Scheitern diese jedoch, würde ihm ein großer Anteil des eingeplanten Umsatzes wegbrechen. Deshalb betrachtet er die Entwicklung seiner Liquiditätskennzahlen unter der Annahme, dass dieser Umsatz wegbricht, genau.

5.5.6 Die Interpretation

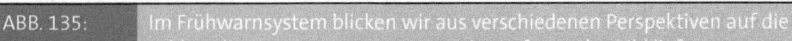

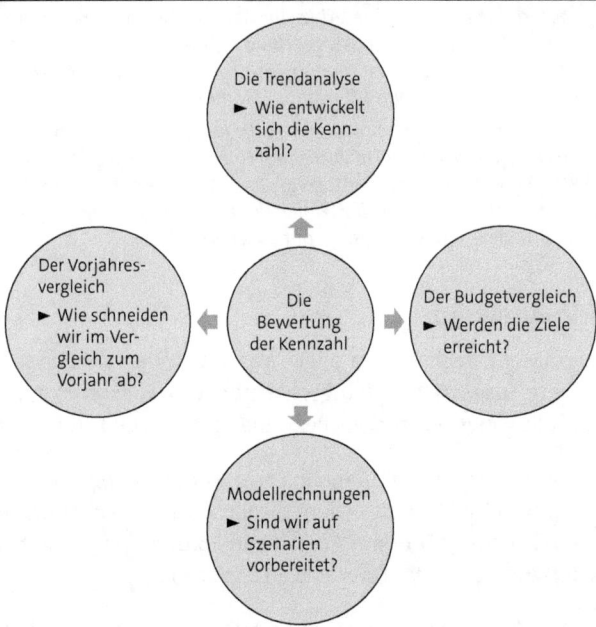

Wir haben nun eine Vielzahl verschiedener Bewertungsmethoden kennengelernt, die aus unterschiedlichen Perspektiven auf eine Kennzahl schauen. Dadurch kann zwar ein umfassenderes Bild auf das Unternehmen erlangt werden, allerdings können die verschiedenen methodischen Ansätze auch zu auf den ersten Blick widersprüchlichen Aussagen führen. Dies kann, gerade wenn man noch nicht mit dem System vertraut ist, zu Schwierigkeiten führen. Es ist daher wichtig, sich bei der Interpretation stets klar zu machen, was konkret man sich gerade ansieht. Betrachtet man den Trend, das Budget oder den Forecast? Das Ergebnis einer derart umfangreichen Analyse ist in den seltensten Fällen ein Einfaches „Die Kennzahl ist gut", sondern die Wahrheit ist oft komplizierter. „Noch stehen wir gut dar, aber wir schneiden schlechter ab als früher und sollten deshalb aufpassen, dass es so bleibt" oder „Obwohl die Kennzahl sich noch nicht erholt hat, sind wir auf dem aufsteigenden Ast und können sehen, dass unsere Bemühungen sich auszahlen" sind typische Analyseergebnisse.

BEISPIELE ▶ *Das Frühwarnsystem weist eine Meldung für die Kennzahl EBITDA auf.*

*Im **ersten Schritt** werden die **Ergebnisse** betrachtet:*

▶ *Die Planabweichung weicht im Monat und Zeitraum leicht negativ vom Budget ab, was nicht kritisch ist.*

▶ *Der Zwölf-Monats-Trend ist negativ und auffällig. Damit bestärkt er die Indikation der Planabweichung und legt weitere Analysen nahe.*

*Im **zweiten Schritt** wird nach den **Gründen für die Abweichung** gesucht:*

▶ *Die Umsatzkennzahlen sind in Ordnung.*

▶ *Auch der Auftragseingang als Frühwarnindikator schlägt nicht an.*

▶ *Bei den Kostentreibern fällt auf, dass die Materialeinsatzquote im Trend steigt, sich also negativ entwickelt. Diese Entwicklung soll mit dem Einkauf besprochen werden.*

▶ *Im **dritten Schritt** erfolgt eine Detailanalyse. Gemeinsam mit dem Einkauf werden die Gründe für den gestiegenen Materialeinsatz erarbeitet:*

▶ *Der Preis eines wichtigen Rohstoffs stieg aufgrund einer schlechten Ernte. Hier soll mit dem Lieferanten erörtert werden, ob die Preise für die nächste Ernte vorab festgelegt werden können, um die Planungssicherheit zu erhöhen.*

▶ *Aufgrund der größeren Produktvielfalt durch das Craft-Bier sind die Kosten für Gläser und Etiketten pro Flasche deutlich gestiegen. Bisher wurden, auch aus Risikogründen, nur kleinere Mengen bestellt und dafür häufiger. Das erhöhte die Kosten erheblich und könnte durch die Bestellung größerer Mengen reduziert werden. Der Einkauf soll ein aktuelles Angebot einholen und der Vertrieb den Forecast zu den Absatzmengen aktualisieren. Als Ergebnis wird beschlossen, noch ein Quartal die Absatzzahlen zu validieren und dann die Einkaufsmenge zu erhöhen.*

*Im **vierten Schritt** werden die Ergebnisse der Maßnahmen nachgehalten:*

▶ *Mit dem Rohstofflieferanten konnte ein Kontrakt für die kommende Saison abgeschlossen werden, der Planungssicherheit gibt.*

▶ *Die Absatzzahlen des Craft-Bier haben sich auch im letzten Quartal positiv und sogar über den Erwartungen entwickelt. Es wird eine größere Menge bestellt und die Materialkosten pro Flasche können so deutlich gesenkt werden.*

▶ *Die Effekte werden in den Folgemonaten nachgehalten und führen tatsächlich zu der Trendwende.*

5.6 Datenqualität

Für die Bewertungsmethodik ist wichtig zu verstehen, welche Fehler in der Datenqualität es geben kann. Denn alle Bewertungen hängen stark von der Qualität der Daten ab.

Bei der Arbeit mit Forecasts ist die Höhe der Unsicherheiten von Bedeutung und diese in den Auswertungen kenntlich zu machen. Auch das Budget kann nur dann im Frühwarnsystem genutzt werden, wenn eine saubere Budgetplanung vorliegt. Auf diese beiden Aspekte sind wir in den jeweiligen Kapiteln zum Budget und zum Forecast bereits genauer eingegangen.

Innerhalb des Frühwarnsystems ist jedoch auch die Qualität der gebuchten Daten entscheidend. Unser Ziel ist eine monatliche Betrachtung. Monatlich wird jedoch kein Abschluss im Sinne eines Jahresabschlusses erstellt. Das ist bei den Kennzahlen, die sich auf Bilanzwerte beziehen, zu berücksichtigen.

In der Gewinn- und Verlustrechnung sind beispielhafte Fehlerquellen:

► Abgrenzungsbuchungen fehlen, z. B. bei großen Versicherungszahlungen, die einmal pro Jahr gezahlt werden.

► Abschreibungen werden nicht gebucht.

Diese Fehler fallen bei einer monatlichen Betrachtung der Werte ins Gewicht. Deshalb empfiehlt es sich, mit der Methode der gleitenden Mittelwerte vornehmlich der LTM zu arbeiten. So können diese Effekte abgemildert werden.

In der Bilanz gibt es bei monatlicher Betrachtung Fehlerquellen wie:

► Unterjähriger Bilanzzusammenhang geht nicht auf, da Vorjahresergebnis nicht vorgetragen oder Saldenvorträge nicht erfolgt.

► Anlagevermögen wird unterjährig nicht gebucht.

Da der Cashflow i. d. R. mit der indirekten Methode mithilfe der Bilanz errechnet wird, führt dies zu Fehlern im Cashflow. Bei der Etablierung eines Frühwarnsystems ist es entsprechend wichtig, diese Fehlerquellen zu beobachten und auf diese hinzuweisen.

ABB. 136: Beispielhafter Hinweis auf Fehlerquellen in einer Controllingsoftware

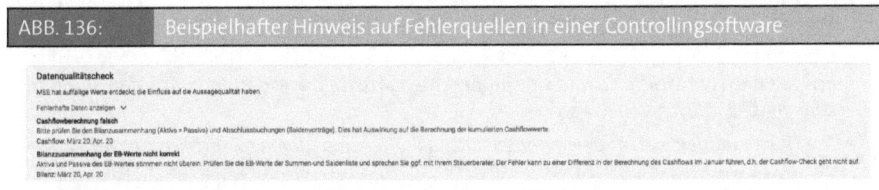

Aus all diesen Gründen sind die unterjährigen Betrachtungen der Kennzahlen weniger robust als die Betrachtungen zum Jahresabschluss. Dennoch können sie eine gute Aussagequalität haben und auf Risiken hinweisen, die sonst erst viel später im Jahresabschluss deutlich geworden wären. Das Frühwarnsystem ersetzt jedoch keinesfalls die saubere Auseinandersetzung mit dem Jahresabschluss.

5.7 Integration ins Reporting

Alfred Mälzers und seine Tochter überlegen, wie sie das Frühwarnsystem in ihr bestehendes Reporting integrieren können. Marlene identifiziert eine erste Hürde: „Wir haben viele Kennzahlen identifiziert, die wir auf unterschiedlichen Ebenen untersuchen. Wenn wir bei jeder Kennzahl mit dem Vorjahr, dem Budget und unserem Forecast vergleichen wollen, sind sehr viele Berechnungen nötig. Das macht eine manuelle Analyse zeitaufwendig und fehleranfällig. Es ist also prädestiniert für eine Automatisierung."

Eine Automatisierung erfolgt in drei Schritten.

▶ Erstellung der Kennzahlen, inkl. Dokumentation in Form eines Kennzahlenhandbuchs.

▶ Monatliche Aktualisierung der IST-Daten und Anpassung des Forecasts.

▶ Bewertung der Kennzahlen nach dem oben vorgestellten Schema.

Erfahrungsgemäß kann der Aktualisierungsaufwand für die vorgestellten Systeme stark reduziert werden – abhängig von den nötigen Anpassungen im Forecast. Das macht auch deutlich, wie hoch der Anteil an automatisierbaren Tätigkeiten bei der Erstellung von Reportings ist.

Alfred Mälzers freut sich über die hohen Automatisierungsmöglichkeiten, hat jedoch eine Sorge: „Wie stellen wir diese vielen Kennzahlen übersichtlich dar? Ich habe Sorge, dass die Anzahl an Kennzahlen überfordert, gerade in einem schnellen monatlichen Bericht. Wir können sie auch nicht in unser Cockpit integrieren."

Ein Vorschlag für eine Visualisierung ist, dass zunächst die vier Bereiche mit den Noten dargestellt werden.

ABB. 137: Beispielhafte Darstellung von vier Kennzahlenbereichen

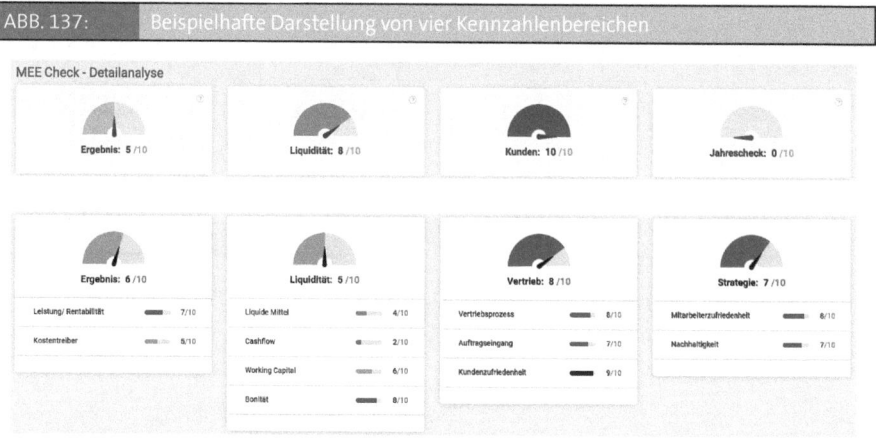

Die Noten sind entsprechend einem an die Ampelfarben angelehnten Farbschema einge-
färbt. Auf diese Weise fallen kritische Kennzahlen sofort auf und der Berichtsempfänger
wird geführt. Als nächste Detailstufe werden die Kategorien genannt, in diesem Fall
„Leistung/Rentabilität" und „Kostentreiber".

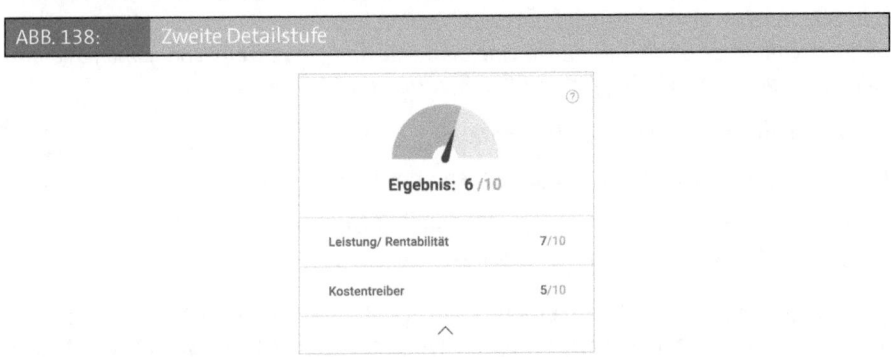

ABB. 138: Zweite Detailstufe

Die Nutzerführung mittels des Farbschemas und der Note wird beibehalten. Im nächsten
Schritt wird der Detailgrad erhöht. Es werden folgende Fragen beantwortet:

► Wie wird die Kennzahl bewertet?

► Wie ist der Wert der Kennzahl?

► Wie setzt sich die Bewertung zusammen?

► Wie erklärt sich die Benotung (textliche Erklärung)?

► Gibt es Maßnahmenvorschläge?

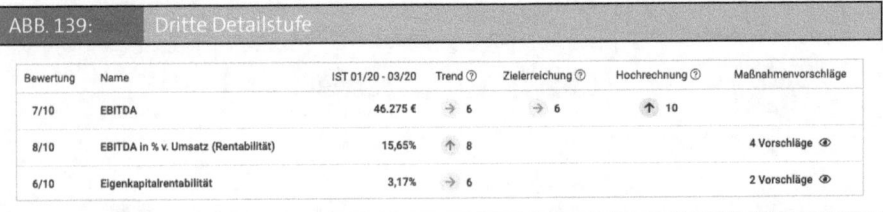

ABB. 139: Dritte Detailstufe

Bewertung	Name	IST 01/20 - 03/20	Trend ⑦	Zielerreichung ⑦	Hochrechnung ⑦	Maßnahmenvorschläge
7/10	EBITDA	46.275 €	→ 6	→ 6	↑ 10	
8/10	EBITDA in % v. Umsatz (Rentabilität)	15,65%	↑ 8			4 Vorschläge ⊕
6/10	Eigenkapitalrentabilität	3,17%	→ 6			2 Vorschläge ⊕

Auf diese Art wird der Detailgrad schrittweise erhöht und die detaillierten Informationen
werden erst bereitgestellt, wenn sie benötigt werden

Es könnte noch eine nächste Stufe an Detailinformationen ergänzt werden, die weitere Fragen beantwortet:

► Was sagt die Kennzahl aus?

► Was waren Plan- und Vorjahreswerte?

► Wie hat sich der IST-Wert im Vergleich zu diesen entwickelt?

► Wie wird die Kennzahl berechnet?

► Was sind die Gründe für die Abweichungen (Kommentierung)?

► Was sind mögliche Maßnahmen?

► Was sind verabschiedete Maßnahmen?

5.8 Typische Fallstricke

► **Ergebnisse werden nicht richtig interpretiert:** Bei der Auswahl der Methoden ist darauf zu achten, dass diese im Unternehmen gut verstanden werden.

► **Die Umsetzung ist umständlich und fehleranfällig:** Insbesondere bei reinen Excellösungen ist auf eine adäquate Methodenauswahl und eine gute Datenqualität mittels Checks zu achten.

► **Die Darstellung ist unübersichtlich:** Analog zu Reporting ist auf eine empfängerorientierte Darstellung zu achten, um ein gutes Verständnis zu ermöglichen.

► **Fehlende Umsetzungsorientierung:** Ein Ausschlagen des Frühwarnsystems sollte zu einer Auseinandersetzung mit der betroffenen Kennzahl führen, da das Frühwarnsystem sonst keinen Wert hat. Dazu sollten die Mehrwerte im Unternehmen kommuniziert werden.

► **Fehlendes Risikobewusstsein:** Unternehmensindividuelle Frühwarnindikatoren und zentrale Risiken sollten bei der Konzeption hinreichend berücksichtigt werden. Dazu hilft es, sich regelmäßig die Frage zu stellen, welche Risiken das Unternehmen betreffen.

► **Fehlende Zielausrichtung:** Die Unternehmensziele und das Budget sollten gut dokumentiert sein, um sie in das Frühwarnsystem integrieren zu können.

6. Mitarbeiterzufriedenheit

Alfred und Marlene Mälzers haben gerade ein Frühwarnsystem für ihre Brauerei eingeführt. Die Mitarbeiterzufriedenheit als wichtiger Baustein fehlt ihnen jedoch noch.

Alfred fragt: „Nun haben wir das Thema ‚Mitarbeiterzufriedenheit' immer wieder angeschnitten, doch wie integrieren wird diese in unser Frühwarnsystem? Mein Anspruch war immer, zufriedene Mitarbeiter zu haben. Dass unzufriedene Mitarbeiter weniger engagiert sind und schneller den Arbeitsplatz wechseln, ist klar. Auch glaube ich, dass ein nachhaltig wirtschaftendes Unternehmen nur mit zufriedenen Mitarbeitern funktioniert. Aber wie misst man Zufriedenheit?"

„Ich dachte, wir fangen vielleicht ganz einfach mit einem kurzen Fragebogen an", antwortet Marlene, „so zwingen wir uns zu einer regelmäßigen und bewussten Auseinandersetzung mit den Ergebnissen. Diesen können wir um Kennzahlen ergänzen, so dass wir gesetzte Maßnahmen gut nachverfolgen können." Alfred Mälzers wirkt nicht sehr begeistert von diesem Vorschlag. „Ich spreche doch regelmäßig mit meinen Mitarbeitern", sagt er. „Wenn irgendwo der Schuh drückt, bekomme ich das sofort mit. Außerdem führe ich doch mit jedem regelmäßig ein Personalgespräch."

Marlene seufzt: „Ich hatte befürchtet, dass du so reagieren würdest. Deshalb habe ich im Internet recherchiert und mich dazu informiert, warum Mitarbeiterzufriedenheit nicht durch jährliche Personalgespräche abgedeckt ist und warum viele Mitarbeiter in persönlichen Gesprächen nicht die Wahrheit sagen. Leider ist es so, dass Mitarbeiter in Gesprächen oft nur die Position spiegeln, die von ihnen erwartet wird. Offenes ehrliches Feedback ist ein Zeichen guter Arbeitsatmosphäre; gerade Mitarbeiter, die innerlich gekündigt haben, bringen das nicht auf." Sie schaut ihren Vater an, der immer noch nicht überzeugt wirkt: „Außerdem habe ich gelesen, dass viele Chefs von den Ergebnissen einer Mitarbeiterbefragung überrascht sind. Es ist wie beim Autofahren. Da glauben auch mehr als die Hälfte aller Autofahrer, dass sie besser fahren als der Durchschnitt."

6.1 Was ist Mitarbeiterzufriedenheit?

Im Rahmen des Buches haben wir die Bedeutung nicht-finanzieller Kennzahlen für die Unternehmenssteuerung wiederholt ausgeführt. Ein wesentlicher Faktor für den Unternehmenserfolg sind die Mitarbeiter.

Die Zufriedenheit der Mitarbeiter überträgt sich eins zu eins auf ihre Leistung. In der aktuellen Forschung wird auch ein direkter Zusammenhang zwischen Mitarbeiterzufriedenheit und Kundenzufriedenheit vermutet. Daher können kleine Veränderungen für die

Beschäftigten einen hohen Einfluss auf die Arbeit der Mitarbeiter und somit auf den Erfolg eines Unternehmens haben. Aus diesem Grund liegt es nahe, Reporting und Frühwarnsystem um diese Perspektive zu erweitern. Dabei stößt man jedoch schnell auf die Schwierigkeit, gute Daten zu finden, die die Mitarbeiterzufriedenheit beschreiben. Das liegt auch an der Unschärfe des Begriffs „Mitarbeiterzufriedenheit".

In der Wissenschaft konkurrieren zahlreiche Theorien darum, was „Zufriedenheit" genau bedeutet und wodurch Zufriedenheit positiv oder negativ beeinflusst wird. Klar ist aber, dass alle Menschen **unterschiedliche Bedürfnisse, Erwartungen, Talente, Neigungen, Aversionen ... und Einstellungen** haben. Daher unterscheidet sich auch von Person zu Person, was (Un-)Zufriedenheit auslöst und was nicht. Es kann also durchaus sein, dass bestimmte Dinge auf einige Personen negativ wirken, die auf andere gar keinen oder sogar einen positiven Einfluss haben. Zufriedenheit ist daher ein **stark subjektiver** Wert, der sich nicht leicht in objektive Daten übertragen lässt. Denn Zufriedenheit hängt nicht nur mit dem individuellen Anspruchsmaßstab zusammen, sondern unterliegt auch in besonderem Maße situativen Einflüssen. Gerade komplexe Konfliktlagen lassen sich aus diesem Grund oft nur mit **professioneller externer Unterstützung** lösen.

Aus diesem Grund beschränken wir uns in diesem Kapitel auf die Mitarbeiterzufriedenheit als Frühwarnindikator für den Unternehmenserfolg und sparen andere ebenfalls beachtenswerte Perspektiven auf das Thema aus.

In den Mittelpunkt rücken wir die Frage, wie man die Mitarbeiterzufriedenheit messen kann. Dazu stellen wir zwei Konzepte vor: Eine **kennzahlbasierte Methode** und die Möglichkeit der **strukturierten Mitarbeiterbefragung**.

Wir fassen Mitarbeiterzufriedenheit vor allem als **Frühwarnindikator** für den wirtschaftlichen Erfolg des Unternehmens auf. Eine wichtige Frage dieses Kapitels ist daher auch, wie man auf Basis der ermittelten Mitarbeiterzufriedenheit **frühzeitig Maßnahmen einleiten** kann. Dadurch ist die Mitarbeiterzufriedenheit ein wichtiger Bestandteil eines **zukunftsorientierten und maßnahmengesteuerten Controllings**.

6.2 Was sind die Mehrwerte?

Da die systematische Erhebung der Mitarbeiterzufriedenheit noch nicht so verbreitet ist, ist es wichtig, sich der Mehrwerte bewusst zu werden.

6.2.1 Risikominimierung

BEISPIELE *Die Mitarbeiter der Buchhaltung sind mit der Pflege der Finanzdaten im neuen Controlling-Tool überfordert. Dieses wird als kompliziert und die Pflege als unnötig empfunden. Eine Schulung, in der die Mehrwerte deutlich und die Funktionsweise des Tools erklärt werden, könnte eine einfache Gegenmaßnahme sein. Diese wird von der Geschäftsführung jedoch nicht angeboten, da das Problem im Unternehmen nicht bekannt ist. Deshalb entsteht Unzufriedenheit in der Buchhaltung, die zu vermehrten Fehleinträgen und fehlendem Mitdenken in Richtung Verbesserung führt. Dies mindert die Datenqualität und damit den Mehrwert des neuen Controlling-Tools.*

Die Mitarbeiterzufriedenheit bringt alle Vorteile mit sich, die wir schon von anderen Frühwarnindikatoren wie dem Vertriebsprozess kennen. Die Möglichkeit, frühzeitig auf Entwicklungen zu reagieren, hilft, bessere Entscheidungen zu treffen, und kann schlussendlich Risiken dadurch minimieren, dass diese frühzeitig erkannt werden.

6.2.2 Gemeinsames Gestalten

Vor kurzem konnte die Brauerei Mälzers durch die Neuanschaffung schärferer Messer für die Mitarbeiter in der Produktion die Zufriedenheit steigern, da sich so die angelieferten Säcke leichter aufschneiden ließen. Zusätzlich konnte durch diese Maßnahme mit sehr geringem Aufwand die Produktion beschleunigt werden.

Dieses Beispiel zeigt, dass Maßnahmen mit der Zielsetzung, die Mitarbeiterzufriedenheit zu steigern, ein **gutes Kosten-Nutzen-Verhältnis** haben. Auch kann es helfen aufzudecken, wo der Informationsfluss und damit der Wissenstransfer möglicherweise hakt und Synergien nicht genutzt werden.

6.2.3 Attraktive Jobs schaffen

Die Brauerei Mälzers ist in der Region für ihr Engagement bei regionalen Sportvereinen bekannt. Für die Mitarbeiter und ihre Familien bedeutet dies, dass sie manchmal kostenfreie oder vergünstigte Tickets für diese Veranstaltungen erhalten können. Neben dem fairen Gehalt ist dies ein wichtiger Faktor dafür, dass die Brauerei als guter Arbeitgeber wahrgenommen wird.

In Zeiten des Fachkräftemangels, in denen Unternehmen um die besten Mitarbeiter buhlen müssen, hat die Mitarbeiterzufriedenheit noch einen weiteren Effekt. Die Höhe des Gehalts ist zwar nach wie vor ein wichtiger Faktor, wenn Arbeitnehmer sich für oder gegen eine Anstellung entscheiden, andere Faktoren wie die **Work-Life-Balance** oder die nicht-finanziellen Angebote innerhalb eines Unternehmens sind mittlerweile ebenso wichtige Faktoren, um als attraktiver Arbeitgeber zu gelten.

6.3 Was zeichnet einen guten Umgang mit dem Thema aus?

Da die Mitarbeiterzufriedenheit von besonderer Sensibilität ist, gilt es, einige wichtige Faktoren für einen erfolgreichen Umgang mit dem Thema zu beachten.

6.3.1 Bewusstsein für Erwartungen

Sobald die Mitarbeiterzufriedenheit einen höheren Stellenwert im Unternehmen erlangt, sendet dies ein positives Signal an die Belegschaft. Allerdings bringt diese auch eine höhere Erwartungshaltung der Mitarbeiter gegenüber ihren Vorgesetzten mit sich, die Vorschläge umzusetzen. Eine gute Kommunikation ist in diesem Kontext entsprechend wichtig.

6.3.2 Ehrliches Interesse

Die Mitarbeiterzufriedenheit sollte nicht nur pro forma gemessen werden. Nur wenn ein ehrliches Interesse vorliegt und dieses Teil der Unternehmenskultur ist, können die Mehrwerte der Betrachtung der Mitarbeiterzufriedenheit fruchtbar gemacht werden.

6.3.3 Proaktivität

Es ist schwierig, Unzufriedenheit in Zufriedenheit umzuwandeln. Aus diesem Grund sollten Maßnahmen proaktiv gesetzt werden. So kann eine potenzielle Unzufriedenheit bereits im Keim unterdrückt werden. Außerdem sind frühzeitig gesetzte Maßnahmen oft kostengünstiger und weniger aufwendig.

6.3.4 Kontinuierliche Verbesserung

Es genügt nicht, die Mitarbeiterzufriedenheit bloß zu quantifizieren. Genau wie in anderen Bereichen sollte auch hier der Fokus auf möglichen (Gegen-)Maßnahmen liegen. Allerdings ist es oft schwierig, passgenaue Maßnahmen zu finden, wodurch der Maßnahmenfokus mit höherem Aufwand verbunden ist als teilweise bei der Betrachtung der Finanzkennzahlen. Da oft nur indirekte Kausalitäten betrachtet werden, ist eine gute Nachverfolgung der gesetzten Maßnahmen im Kontext der Mitarbeiterzufriedenheit von besonderer Bedeutung.

6.4 Mitarbeiterzufriedenheit mittels Kennzahlen

Hat ein Unternehmen bisher keinerlei Analyse im Bereich der Mitarbeiterzufriedenheit durchgeführt, so können die folgenden Kennzahlen ein erster Ansatz sein. Bei der Interpretation der Kennzahlen zur Mitarbeiterzufriedenheit kommt es stark auf den Kontext an. Der Krankenstand in einer Kita ist wahrscheinlich höher als in einem Büro.

Viele Unternehmen erheben die folgenden Kennzahlen bereits, interpretieren sie aber nicht im Zusammenhang der Mitarbeiterzufriedenheit.

6.4.1 Beispielhafte Kennzahlen in der Übersicht

Es gibt verschiedenste Kennzahlen, die zur Messung der Mitarbeiterzufriedenheit genutzt werden können. Welche Kennzahlen geeignet sind, hängt stark vom konkreten Unternehmen ab. Beispielsweise ist die Frage nach der Anzahl der Arbeitsunfälle vor allem für produzierende Unternehmen relevant und nicht für Beratungsunternehmen. Auch der Aufwand, der nötig ist, um eine Kennzahl zu erheben, sollte berücksichtigt werden. Gerade zu Beginn genügt es, sich auf solche Kennzahlen zu konzentrieren, die schnell und unkompliziert erhoben werden können.

Wir wollen uns einige Beispiele für Kennzahlen ansehen, die bereits von vielen Unternehmen genutzt werden und sich in der Praxis bewähren konnten.

KENNZAHL

Krankheitsquote:
Unter der Krankheitsquote versteht man die **durchschnittliche Anzahl an Krankheitstagen pro Mitarbeiter** gemessen an den letzten zwölf Monaten.

$$\frac{\text{Anzahl der Krankheitstage in den letzten zwölf Monaten}}{\text{Anzahl der Arbeitstage}}$$

Diese Kennzahl kann sowohl auf Gesamtunternehmensebene als auch auf Abteilungs- oder Bereichsebene erhoben werden. Die Einheit der Kennzahl sind **Tage** und die Krankheitsquote sollte **möglichst niedrig und mindestens konstant** gehalten werden. Teilweise werden „Dauerkranke" oder „Eltern-Kind-Kranke" nicht berücksichtigt.

Eine hohe Krankheitsquote kann darauf hindeuten, dass die **Motivation der Mitarbeiter** niedrig ist. Schließlich bleibt ein Mitarbeiter, der innerlich gekündigt hat, schneller zu Hause als ein Mitarbeiter, der mit Freude in seinen Arbeitstag geht. Die Krankheitsquote ist allerdings ein Instrument, mit dem sie **sensibel umgehen** sollten. In den meisten Fällen sind Mitarbeiter einfach krank. Bei der Interpretation dieser Kennzahl muss darauf geachtet werden, keine Kultur des Misstrauens zu erzeugen. Insbesondere eine Vorverurteilung von Mitarbeitern, die ein schwächeres Immunsystem, chronische Krankheiten oder Kinder, die oft krank sind, haben, muss in jedem Fall vermieden werden. Methoden wie **Bonuszahlungen** an eine geringe Zahl von Krankheitstagen zu knüpfen, kann zu einem angespannten Betriebsklima führen, aber auch dabei helfen, die Krankheitsquote zu senken und leistungsstarke Mitarbeiter stärker wertzuschätzen. Der Druck, trotz Krankheit zur Arbeit gehen zu sollen – in der Fachsprache **Präsentismus** genannt –, ist außerdem auf keinen Fall förderlich für die Zufriedenheit der Mitarbeiter und sogar schädlich für die Gesundheit der Mitarbeiter und das Unternehmen, denn kranke Mitarbeiter können weniger leisten als gesunde.

KENNZAHL

Ø Unternehmenszugehörigkeit:
Unter diesem Maß für Personalfluktuation versteht man die **durchschnittliche Zeit, die ein Mitarbeiter im Unternehmen ist.**

$$\frac{\text{Gesamte Unternehmenszugehörigkeit aller Mitarbeiter}}{\text{Anzahl der Mitarbeiter}}$$

Diese Kennzahl kann sowohl auf Gesamtunternehmensebene als auch auf Abteilungs- oder Bereichsebene erhoben werden. Die Einheit der Kennzahl sind im Regelfall **Monate.** Eine allgemeine Zielsetzung für die Kennzahl Unternehmenszugehörigkeit lässt sich nicht angeben, da diese stark von der Aufstellung des Unternehmens abhängt und sich je nach Branche unterscheidet. Im Interesse des Wissenserhalts ist ein **möglichst hoher Wert** erstrebenswert, wobei beachtet werden muss, dass neue Mitarbeiter das Unternehmen durch frische Ideen bereichern.

Kündigen viele Mitarbeiter nach einer kurzen Beschäftigungszeit im Unternehmen, ist dies ein Hinweis darauf, dass die Mitarbeiterzufriedenheit niedrig ist und auf diesem Feld nachgebessert werden muss. Da diese Kennzahl vor allem in kleinen Unternehmen, bei denen der Durchschnitt nur über eine geringe Grundgesamtheit von Mitarbeitern gebildet wird, sehr starken Schwankungen unterliegt, ist eine direkte Interpretation nicht leicht. Geht beispielsweise ein Arbeitnehmer in Rente, der sein ganzes Arbeitsleben im Unternehmen angestellt war, fällt die durchschnittliche Unternehmenszugehörigkeit, obwohl sich im Unternehmen sonst nichts verändert hat.

KENNZAHL

Kündigungsrate:
Unter der Kündigungsrate versteht man die **Anzahl der (durch den Mitarbeiter veranlassten) Kündigungen pro Mitarbeiter** innerhalb der letzten zwölf Monate.

$$\frac{\text{Anzahl der Kündigungen in den letzten zwölf Monaten}}{\text{Anzahl der Mitarbeiter}}$$

Diese Kennzahl kann ebenfalls auf Gesamtunternehmensebene sowie auf Abteilungs- oder Bereichsebene erfasst werden. Die Einheit der Kennzahl Kündigungsrate ist **%** und sie sollte **nicht zu groß** werden.

In gewisser Hinsicht erhält man durch Betrachtung der Kündigungsrate die **Wahrscheinlichkeit, dass ein Mitarbeiter kündigt**. Diese Kennzahl ist ein wichtiger Indikator für die Mitarbeiterzufriedenheit und eng mit der Kennzahl Unternehmenszugehörigkeit verknüpft. Bei der Interpretation der Kennzahl sollte bedacht werden, dass Kündigungen entweder durch das Fehlen von **Pull-Faktoren,** wie gutes Gehalt, ausreichende Urlaubstage etc., oder durch **Push-Faktoren**, wie zu hohe Arbeitsbelastung oder Konflikte mit den Kollegen, verursacht werden können.

KENNZAHL

Fluktuation:
Unter der Fluktuation versteht man das Verhältnis von Abgängen zur Gesamtzahl der Mitarbeiter innerhalb eines fixierten Zeitraums (i. d. R. die letzten zwölf Monate), wobei Renteneintritte herauszurechnen sind.

$$\frac{\text{Anzahl der Abgänge in den letzten zwölf Monaten}}{\text{Anzahl der Mitarbeiter}}$$

Auch diese Kennzahl kann auf Gesamtunternehmensebene sowie auf Abteilungs- oder Bereichsebene erfasst werden. Die Einheit der Kennzahl Fluktuation ist **%** und sie **sollte nicht steigen**.

Analog zur Kündigungsrate ist ein hoher Wert dieser Kennzahl ein **Indikator für eine niedrige Mitarbeiterzufriedenheit** (zumindest unter den Mitarbeitern, die das Unternehmen verlassen haben). Eine niedrige Fluktuation ist auch deshalb wünschenswert, da so Knowhow im Unternehmen bleibt und Mitarbeiter mit langer Betriebszugehörigkeit produktiver und selbständiger arbeiten können. Ein häufiger Fehler in der Interpretation dieser Kennzahl liegt in der Annahme, dass eine niedrige Fluktuation auf eine hohe Mitarbeiterzufriedenheit hindeutet. Dieser Schluss ist allerdings nur sehr begrenzt möglich, denn ein aktiver Wechsel des Arbeitsplatzes setzt nicht nur eine sehr hohe Eigenmotivation des Mitarbeiters voraus, sondern auch eine Arbeitsmarktsituation, in der ein Wechsel überhaupt möglich ist. Unzufriedene Mitarbeiter, die im Unternehmen bleiben, schlagen sich jedoch nicht in der Kennzahl Fluktuation nieder.

KENNZAHL

Lohnentwicklung:
Die Lohnentwicklung beschreibt den prozentualen An- oder Abstieg des durchschnittlich im Unternehmen gezahlten Lohns (inklusive Sonderleistungen wie Urlaubs- oder Weihnachtsgeld) zum Durchschnittslohn im Vorjahr.

$$\frac{\text{Durchschnittlicher Stundenlohn}}{\text{Durchschnittlicher Stundenlohn Vorjahr}}$$

Die Kennzahl zur Lohnentwicklung wird i. d. R. einmal im Jahr erhoben und gibt einen Prozentwert an.

Die Kennzahl „Lohnentwicklung" entspricht dem **naiven Trend der Lohnkosten**. Um eine Verzerrung zu vermeiden, werden Spitzenlöhne i. d. R. aus dem Durchschnitt herausgerechnet. Eine weitere Möglichkeit, der Verzerrung entgegenzuwirken, ist die Betrachtung des Medians anstelle des Mittelwerts. Besonders genaue Ergebnisse bekommt man, wenn man die Lohnentwicklung auch nach einzelnen Beschäftigungsgruppen innerhalb des Unternehmens aufschlüsselt. Die Kennzahl „Lohnentwicklung" liefert zwar keinen direkten Schluss auf die Mitarbeiterzufriedenheit, ist dafür **aber sehr leicht zu erheben** und kann bei der Interpretation einer Mitarbeiterbefragung und **Ursachensuche für Unzufriedenheit** eine wichtige Hilfe sein. Diese Kennzahl eignet sich außerdem besonders für eine Beurteilung mittels Benchmarkings, wie wir es gleich genauer kennenlernen.

KENNZAHL

Bewerber pro Stellenausschreibung:

Anzahl der Bewerber auf die Stellenausschreibung

Diese Kennzahl sollte **für jede Stellenausschreibung separat** betrachtet werden und gibt die absolute Anzahl an Bewerbern auf die ausgeschriebene Stelle an. Die Zielsetzung ist im Regelfall, möglichst viele Bewerber zu haben.

Diese Kennzahl „Bewerber pro Stellenanzeige" ermöglicht keinen direkten Schluss auf die Zufriedenheit der Mitarbeiter. Sie kann bestenfalls Rückschlüsse auf die Außenwahrnehmung des Unternehmens und die Attraktivität ausgeschriebener Stellen liefern. Allerdings wird diese Kennzahl stark durch Faktoren wie die **aktuelle Situation am Arbeitsmarkt, die Qualität der Ausschreibung, die Art der Veröffentlichung, die Konkurrenz in dem Bereich oder die fachlichen Anforderungen an die Bewerber** verzerrt. Um überhaupt eine Interpretierbarkeit zu erlangen, ist hier vor allem die Entwicklung der Anzahl der Bewerbungen in regelmäßig wiederkehrenden Ausschreibungen (beispielsweise jährlichen Ausbildungsprogrammen) zu betrachten. Diese Kennzahl misst auch indirekt, ob die Mitarbeiter das Unternehmen weiterempfehlen würden. Diese **Weiterempfehlungsquote**, die man beispielsweise aus dem Kontext von Produkten kennt, ist ein wichtiger Indikator für Zufriedenheit.

Eine ergänzende Möglichkeit ist die Erfassung der **„Inanspruchnahme von Angeboten"**. Unter dem allgemeinen Begriff „Angebote" wird alles zusammengefasst, was über die eigentliche Arbeit hinausgeht. Beispiele hierfür sind sowohl **Weiterbildungsangebote, Feiern**, wie die Weihnachtsfeier und das Sommerfest, als auch das zentral organisierte, wöchentliche Firmenfußballspiel, **Betriebssport, Getränke und Obst in den Pausen, Kinderbetreuung, Stammtischveranstaltungen, Vorträge zu aktuellen Themen**. Diese Kennzahl kann insoweit ein Indiz für die Mitarbeiterzufriedenheit bilden, da unzufriedene Mitarbeiter solche Angebote im Regelfall nicht nutzen. Ein wichtiger Nebeneffekt bei der

Erhebung dieser Kennzahl ist, dass man sich **bewusst einen Überblick über die verschiedenen Angebote schafft**. Werden Beschwerden, beispielsweise in einem unternehmensweiten „Kummerkasten", strukturiert erhoben, so ist es sinnvoll, ihre **absolute Anzahl** als Kennzahl aufzunehmen. Diese Kennzahl kann jedoch nur schwer quantitativ beurteilt werden. Eine hohe Anzahl von Beschwerden kann zwar darauf hindeuten, dass Probleme im Unternehmen vorliegen. Gleichzeitig zeigt eine hohe Anzahl von Beschwerden aber auch, dass die Mitarbeiter an konstruktiven Lösungen interessiert sind und ein vertrauensvolles Klima vorherrscht, in dem Kritik überhaupt geäußert werden kann. Andersherum kann eine niedrige Anzahl von Beschwerden sowohl Ausdruck von Zufriedenheit sein als auch auf ein Klima hindeuten, in dem Veränderungen als nicht erreichbar wahrgenommen werden. Daher ist diese Kennzahl nur **mit äußerster Vorsicht zu interpretieren**. Hier empfiehlt sich eine qualitative Untersuchung, bei der man sich anschaut, welche Art von Beschwerden überhaupt vorgetragen werden und wie diesen individuell begegnet worden ist. Die Kennzahl Beschwerden kann einen wichtigen Schritt zu dieser **bewussten Auseinandersetzung** beitragen.

6.4.2 Wie können die Kennzahlen beurteilt werden?

Im Kapitel „Frühwarnsysteme" haben wir zahlreiche Möglichkeiten kennengelernt, Kennzahlen zu interpretieren. Diese lassen sich jedoch nicht eins zu eins auf die Mitarbeiterzufriedenheit übertragen. Nicht immer existieren Zielsetzungen. Zum anderen sind die Kennzahlen zur Mitarbeiterzufriedenheit aus sensibleren Daten gebildet und haben einen starken Schlaglichtcharakter. Es ist deshalb sinnvoll, sich genau zu überlegen, wie man die erhobenen Kennzahlen interpretieren und nachverfolgen kann.

Die größte Schwierigkeit bei der Interpretation der vorgestellten Kennzahlen ist, eine gute Relationsgröße zu finden. Zwar lässt sich oft eine gute Interpretation für den Fall, dass die Kennzahl sehr hoch oder sehr niedrig ist, angeben, in der Praxis besteht jedoch die Schwierigkeit zu entscheiden, ob ein konkreter Wert hoch oder niedrig ist. Sind durchschnittlich zehn Krankheitstage im Jahr auffallend viel? Solche Fragen lassen sich meist nur über **Vergleichsgrößen**, das sog. Benchmarking, beantworten. Wie bei den Finanzkennzahlen wird zwischen dem **externen Benchmarking**, also dem Vergleich mit anderen Unternehmen, und dem **internen Benchmarking**, also dem unternehmensinternen Vergleich, unterschieden.

Beim **externen Benchmarking** wird eine Kennzahl mit Kennzahlwerten **vergleichbarer Unternehmen** verglichen und so in Relation zum eigenen Unternehmen gesetzt.

Das externe Benchmarking bringt allerdings eine Vielzahl von **Problemen** mit sich. Oft ist es schwierig, Daten zu finden, deren Kontext dem eigenen Unternehmen so nahekommt, dass eine gute Interpretation möglich ist. Es ist nämlich unbedingt notwendig, dass methodisch die identischen Kennzahlen erhoben werden. Eine Hürde kann hier beispielsweise die unterschiedliche Anzahl und Verteilung von Feiertagen in verschiedenen Regionen sein. Außerdem ist der Kontext entscheidend. Die Anzahl der Krankheitstage unterscheidet sich beispielsweise stark von Gewerbe zu Gewerbe. Ein weiteres Beispiel für diese Abhängigkeit von der Branche ist bei der Kennzahl Fluktuation zu finden. Während für Beratungsunternehmen eine gewisse Fluktuation erstrebenswert ist, streben produzierende Unternehmen meistens eine möglichst geringe Fluktuation an, um einen Abfluss ihrer Expertise zu vermeiden. Es ist daher nicht immer leicht, eine gute Vergleichbarkeit zwischen den Zahlen herzustellen.

Eine häufig bessere Methode ist das **interne Benchmarking**. Dabei wird der Wert einer Kennzahl mit unternehmensinternen Benchmarks verglichen. Ein Vergleich kann beispielsweise **zwischen einzelnen Abteilungen oder Standorten** stattfinden. Die Vorteile liegen auf der Hand: Man kann sichergehen, dass die Erhebung der Kennzahlen identisch abläuft, und kennt den Kontext genau. Diese Methode ist außerdem **weniger zeitaufwendig** und **kostengünstiger** als das externe Benchmarking. Man muss allerdings auch hier einige Dinge beachten. Zum einen muss ein interner Wettlauf um die besten Werte vermieden werden, da diese Konkurrenz ein Zusammenarbeiten der verschiedenen Standorte und Abteilungen stark erschwert. Außerdem gibt es auch innerhalb eines Unternehmens verschiedene Kontexte, die bedacht werden müssen. Der Krankenstand in den Büros ist wohl immer niedriger als der bei den produzierenden Mitarbeitern.

Eine weitere Möglichkeit, die jedoch nicht für alle Kennzahlen durchführbar ist, ist das Benchmarking im **zeitlichen Verlauf**. Erhebt man die gleichen Kennzahlen regelmäßig, so kann der zeitliche Verlauf analysiert werden. Anstelle der Ereignisse „Der Wert der Kennzahl ist hoch" oder „Der Wert der Kennzahl ist niedrig" rücken dann die Ereignisse „Der Wert der Kennzahl ist gestiegen" und „Der Wert der Kennzahl ist gefallen". Dies ist die effizienteste Methode, da das Kontextthema so in den Hintergrund rückt und Maßnahmen nachverfolgt werden können. So werden positive Veränderungen auch als solche wahrnehmbar, da sie sich im zeitlichen Verlauf der Kennzahlen widerspiegeln. Außerdem können Verschlechterungen des Zustands frühzeitiger erkannt werden, wodurch ein schnelleres Gegensteuern ermöglicht wird. Die Verfahren aus dem Kapitel im Frühwarnsystem zum Vorjahresvergleich und Trend können in dieser Situation analog angewandt werden. Diese Vorteile sind nicht durch andere Formen des Benchmarkings zu erreichen.

6.4.3 Integration der Kennzahlen ins Reporting

Aktuell wird die Mitarbeiterzufriedenheit in der Brauerei Mälzers noch nicht strukturiert analysiert. Marlene möchte daher einige einfache Kennzahlen in das Reporting aufnehmen.

Sie entscheidet sich für solche Kennzahlen, die bereits erfasst werden (oder leicht erfasst werden können), wie Krankheitsquote, Fluktuation und Lohnentwicklung. Zusätzlich möchte sie die Anzahl der Bewerber auf das jährlich startende Ausbildungsprogramm aufnehmen. Neuerdings erhalten Mitarbeiter der Brauerei auf die hauseigenen Produkte einen Rabatt. Um nachzuvollziehen, wie dieses Angebot angenommen wird, soll auch das Umsatzvolumen aus dem Verkauf an die eigenen Mitarbeiter erfasst werden. Insgesamt kommt Marlene so auf fünf Kennzahlen zur Mitarbeiterzufriedenheit. Die fünf Kennzahlen werden zukünftig auf einer Seite im Reporting als Detailbericht zusammengefasst. Dadurch soll eine regelmäßige bewusste Auseinandersetzung mit ihrer Entwicklung gesichert werden.

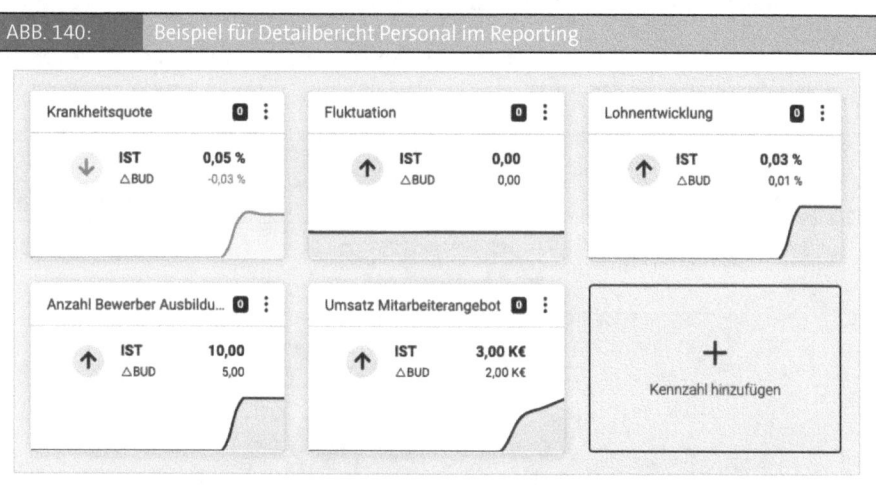

ABB. 140:   Beispiel für Detailbericht Personal im Reporting

Bei einer ersten Auseinandersetzung mit den Werten der fünf Kennzahlen gewinnt Marlene den Eindruck, dass die Krankheitsquote im Unternehmen auffallend hoch ist. Um mögliche Gründe hierfür zu erfragen, bespricht sie sich mit den Führungskräften. Ein Ergebnis dieser Gespräche ist, dass Mitarbeiter häufig krank zu Hause bleiben, weil ihre Kinder krank sind. In Absprache mit den Führungskräften erarbeitet sie daher Möglichkeiten, dass Mitarbeiter, wenn es möglich ist, auch kurzfristig im Home-Office arbeiten können. Sie protokolliert diese Maßnahme mit der Zielsetzung, die Krankheitsquote im Unternehmen zu senken, und überlegt, zukünftig Eltern-Kind-Krankentage separat zu erfassen.

Fällt nun die Kennzahl Krankheitsquote, so sieht Marlene direkt, dass die gesetzte Maßnahme erfolgreich war. Zusätzlich bittet sie die einzelnen Abteilungsleiter, die Anzahl der genutzten Home-Office-Tage pro Mitarbeiter zu protokollieren. Diese Daten sollen Grundlage werden, um die Maßnahme im Nachhinein evaluieren und über ihre Fortsetzung entscheiden zu können. Da Marlene bewusst ist, dass Home-Office auch zu einer zusätzlichen Belas-

tung für die Mitarbeiter werden kann, soll der Prozess von einer freiwilligen Fortbildung zum Thema „Zeitmanagement im Homeoffice" begleitet werden.

6.5 Die Mitarbeiterbefragung

Die Kennzahlenanalyse kann nur einen groben ersten Überblick über die Mitarbeiterzufriedenheit leisten. Eine **wichtige Ergänzung** ist das Durchführen einer Mitarbeiterbefragung. Die Mitarbeiterbefragung kann **belastbare Daten** zu Themen liefern, die von den Kennzahlen nicht erfasst werden können. Durch eine methodisch saubere Analyse können so Konfliktherde besser erkannt und eingedämmt werden.

Eine Mitarbeiterbefragung teilt sich in **drei größere Arbeitsschritte**, die wir im Folgenden detailliert durchgehen möchten.

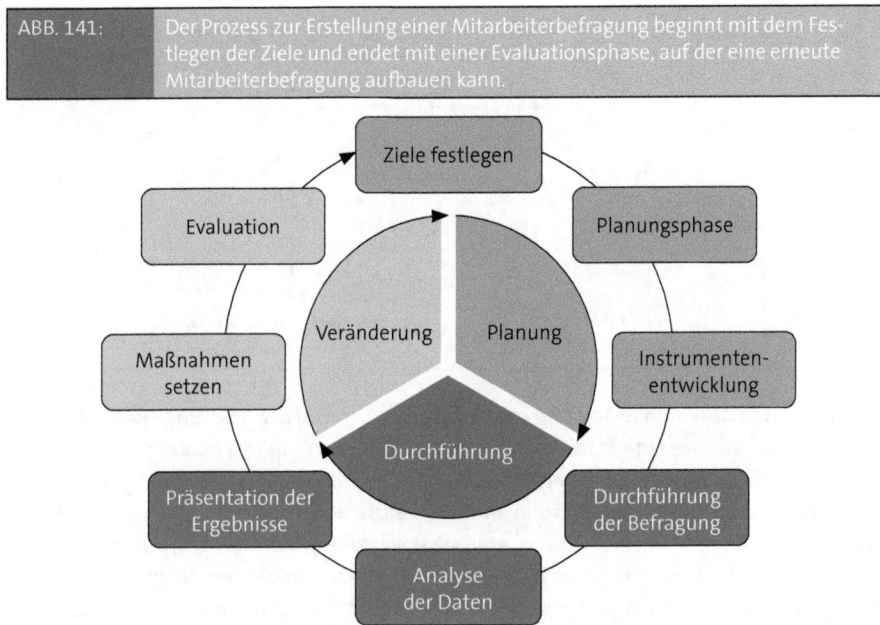

ABB. 141: Der Prozess zur Erstellung einer Mitarbeiterbefragung beginnt mit dem Festlegen der Ziele und endet mit einer Evaluationsphase, auf der eine erneute Mitarbeiterbefragung aufbauen kann.

Möchte man nur **ein grundlegendes Stimmungsbild** einholen, kann die Mitarbeiterbefragung selbständig umgesetzt werden. Für detailliertere Auswertungen oder zur gezielten Abwendung von Konflikten ist eine **externe Beratung** empfehlenswert, denn das Themenfeld Mitarbeiterzufriedenheit ist sehr sensibel und halbherzige Ansätze können leicht mehr Schaden bringen als Nutzen.

6.5.1 Ziele und Erwartungen klar formulieren

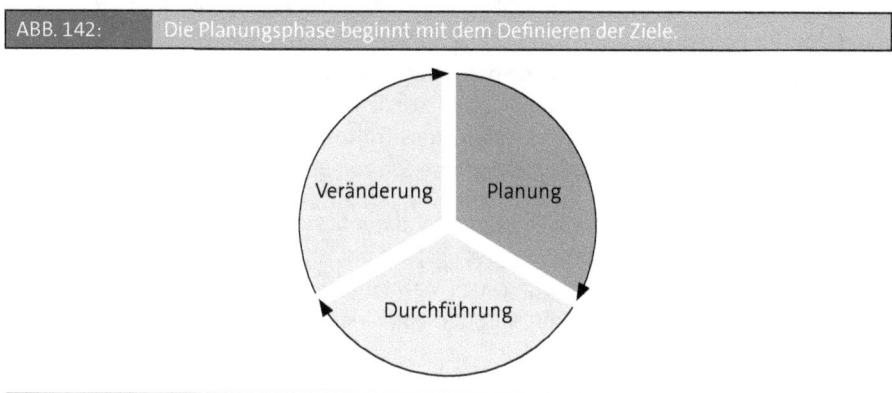

ABB. 142: Die Planungsphase beginnt mit dem Definieren der Ziele.

Für eine stringente und zielgerichtete Planung ist es notwendig, von Beginn an die Ziele und Erwartungen an den Prozess Mitarbeiterbefragung zu formulieren. Nur so können später die Instrumente, wie beispielsweise ein Fragebogen, **zielgerichtet** konzipiert werden. Das Hauptziel der Befragung sollte natürlich die Erfassung der Mitarbeiterzufriedenheit sein. Dieses Ziel kann aber je nach aktuellem Bedarf des Unternehmens enger oder weiter gefasst werden. Es ist durchaus denkbar, ein **generelles Stimmungsbild** einzuholen. Manchmal werden Mitarbeiterumfragen aber auch **zu bestimmten Anlässen** durchgeführt. Dann soll beispielsweise die Akzeptanz einer größeren Umstellung des Unternehmens innerhalb der Belegschaft getestet werden. Es ist auch möglich, die Mitarbeiterbefragung an einer konkreten Fragestellung oder einem konkreten Ziel aufzuhängen. Beispiele für solche Fragestellungen sind: „Wie kann die Anzahl der Unfallquellen im Unternehmen reduziert werden?" oder „Warum ist die Fluktuationsrate in einer bestimmten Abteilung so hoch?" Soll über die Mitarbeiterbefragung die Zufriedenheit **kontinuierlich überwacht** und über einen **zeitlichen Verlauf** ausgewertet werden, so sollte der Fragebogen über diesen Zeitraum unverändert bleiben.

Aus dieser Planung ergibt sich der Rahmen für alle weiteren Schritte. Daher dürfen diese Überlegungen auf keinen Fall auf die „leichte Schulter" genommen werden. Stellt man zu einem späteren Zeitpunkt fest, dass die Zielsetzung der Mitarbeiterbefragung sich verschoben hat, kann das dazu führen, dass alle bisherigen Schritte der Planung neu aufgerollt werden müssen. Dieser Mehraufwand lässt sich nur durch eine **sorgfältige Zieldefinition** vermeiden.

Im besten Fall wird bereits für diesen Schritt eine Arbeitsgruppe „Mitarbeiterbefragung" gegründet. Dieser sollten nach Möglichkeit Mitarbeiter aller betroffenen Bereich angehören. Auch der Betriebsrat sollte von Anfang an in die Planung eingebunden sein. Diese frühzeitige Einbindung erhöht die Akzeptanz der Befragung unter den Beschäftigten und die eingebundenen Mitarbeiter können als Multiplikatoren für die Bekanntmachung des Vorhabens dienen. Außerdem können durch das frühzeitige Einbinden der betroffenen Abteilungen abteilungsspezifische Besonderheiten von Beginn an mitbedacht werden.

Eine Mitarbeiterbefragung wird die Mitarbeiter darin bestärken, Forderungen zu stellen und Veränderungen zu erwarten. Es muss deshalb das **ehrliche Interesse** im Unternehmen vorliegen, auf Basis der Befragung auch Maßnahmen abzuleiten. Das Unternehmen sollte sich hierüber vorab im Klaren sein und von einer Mitarbeiterbefragung absehen, die nur pro forma durchgeführt wird.

Marlene ist es gelungen, ihren Vater von den Mehrwerten einer Mitarbeiterbefragung zu überzeugen. Sie vermutet aber, dass sie mit der Idee auch bei Mitarbeitern in Führungspositionen auf Widerstände stoßen wird. Daher entschließt sie sich, gleich zu Beginn ein Kick-Off-Meeting mit Vertretern aller Abteilungen zu veranstalten. Dort möchte sie den Mehrwert der Mitarbeiterbefragung deutlich machen. Damit die Mitarbeiterbefragung im Unternehmen nicht als Kontrollinstrument aufgefasst wird, wird auf dem Kick-Off-Meeting eine kleine Gruppe zur weiteren Planung und Umsetzung der Befragung beauftragt. Die Mitarbeiterbefragung soll im Unternehmen nicht „von oben" aufgesetzt werden.

Bei der Auswahl der Mitglieder in der Arbeitsgruppe wird darauf geachtet, dass diese eine gewisse Offenheit für Veränderungen mitbringen. Über diese Gruppe sollen Bedürfnisse und Bedenken der Mitarbeiterinnen direkt in die Planung der Befragung einfließen können.

6.5.2 Gute Planung von Beginn an

In der Planungsphase sollte bereits ein **vorläufiger Zeitplan** für die Mitarbeiterbefragung festgelegt werden. Insbesondere sollte geklärt sein, bis wann die Konzeptionierung der Befragung dauern soll, in welchem Zeitraum die Befragung stattfinden soll und wann Ergebnisse vorliegen sollen.

In diesem Zusammenhang stellt sich auch die Frage, welchen (zeitlichen) **Umfang** man an die Befragung anlegt. Es ist sowohl zu bedenken, dass komplexe und umfangreiche Themenfelder nicht in zehn Minuten behandelt werden können. Gleichzeitig sinkt allerdings das Verständnis (und damit beispielsweise die Rücklaufquote eines Fragebogens oder die Qualität von Interviewantworten), wenn die Befragung zu umfangreich angelegt wurde.

Zur Planungsphase gehört auch eine **Festlegung der Zielgruppe**, sollte dies bisher noch nicht geschehen sein. Welche Mitarbeiter sollen eigentlich an der Befragung teilnehmen? Auch diese Frage hängt eng mit den vorformulierten Zielen zusammen. Beispielsweise sollte eine Befragung zu Arbeitsunfällen nicht in erster Linie von den Bürokräften beantwortet werden. Ein Fehler bei der Wahl der Zielgruppe ist auch, die Befragung nur auf Abteilungsleiterebene durchzuführen. Ein solches Vorgehen verfälscht die Ergebnisse massiv.

In der Planungsphase sollte man sich außerdem für ein Instrument zur Befragung entscheiden. Es ist auch möglich, verschiedene der Instrumente zu kombinieren. Wir wollen hier kurz die vier verbreitetsten Instrumente vorstellen und auf die jeweiligen Vor- und Nachteile eingehen.

6.5.2.1 Die schriftliche Befragung

Bei der schriftlichen Befragung werden die Mitarbeiter angehalten, **Fragebögen** auszufüllen. Dies kann sowohl handschriftlich als auch digital geschehen. Ein Beispiel für einen Fragebogen und Hinweise zur Konstruktion finden sich weiter unten in diesem Kapitel.

Vorteile:

► Es kann eine hohe Anzahl von Mitarbeitern erreicht werden.

► Die Methode ist vergleichsweise kostengünstig.

► Die Daten können strukturiert ausgewertet werden.

Nachteile:

► Missverständnisse können nicht aufgeklärt werden, da es keine Möglichkeit des Nachfragens gibt.

► Die Befragung wirft nur ein Blitzlicht auf die aktuelle Situation und ist dadurch anfällig für Fehler in der Interpretation.

► Die Mitarbeiter können sich nicht ernst genommen und zu reinen Datengebern degradiert fühlen.

6.5.2.2 Einzelinterviews

Im Einzelinterviews werden die Mitarbeiter in **Einzelgesprächen** befragt. Hier können sowohl vorgefertigte Fragebögen durchgegangen als auch offene Gespräche geplant werden. Einzelinterviews werden i. d. R. von Externen durchgeführt.

Vorteile:

► Der Mitarbeiter kann Nachfragen stellen, sollten Formulierungen unklar sein.

► Der Mitarbeiter wird ernst genommen. Durch den hohen Aufwand wird deutlich, dass die Befragung einen hohen Stellenwert für das Unternehmen hat.

► Wenn Mitarbeiter neue Punkte aufwerfen, die vorab nicht bedacht wurden, kann flexibel darauf reagiert werden.

Nachteile:

► Die Methode ist mit hohem Aufwand verbunden und nur mit externer Hilfe sinnvoll durchführbar.

► Die Daten liegen unstrukturiert vor und können nur schwer ausgewertet werden.

► Die Befragung ist nur eingeschränkt anonym.

6.5.2.3 Gruppeninterviews

Bei Gruppeninterviews handelt es sich um **moderierte Gespräche zwischen Mitarbeitern.** Dieses Instrument steht i. d. R. nicht für sich und ist an dynamische Methoden gekoppelt, die auch der Lösungsfindung der angesprochenen Probleme dienen können:

Vorteile:

► Eine vertiefte Auseinandersetzung mit den aufgeworfenen Fragestellungen wird ermöglicht.

► Der Mitarbeiter kann Nachfragen stellen, sollten Formulierungen unklar sein.

► Der Mitarbeiter wird ernst genommen (s. Einzelinterviews).

► Es können mehr Mitarbeiter erreicht werden als in Einzelgesprächen.

Nachteile:

► Der Aufwand ist höher als beim einfachen Fragebogen und dieses Instrument lässt sich nicht ohne externe Beratung realisieren.

► Es besteht das Risiko, dass einzelne Mitarbeiter in der Gruppe untergehen und Gruppendynamiken den Gesprächsfluss zu stark beeinflussen.

► Die Daten können nicht strukturiert ausgewertet werden.

6.5.2.4 Workshops

In Workshops werden verschiedene Methoden kombiniert. Neben Einzel- und Gruppen-befragungen werden i. d. R. weitere bekannte agile Methoden verwendet. Workshops gehen i. d. R. über die einfache Messung der Mitarbeiterzufriedenheit hinaus und entwickeln bereits Lösungsansätze. Solche Workshops werden in jedem Fall extern betreut und stellen eine gute Möglichkeit zur vertieften Auseinandersetzung dar.

Die Projektgruppe „Mitarbeiterzufriedenheit" der Brauerei Mälzers hat sich zum Ziel gesetzt, zunächst einen allgemeinen Überblick über die Mitarbeiterzufriedenheit zu erlangen. Statt bei Details in die Tiefe zu gehen, soll das Thema möglichst weit gefasst werden. Ergeben sich aus dieser Erstanalyse Missstände, so soll auf diese konkreten Punkte in einem zweiten Schritt eingegangen werden. Marlene ist eine möglichst zeitnahe Umsetzung wichtig. Aus der Zielsetzung der Befragung ergibt sich, dass alle Mitarbeiter der Brauerei zur Zielgruppe gehören, daher entscheidet sich die Projektgruppe für einen Fragebogen als Instrument. Da das Unternehmen in der Vergangenheit sehr gute Erfahrung mit dem Nutzen von Software zur Automatisierung der Prozesse gemacht hat, soll auch bei der Mitarbeiterbefragung auf eine technische Lösung gesetzt werden. Es gibt zahlreiche Anbieter, die eine Mitarbeiterbe-fragung online durchführen. Zur Auswahl des Tools erarbeitet die Gruppe einige Punkte, die beachtet werden sollen:

► *Datensicherheit.*

► *Leichte Bedienbarkeit: Alle Mitarbeiter sollen die Befragung unkompliziert durchführen können. Mitarbeiter, die keinen Arbeitsplatz mit Computerzugang haben, können die Befragung an extra eingerichteten mobilen Laptopstationen durchführen.*

► *Übersichtliche Darstellung der Ergebnisse: Zahlreiche Tools bieten bereits grundlegende Auswertungen und grafische Aufarbeitungen an. Der Projektgruppe ist aber wichtig, auch die Rohdaten zu bekommen, um eigene Auswertungen durchführen zu können.*

► *Mehrsprachigkeit, da einige Mitarbeiter besser Englisch als Deutsch sprechen.*

Es wird auch diskutiert, ob eine externe Beratung sinnvoll ist. Aus Kostengründen entscheidet sich die Brauerei Mälzers jedoch dafür, selbst eine Befragung durchzuführen und eine externe Beratung dazuzuholen, wenn die erste allgemeine Befragung auf Missstände hindeutet.

6.5.3 Die richtigen Fragen stellen – Die Instrumentenentwicklung

Hat man sich für ein Instrument zur Mitarbeiterbefragung entschieden, so müssen die Inhalte entwickelt werden. Wir wollen uns in diesem Kapitel anschauen, was beachtet werden muss, wenn ein **Fragebogen** erstellt wird. Zur Entwicklung anderer Instrumente lassen sich nur schlecht allgemeine Aussagen treffen, da hier ein noch größeres Vorwissen nötig ist und die Konstruktion stärker von situativen Umständen abhängt.

Es gibt eine Vielzahl **standardisierter Fragebögen**, auf die zurückgegriffen werden kann. Der Vorteil ist, dass diese gut erprobt sind und sich in der Praxis bewähren konnten. Außerdem ermöglichen sie i. d. R. ein externes Benchmarking. Allerdings sollte genau darauf geachtet werden, dass ein solcher Fragebogen zur vordefinierten Zielsetzung passt. Da bei der Mitarbeiterzufriedenheit betriebsspezifische Faktoren eine große Rolle spielen, kann es sinnvoll sein, **eigene Fragebögen** zu entwickeln.

Auf Fragebögen finden sich zwei Arten von Fragen, die auch kombiniert werden können.

a) **Freitextfragen** (oder offene Fragen):
Hier kann der Mitarbeiter frei in eigenen Worten auf Fragen antworten. Ein Beispiel für eine solche Frage wäre: „Welche Verbesserungsvorschläge haben sie für ihre Abteilung?"

b) **Geschlossene Fragen:**
Die Faustregel lautet: Geschlossene Fragen werden stets durch Ankreuzen beantwortet.

Beispiele für solche Fragen sind: „Welche der folgenden Eigenschaften schätzen Sie besonders an Kollegen?" oder „Stimmen Sie den folgenden Aussagen zu?"

Oft werden beide Frageformate kombiniert. Geschlossene Fragen lassen sich besonders effizient auswerten, während Freitextfragen dem Mitarbeiter die Möglichkeit geben, seine Gedanken mitzuteilen, und so das Korsett der geschlossenen Fragen auflockern können.

Bevor die Fragen formuliert werden, sollten die zu untersuchenden **Faktoren** präzisiert werden. Ein intensives Brainstorming innerhalb der Projektgruppe „Mitarbeiterzufriedenheit" sowie eine Recherche in Fachbüchern und vorgefertigten Fragebögen ist dabei hilfreich. Beispiele hierfür können sein: Die Ausstattung am Arbeitsplatz, das Verhältnis zum Chef, das Verhältnis zu den Kollegen etc.

Nun müssen die einzelnen Fragen (in der Fachliteratur spricht man von Items) formuliert werden. Dabei sind folgende Hinweise zu beachten.

► Die Fragen müssen **klar und verständlich** formuliert sein. Es ist zu bedenken, dass die Mitarbeiter keine Nachfragen stellen können. Wichtig ist außerdem, dass die Frage eindeutig formuliert ist. Sind viele verschiedene Interpretationen denkbar, so ist bei der Auswertung nicht klar, auf welche Interpretation der Frage eine Antwort sich bezieht.

► **Doppelte Verneinungen** sollten vermieden werden. Beispielsweise sollte statt „nicht unzufrieden" einfach „zufrieden" geschrieben werden.

► **Fachwörter, Abkürzungen** und **Fremdwörter** sollten nach Möglichkeit vermieden werden.

► Mit einer Frage sollten nie **zwei Dinge gleichzeitig** abgefragt werden. Statt „Wie zufrieden sind sie mit X und Y?" sollten besser die zwei getrennten Fragen: „Wie zufrieden sind sie mit X?" und „Wie zufrieden sind Sie mit Y?" in den Fragebogen aufgenommen werden.

► **Keine Extreme** verwenden. Statt „Die Kollegen helfen sich immer gegenseitig" ist besser, wenn gefragt wird „Die Kollegen helfen sich oft gegenseitig".

► **Suggestivfragen** haben im Fragebogen nichts verloren. Eine Suggestivfrage ist eine Frage, die die gewünschte Antwort bereits vorgibt („Findest Du mein Kleid nicht auch total hübsch?"). Solche Fragen verzerren das Ergebnis.

► Es sollten nur Fragen, die von allen Befragten beantwortet werden können, gestellt werden. Mitarbeiter, die nicht am Computer arbeiten, sollten beispielsweise keine Fragen zu Software-Updates bekommen. Gerade bei einer diversen Zielgruppe kann es sinnvoll sein, verschiedene Fragebögen für verschiedene Teilgruppen vorzubereiten.

► Die Antwortmöglichkeiten dürfen sich nicht überschneiden. Bei „Wie alt sind sie? a) Zwischen 25 und 30 b) Zwischen 30 und 35 c) Älter als 35" wüsste ein 30-Jähriger nicht, was er ankreuzen sollte.

► **Mehrsprachigkeit** kann gerade in internationalen Teams ein Thema sein. Da Fragen und Formulierungen in Fragebögen ein sehr sensibles Thema ist, muss unbedingt darauf geachtet werden, dass die Übersetzungen präzise gebildet werden.

Die Reihung der Fragen ist ebenfalls von besonderer Bedeutung, da es eine Reihe von Fallstricken gibt, die es zu umgehen gilt, um ein gutes Ergebnis erhalten zu können. Verschiedene Risiken können größtenteils durch einen geschickten Aufbau des Fragebogens abgemindert werden. Ein zentraler Faktor ist Objektivität. Um diese zu gewährleisten, müssen die Fragen so ausgewählt werden, dass Antworttendenzen möglichst minimiert werden. Im Folgenden seien Phänomene dieser Art dargestellt und Lösungen angeboten.

► **Soziale Erwünschtheit:** Mitarbeiter tendieren dazu, ihren Arbeitgeber übermäßig zu loben, da sie glauben, dies werde von ihnen erwünscht. Durch hohe Ansprüche an Datenschutz und Anonymität (in die die Angestellten vertrauen) kann dies abgemildert werden. Außerdem sind tendenziöse Formulierungen zu vermeiden.

► **Acquiescence-tendency:** Menschen neigen dazu, Aussagen eher zuzustimmen als diese abzulehnen. Dies kann abgemindert werden, in dem auch Aussagen abgefragt werden, die andersherum gepolt sind. Die Aussagen „Ich habe genügend Urlaubstage" und „Ich habe zu wenige Urlaubstage" fragen nach dem gleichen Phänomen, aber mit unterschiedlicher Tendenz. Hierbei ist aber darauf zu achten, dass die Frage nachvollziehbar bleibt. Doppelte Verneinungen sind beispielsweise zu vermeiden.

► **Anker-Effekt:** Haben Mitarbeiter einmal ein Urteil gebildet, weichen sie von diesem nur noch schwer ab. Deswegen starten Fragebögen meist mit einer Allgemeinen Einschätzung und gehen erst danach auf konkretere Punkte ein.

► **Halo-Effekt:** Beurteilen Mitarbeiter einen Aspekt eines Bereiches negativ, so strahlt dies auf die Antworten zu ähnlichen Themen aus. Dieser Effekt kann abgemildert werden, indem man die Reihenfolge der Themenblöcke randomisiert.

Um einen interessanten und in sich schlüssigen Fragebogen zu erhalten, sollte man folgende Gliederung beachten:

Einleitung:
Am besten startet man mit einem Warm-up durch eine **Aufwärmfrage**. Diese sollte einfach, interessant, auf alle Befragten zutreffend und nicht heikel sein. Außerdem sollte spätestens hier das Thema des Fragebogens klar werden.

Mittelteil:
Um einen konsistenten Fragebogen zu erhalten, sollte man nicht zwischen verschiedenen Themen hin- und herspringen. Innerhalb des Themas beginnt man mit allgemeinen Fragen und arbeitet sich langsam zum Speziellen vor. Baut man den Fragebogen andersherum auf, so werden die speziellen Aspekte im Bewusstsein des Befragten liegen und die allgemeinen Fragen stark beeinflussen.

Zu beachten ist, dass der Fragebogen abwechslungsreich aufgebaut ist, dass also nicht viele ähnliche Fragen mit nur leicht abgewandelten Antwortmöglichkeiten hintereinandergestellt werden, so dass sich die Mitarbeiter/innen bei der Beantwortung „langweilen" oder die Lust verlieren. Zu große Freifelder können Mitarbeiter ebenfalls demotivieren.

Schluss:
Der Fragebogen sollte nicht abrupt enden. Nehmen Sie sich Zeit für einen ordentlichen Schluss beispielsweise durch eine **Abschlussfrage** in Form einer Zusammenfassung oder durch eine offene Frage, bei der die Befragten selbst noch einmal zu dem Befragungsthema Stellung nehmen können.

Am Ende des Fragebogens sollte eine **Danksagung und Verabschiedung** stehen. Wenn möglich, kann hier auch ergänzt werden, wann mit Ergebnissen der Befragung zu rechnen ist.

Der Fragebogen sollte nicht zu lang werden. „So lang wie nötig, so kurz wie möglich." Um auch Rückschlüsse auf bestimmte Bereiche und Personengruppen zu ermöglichen, können im Fragebogen auch personenspezifische Daten erhoben werden. Hierbei ist der **Datenschutz** unbedingt zu bedenken. Wird die Umfrage intern durchgeführt, ist je nach Unternehmensstruktur eine Erhebung demographischer Daten nicht möglich, da aus diesen Rückschlüsse auf die konkrete Person ermöglicht werden; so reichen Alter, Geschlecht und Abteilung in kleineren Unternehmen bereits aus, um den zugehörigen Mitarbeiter zu identifizieren.

Hilfreiches **Feedback** lässt sich einholen, indem man den Fragebogen einigen unbeteiligten Personen zur Durchsicht gibt. Es hilft auch, den Fragebogen selbst kritisch aus der Perspektive eines Befragten durchzuspielen. Dabei ist gut, wenn etwas zeitlicher Abstand zwischen der Erstellung der Fragen und dem **kritischen Durchgang** vergangen ist. Überlegen Sie sich aktiv, welche Fragen falsch verstanden werden könnten. Auch die **technische Handhabbarkeit** des Fragebogens sowie die Zeit, die zum Ausfüllen benötigt wird, kann auf diesem Weg überprüft werden. Gewöhnlicherweise durchläuft ein Fragebogen mehrere Test- und Überarbeitungsphasen.

Zielsetzung des Fragebogens der Brauerei Mälzers ist es, einen allgemeinen Überblick über die generelle Zufriedenheit der Mitarbeiter über alle Abteilungen hinweg zu erlangen. Dadurch sollen mögliche Defizite lokalisiert werden. Auf diese kann dann in einem zweiten Schritt näher eingegangen werden.

Da die Zielgruppe der Befragung sehr groß ist und die Brauerei Mälzers auf eine automatisierte Auswertung setzt, soll der Fragebogen hauptsächlich Fragen enthalten, die durch einfaches Ankreuzen beantwortet werden können. Aus diesem Grund wird auf ein klassisches Skalen-System gesetzt. Einzelne Aussagen sollen auf einer fünfstufigen Skala mit den Werten „Stimme überhaupt nicht zu", „Stimme nicht zu", „Teils, teils", „Stimme zu" und „Stimme voll zu" beurteilt werden.

Da die Befragung ein generelles Stimmungsbild einfangen möchte, sollen verschiedene Faktoren der Mitarbeiterzufriedenheit beurteilt werden. Die Arbeitsgruppe hat zahlreiche Einflussfaktoren auf die Mitarbeiterzufriedenheit gesammelt und diese zu folgenden sechs zu untersuchenden Faktoren zusammengefasst.

Tätigkeit: *Hier steht die individuelle Tätigkeit des Mitarbeiters im Vordergrund. Die Qualität der Tätigkeit kann sowohl einen negativen als auch einen positiven Einfluss auf die Mitarbeiterzufriedenheit haben. Fühlt sich ein Mitarbeiter überfordert oder empfindet er seine Tätigkeit als überwiegend uninteressant, kann dies zu Unzufriedenheit führen. Gleichzeitig kann eine erfüllende Tätigkeit die Zufriedenheit der Mitarbeiter steigern.*

Entwicklungsmöglichkeiten: *Auch wenn nicht alle Mitarbeiter davon Gebrauch machen wollen, kann das Gefühl von fehlenden Aufstiegschancen Unzufriedenheit stark befördern. Fehlende Aufstiegschancen und Weiterbildungsmöglichkeiten können das Gefühl erzeugen, dass die Arbeit nicht hinreichende Wertschätzung erfährt, was ebenfalls für Unzufriedenheit sorgen kann. In der familiengeführten Brauerei Mälzers können natürlich nicht die Aufstiegschancen eines Großkonzerns erwartet werden, dafür hat aber jeder einzelne Mitarbeiter mehr Gestaltungsspielraum. Auch dieser Aspekt soll in dem Faktor Entwicklungsmöglichkeiten integriert werden.*

Kollegen: *Der Umgang mit den Kollegen kann einen positiven oder negativen Effekt haben. Das individuelle Verhältnis der Kollegen untereinander bildet ein komplexes Netz, welches nicht in einem einfachen Fragebogen analysiert werden kann. Der Aspekt Kollegen soll daher vor allem die Grundstimmung und Atmosphäre in den Teams beleuchten und auf Punkte wie Hilfsbereitschaft und Erfahrungsaustausch eingehen.*

Führungskräfte: *Das Verhältnis zu den Führungskräften spielt eine zentrale Rolle beim Themenkomplex Mitarbeiterzufriedenheit. Ziel ist hier ausdrücklich nicht, schlechte Führungskräfte zu outen, sondern Verbesserungen für Führungskräfte und Mitarbeiter zu erzielen, wenn es Konflikte gibt.*

Vergütung: *Vergütung bezieht sich explizit nicht ausschließlich aufs Monetäre. Auch Fragen nach Urlaubstagen oder Überstundenausgleich spielen eine wichtige Rolle. Gerade jüngere Mitarbeiter sehen das Thema Vergütung vielfältiger und nicht nur auf das Gehalt ausgerichtet.*

Unternehmensbindung: *Dieser Punkt war Alfred Mälzers wichtig. Als Familienunternehmer favorisiert er Mitarbeiter, die der Brauerei Mälzers über lange Zeiträume treu bleiben und ihre Erfahrung ins Tagesgeschäft einbringen. Der Faktor Unternehmensbindung soll daher untersuchen, wie stark sich die Mitarbeiter mit der Brauerei und ihren wirtschaftlichen Zielen identifizieren.*

Zu jedem dieser Bereiche werden nun Fragen formuliert. Diese einzelnen Aussagen sollen die Faktoren aus verschiedenen Blickwinkeln betrachten, aber nicht zu stark ins Detail gehen, da ansonsten der Fragebogen zu lang würde. Stellt man in einem der Faktoren ein Defizit fest, muss in einem weiteren Schritt nach konkreten Ursachen und Handlungsoptionen gesucht werden. Ein Defizit im Bereich der Entwicklungsmöglichkeiten kann beispielsweise die Ursache haben, dass Fortbildungsmöglichkeiten zwar existieren, aber im Unternehmen zu unbekannt sind. Vielleicht sind auch nur einzelne Abteilungen betroffen, da diese besondere Anforderungen haben.

Im Folgenden stellen wir die von der Projektgruppe erarbeiteten Fragen des Beispielfragebogens für den Faktor „Tätigkeit" genauer vor.

Aussage 1: Meine Arbeit macht mir Spaß.
Diese Frage bildet den Einstieg in einen neuen Themenkomplex. Es ist gut, einen neuen Themenkomplex zunächst mit einer allgemeinen Aussage zu beginnen und sich erst danach mit detaillierteren Facetten zu beschäftigen. Ist nur dieses Item im Bereich „Entwicklungsmöglichkeiten" schlecht bewertet, deutet dies darauf hin, dass der Fragebogen einen wichtigen Punkt nicht bedacht hat.

Aussage 2: Ich habe Möglichkeiten, mich selbst zu entfalten.
Selbstentfaltung ist ein wichtiger Treiber für die Mitarbeiterzufriedenheit, da Mitarbeiter, die zumindest die Möglichkeit zur Selbstentfaltung in ihrer Tätigkeit finden, sich langfristig mit dieser Tätigkeit wohler fühlen.

Aussage 3: Mein Aufgabenfeld entspricht meinen Fähigkeiten.
Nur wenn Aufgabenfeld und Fähigkeiten gut zueinanderpassen, kann eine Tätigkeit als befriedigend wahrgenommen werden. Anders als die Aussage 2 ist dies kein Treiber für Mitarbeiterzufriedenheit, sondern unbedingte Voraussetzung. Wird dieser Aussage Verbesserungspotenzial zugesprochen, können Lösungsansätze entweder in der Umstrukturierung des Aufgabenfelds liegen oder in der Ausbildung neuer Fähigkeiten der Mitarbeiter, beispielsweise über Fortbildungen.

Aussage 4: Ich fühle mich unterfordert.
*Achtung: Dieses Item ist „invers". Das bedeutet, dass hier eine Ablehnung der Aussage wünschenswert ist. Bei den meisten Aussagen im Fragebogen war es genau anders herum. Dies muss man bei der Auswertung beachten. Es ist dennoch besser, die Aussage nicht durch eine Negation zu drehen und beispielsweise „Ich fühle mich **nicht** unterfordert" zu formulieren. Schließlich soll der Fragebogen möglichst einfach formuliert sein und robust gegen unkonzentriertes Lesen sein. Ein nicht geht schließlich schnell unter.*

Aussage 5: Die Einrichtung meines Arbeitsplatzes entspricht den Anforderungen.
Bei dieser Aussage wurde bewusst offengelassen, wie die Anforderungen genau aussehen. Schließlich geht es an dieser Stelle nicht darum, objektiv zu prüfen, ob die Ausstattung der Arbeitsplätze vollständig ist, sondern darum, das subjektive Empfinden der Mitarbeiter zu messen.

Aussage 6: Ich habe die Möglichkeit, eigenverantwortlich zu arbeiten.
Genau wie Selbstentfaltung ist auch Eigenverantwortlichkeit ein zentraler Treiber für Zufriedenheit. Das Fehlen von Eigenverantwortlichkeit senkt nicht zwangsläufig die Mitarbeiterzufriedenheit, aber Eigenverantwortlichkeit kann die Zufriedenheit steigern.

Im Anschluss wird noch die Möglichkeit gegeben, in einem Freitext Anmerkungen zum Fragebogen zu geben. Dadurch soll verhindert werden, dass Mitarbeiter für sie wichtige Punkte im Fragebogen nicht unterbringen konnten. Diese Freitext-Antworten werden jedoch nicht gemeinsam mit den anderen Fragen ausgewertet, da diese möglicherweise Rückschlüsse auf die Person zulassen, die den Fragebogen ausgeführt hat.

6.5.4 Die Befragung durchführen

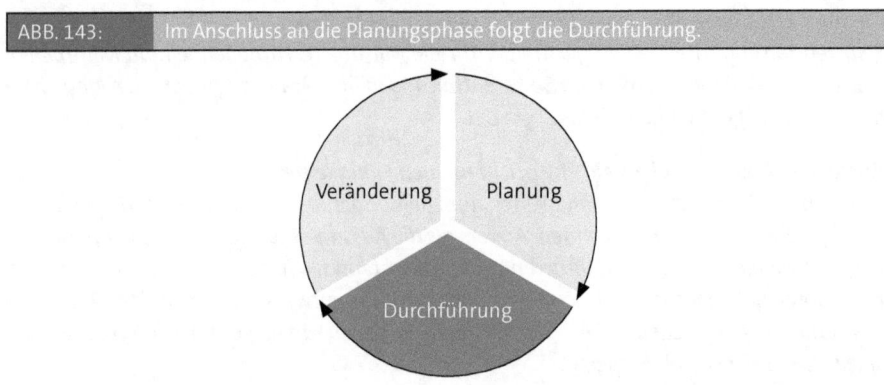

ABB. 143: Im Anschluss an die Planungsphase folgt die Durchführung.

Der **Zeitraum** der eigentlichen Befragung sollte nicht zu lang angesetzt werden. Gleichzeitig sollte allen Mitarbeitern genügend Zeit gegeben werden, die Fragen zu beantworten. Erfahrungsgemäß ist ein Zeitfenster von ca. zwei Wochen optimal. Dieser sollte nicht in Ferien, Zeiten besonders hoher Belastung oder typische Krankenzeiten fallen und ungefähr nach der Hälfte der anberaumten Zeit sollte in einer Erinnerungsmail erneut auf die Befragung hingewiesen werden. Der Zeitpunkt der Befragung, etwa nach einem negativen Erlebnis in einer Abteilung, z. B. dem Verlust eines Großkunden oder der Umstrukturierung des Unternehmens, aber auch nach positiven Entwicklungen und Ereignissen, wie Urlaub, neuen Arbeitsmitteln oder Gehaltserhöhungen, kann zudem die Antworten, die Sie von Ihrer Belegschaft erhalten, maßgeblich beeinflussen.

Für den Erfolg der Befragung ist eine gute Information der Belegschaft zentral. Schon vor Beginn der Befragung sollte über Ziele und Rahmenbedingungen, wie Zeitfenster und Inhalt, der Mitarbeiterbefragung informiert werden. Auch das Thema Datenschutz und Anonymität sollte proaktiv angesprochen werden, um den Erfolg der Befragung zu erhöhen. Zur **Informationspolitik** gehört auch, die Mitarbeiter während der Befragung über den aktuellen Stand und im Anschluss an die Befragung über den Stand der Auswertung, deren Ergebnisse und geplante Maßnahmen sowie deren Umsetzung zu informieren. Diese Informationen sollten über möglichst viele verschiedene Kanäle (mündlich und schriftlich, offline und online) erfolgen, damit wirklich alle Mitarbeiter erreicht werden.

Die Befragten müssen repräsentativ für die Zielgruppe der Befragung sein. Die Größe des Rücklaufs, also die Anzahl der ausgefüllt zurück erhaltenen Fragebögen, kann eine schlechte Auswahl nicht kompensieren. Aus diesem Grund werden Wahlumfragen nicht auf dem Parteitag einer Partei durchgeführt.

Durch das frühzeitige Einsetzen einer Arbeitsgruppe „Mitarbeiterzufriedenheit", der Mitglieder aller Abteilungen angehören, ist die Mitarbeiterbefragung schon bei den meisten Mitarbeitern der Brauerei Mälzers ein Begriff. Auch im firmeninternen Newsletter hat Marlene in einem ausführlichen Beitrag genau erklärt, warum die Befragung durchgeführt wird. Alle Mitarbeiter haben daraufhin eine Einladungsmail zur Mitarbeiterbefragung erhalten, in der auch die besprochenen Ziele und Rahmenbedingungen noch einmal kurz aufgegriffen werden. In dieser befindet sich ein Link auf die Umfrage, über den die Umfrage einmalig durchgeführt werden kann. Diese Links wurden direkt vom genutzten Tool bereitgestellt.

Nach einer Woche wird eine Erinnerungsmail mit einem Link zur Online-Befragung und der erneuten Bitte um Teilnahme an alle Mitarbeiter geschickt.

Dieses Vorgehen war für die Brauerei sehr erfolgreich. Dadurch konnte eine Rücklaufquote von 84 % erreicht werden.

6.5.4.1 Die Analyse der Daten

Setzt man bei der Durchführung der Mitarbeiterbefragung auf ein Tool, so werden grundlegende Auswertungen wie die Berechnung der **Mittelwerte** („Welche Antwort gibt der durchschnittliche Mitarbeiter?") sowie die **Varianz** („Wie sind die Antworten über das Antwortspektrum gestreut?", „Wie weit sind die einzelnen Mitarbeiter vom Durchschnittsmitarbeiter entfernt?") i. d. R. automatisiert durchgeführt. Diese Angaben reichen in vielen Fällen schon aus, um eine gute Einschätzung zu den vorliegenden Daten zu erhalten, wie wir gleich in einer beispielhaften Auswertung sehen werden.

Meistens werden in der Analyse auch einzelne Items mit demographischen Daten verknüpft (beispielsweise dem Alter oder der Abteilung). Dabei ist unbedingt darauf zu achten, dass aus der Auswertung keine Rückschlüsse auf die konkreten Mitarbeiter gezogen werden können und die Auswertung die Anonymität der Umfrage nicht gefährdet.

Außerdem sollte wenn möglich auch eine Beschreibung der Teilnehmer anhand demographischer Daten wie Geschlechterverteilung oder Altersstruktur erfolgen, allerdings gilt auch hier, dass nie so weit differenziert werden darf, dass Einzelne erkennbar sind.

Bei der Auswertung sind diese vier Vergleiche wichtig:

1. **Extern:** Wie schneide ich ab im Vergleich zum Wettbewerb?

2. **Intern:** Wie schneidet Abteilung X im Vergleich zu Abteilung Y ab?

3. **Tendenziell:** Wie schneide ich ab im Vergleich zum letzten Jahr und dem Jahr davor?

4. **Qualitativ:** Wie schneide ich im Vergleich der verschiedenen Kategorien von Zufriedenheit ab?

Viele Befragungstools setzen maßgeblich auf **deskriptive Auswertungsmethoden** der Daten (beispielsweise Tabellen und Diagramme). Eine analytische Auswertung findet kaum statt. Komplexere Analysen wie Faktoranalysen und Signifikanztests lassen sich ohne statistische Grundbildung ohnehin kaum erstellen und interpretieren. Wir wollen uns in diesem Kapitel daher auf Methoden der deskriptiven Statistik beschränken. Diese können, wenn sie nicht direkt von der genutzten Befragungssoftware angeboten werden, auch leicht in Excel umgesetzt werden.

Wir werden uns zunächst verschiedene Ansätze der Analyse auf theoretischer Ebene anschauen und im Anschluss in einem Fallbeispiel näher auf die konkrete Anwendung eingehen.

Für ein besseres Verständnis wollen wir einen beispielhaften Fragebogen auswerten. Nehmen wir dazu an, dass wir einen Rücklauf von 20 Fragebögen haben. Ferner seien alle Fragen so gepolt, dass „Zustimmung" das positive Ereignis ist. Um die Methodik zu verstehen, nehmen wir an, dass der Fragebogen aus nur wenigen Fragen besteht.

ABB. 144: Die Tabelle gibt auf einen Blick die absoluten Antworten auf verschiedene Fragen.				
	Stimme überhaupt nicht zu	Stimme nicht zu	Teils, teils	Stimme zu	Stimme voll zu
Frage A	3	5	3	2	7
Frage B	4	3	1	2	10
Frage C	1	1	8	8	2
Frage D	0	1	15	4	0
Frage E	5	5	6	4	0
Frage F	2	2	3	10	3
Frage G	1	4	2	8	5
Gesamt	16	16	38	38	27

Im Regelfall liegen die Daten in einer solchen Tabelle vor.

Neben den absoluten Werten betrachtet man hier oft auch die relativen Werte. Die Tabelle von oben sieht dann so aus.

ABB. 145: Die Tabelle gibt auf einen Blick die relativen Häufigkeiten der Antworten auf verschiedene Fragen.				
	Stimme überhaupt nicht zu	Stimme nicht zu	Teils, teils	Stimme zu	Stimme voll zu
Frage A	15 %	25 %	15 %	10 %	35 %
Frage B	20 %	15 %	5 %	10 %	50 %
Frage C	5 %	5 %	40 %	40 %	10 %
Frage D	0 %	5 %	75 %	20 %	0 %
Frage E	25 %	25 %	30 %	20 %	0 %
Frage F	10 %	10 %	15 %	50 %	15 %
Frage G	5 %	20 %	10 %	40 %	25 %
Gesamt	11 %	15 %	27 %	27 %	19 %

Relative Häufigkeiten haben den großen Vorteil, dass sie auch bei großen und krummen absoluten Werten übersichtlich bleiben. Die absoluten Zahlen sollten jedoch nicht vernachlässigt werden. Schließlich entspricht eine Differenz von 5 % in unserem Beispiel bei 20 abgegebenen Stimmen nur einer Differenz von einer Stimme und begründet damit keinen signifikanten Unterschied. Sind jedoch 200 Stimmen abgegeben worden, so entspricht eine Differenz von 5 % schon zehn Stimmen.

Tabellen werden schnell unübersichtlich. Der erste Schritt einer Datenanalyse ist, sich einen generellen Überblick zu verschaffen. Dazu greift man auf **Visualisierungen** und das Reduzieren des Datensatzes auf **wesentliche Parameter**, die die Daten beschreiben, zurück.

6.5.4.2 Visualisierung

Ein wichtiger Schritt in der Auswertung der Daten sollte immer die Visualisierung sein. Die zwei einfachsten und eingängigsten Methoden sind **Balken- und Tortendiagramme**. Eine komplexere Visualisierung sind **Boxplots**, da diese auch Lage- und Streuungsparameter, wie wir sie unten kennenlernen werden, darstellen.

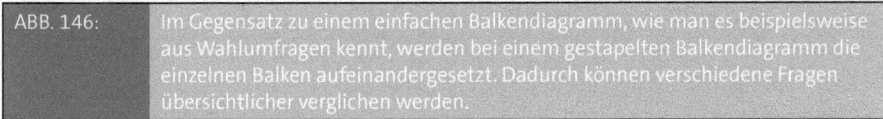

ABB. 146: Im Gegensatz zu einem einfachen Balkendiagramm, wie man es beispielsweise aus Wahlumfragen kennt, werden bei einem gestapelten Balkendiagramm die einzelnen Balken aufeinandergesetzt. Dadurch können verschiedene Fragen übersichtlicher verglichen werden.

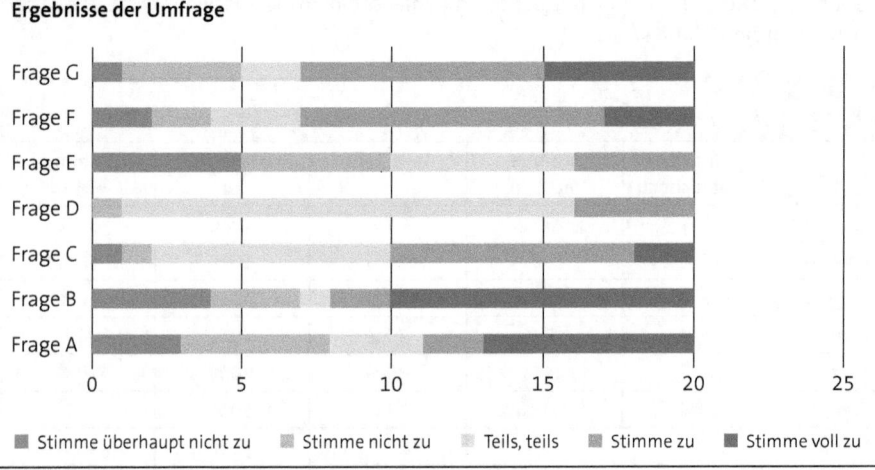

Die Alternative zum Balkendiagramm ist das Tortendiagramm. Dieses eignet sich besonders gut, wenn man den Anteil einer Antwortmöglichkeit aus der Menge aller gegebenen Antworten abschätzen möchte.

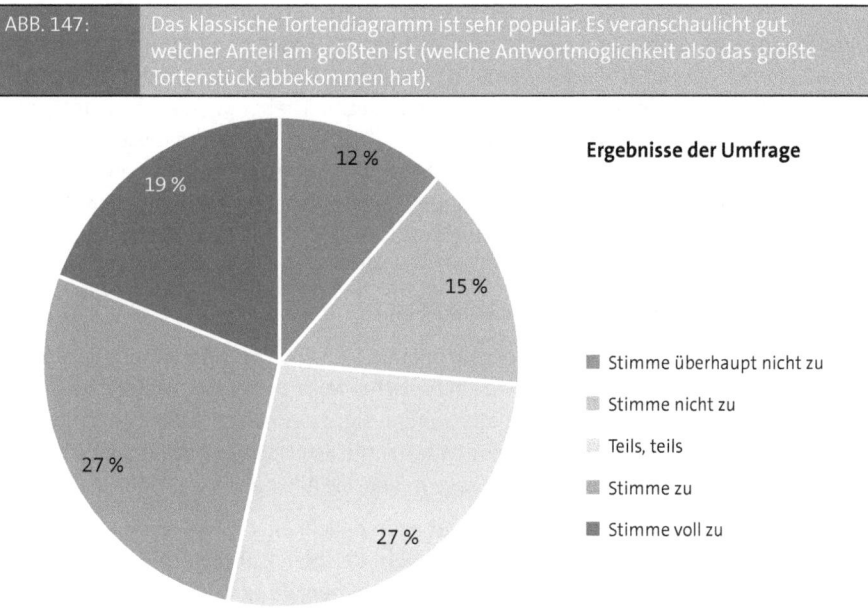

ABB. 147: Das klassische Tortendiagramm ist sehr populär. Es veranschaulicht gut, welcher Anteil am größten ist (welche Antwortmöglichkeit also das größte Tortenstück abbekommen hat).

Fast alle Tools, die zur Durchführung einer Befragung genutzt werden, können verschiedene Diagramme erstellen. Liegen die Daten in einer Excel-Tabelle wie in unserem Beispiel vor, so können die Daten markiert werden. Nun muss man nur das gewünschte Diagramm auswählen und es wird von Excel erstellt. Tipp: Unter dem Reiter **empfohlene Diagramme** gibt Excel gute Empfehlungen, so dass man sich nicht durch alle möglichen Diagramme klicken muss. Um Grafiken übersichtlicher zu machen, werden manchmal die zustimmenden Antworten „Stimme zu" und „Stimme voll zu" zusammengefasst. Ebenso fasst man die Antwortmöglichkeiten „Stimme überhaupt nicht zu" und „Stimme nicht zu" zu einer Möglichkeit „Ablehnung" zusammen. Eine gute Idee ist, verschiedene Optionen der Darstellung zu testen und jene zu wählen, die am übersichtlichsten sind.

Aus den vorhandenen Grafiken lässt sich eine erste Einschätzung zu den gewonnenen Daten ziehen. In obigem Tortendiagramm lässt sich beispielsweise feststellen, dass fast die Hälfte der Antworten eine positive Tendenz haben. Allerdings wurde ein Großteil der Fragen mit der unentschiedenen Antwort „Teils, teils" bewertet. Im Balkendiagram erkennt man beispielsweise, dass die Fragen D und E auffallend niedrige Zustimmungswerte erhalten haben. Derartige Beobachtungen sollten als **Arbeitshypothesen** notiert und weiterverfolgt werden.

In der deskriptiven Statistik verwenden man sog. **aggregierende Parameter**, um wichtige Eigenschaften der Daten und ihrer Verteilung über das Antwortspektrum zusammenzufassen. Ziel ist, dass über diese Parameter in wenigen Kennzahlen beschrieben werden kann, wie die Antworten verteilt sind. In unserem Beispiel haben wir zu jeder Frage 20 Datenpunkte, einen pro abgegebener Stimme, zu betrachten. Fassen wir diese geschickt zu aggregierenden Parametern zusammen, können wir die Anzahl der Datenpunkte reduzieren, ohne viele Informationen zu verlieren. Die zwei wichtigsten Arten der aggregierenden Parameter stellen wir im Folgenden vor.

6.5.4.3 Lageparameter – Der typische Mitarbeiter

Die bekannteste Art solcher aggregierender Parameter sind **Lageparameter**. Diese geben eine Antwort auf die Frage: **„Wie hätte ein typischer Mitarbeiter die Umfrage beantwortet?"** Die Antwort auf diese Frage ist nicht eindeutig, da es verschiedene sinnvolle Interpretationen dazu gibt, was der „typische Mitarbeiter" ist. Es gibt allerdings verschiedene Parameter, die eine Antwort auf diese Frage geben. Sie alle haben Vor- und Nachteile.

1. **Der Modus:** Der Modus ist diejenige Antwortmöglichkeit, die von den meisten Mitarbeitern gegeben wurde, bei Frage B aus dem Beispiel also die Antwortmöglichkeit „Stimme voll zu". Der Modus ist leicht zu bestimmen, da er sich schon aus der Visualisierung ablesen lässt und sehr intuitiv ist. Allerdings ist seine Aussagekraft sehr gering. In Frage A haben weniger als die Hälfte der Mitarbeiter eine zustimmende Antwort gegeben und trotzdem hätte laut Modus der typische Mitarbeiter der Aussage voll zugestimmt. Zusätzlich ist der Modus nicht immer eindeutig, beispielsweise wenn mehrere Optionen gleich viele Stimmen bekommen, was zu Problemen führen kann.

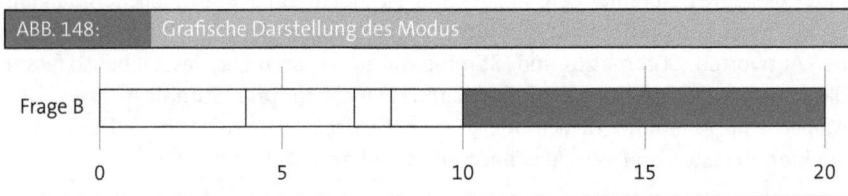

ABB. 148: Grafische Darstellung des Modus

2. **Der Median:** Eine bessere Einschätzung kann der Median geben. Der Median ist derjenige Wert, bei dem die Hälfte der Mitarbeiter eine bessere und die Hälfte der Mitarbeiter eine schlechtere Antwort gegeben haben. Berechnen lässt er sich, indem man die gegebenen Antworten sortiert und den Wert auswählt, der mittig in der Liste steht. In diesem Fall wählt der „typische Mitarbeiter" also diejenige Option, bei der

die Hälfte der abgegebenen Stimmen gleich gut oder schlechter und die andere Hälfte gleich gut oder besser ausgefallen ist.

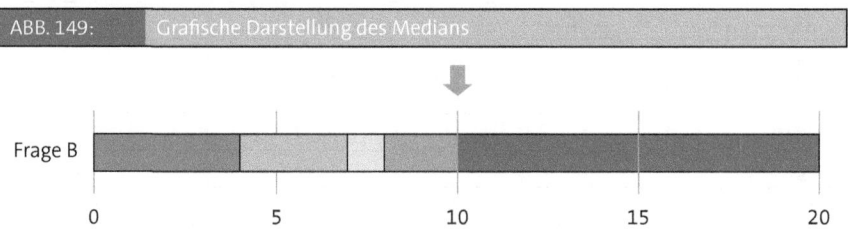

ABB. 149: Grafische Darstellung des Medians

3. **Der Mittelwert:** Da man mit der Skala von „Stimme überhaupt nicht zu" bis „Stimme voll zu" nicht rechnen kann, müssen wir die Skala mathematisieren. Wir ordnen dazu „Teils, teils" den Wert 0, „Stimme zu" und „Stimme voll zu" die Werte +1 und +2 und „Stimme nicht zu" und Stimme überhaupt nicht zu" die Werte −1 und −2 zu. Die Wahl dieser Skala hat keinen Einfluss auf die Ergebnisse unserer Berechnungen. Genauso gut hätten wir beispielsweise die Werte 1, 2, 3, 4, 5 wählen können. Es ergibt sich allerdings eine gute Interpretation, wenn man um den Wert „Teils, teils" zentriert, da so negative Ergebnisse stets Ablehnung und positive Ergebnisse Zustimmung bedeuten.

	Stimme überhaupt nicht zu	Stimme nicht zu	Teils, teils	Stimme zu	Stimme voll zu
Entsprechung	−2	−1	0	1	2

Nach den Berechnungen können die Lageparameter leicht zurück in die ursprüngliche Skala übertragen werden; so bleiben die Ergebnisse verständlich. Dies ist aber auch ein Vorteil, da der Mittelwert neben der typischen Antwort auch eine Tendenz deutlich machen kann.

Ein entscheidender Nachteil dieser Methode ist allerdings, dass implizit angenommen wird, dass „Stimme voll zu" einer doppelt so stark ausgeprägten Zustimmung entspricht wie „Stimme zu". Es ist aber nicht gesagt, dass alle Mitarbeiter die Skala in dieser Form interpretieren. Dennoch wird der Mittelwert in der Praxis oft betrachtet, da dieser die Grundstimmung am besten abbildet. Das sieht man u. a. daran, dass eine leichte Veränderung des Abstimmungsergebnisses stets Einfluss auf den Mittelwert hat, nicht aber unbedingt auf Modus und Median. Hätten beispielsweise einige Teilnehmer bei Frage A anstelle von „Stimme nicht zu" die Antwortoption „Stimme überhaupt nicht zu" ausgewählt, so wären Modus und Median unverändert geblieben, der Mittelwert aber gefallen.

ABB. 150:	Die unterschiedlichen Lageparameter führen zu verschiedenen Resultaten, die bei der Interpretation zu beachten sind.		
	Modus	Median	Mittelwert
Frage A	2	0	0,25
Frage B	2	1,5	0,55
Frage C	1	0,5	0,45
Frage D	0	0	0,15
Frage E	0	−0,5	−0,55
Frage F	1	1	0,5
Frage G	1	1	0,6

Aus der Tabelle können wir ablesen, dass die meisten Mitarbeiter bei Frage A „Stimme voll zu" ausgewählt haben (Modus). Es haben jedoch nicht mehr als die Hälfte der Mitarbeiter Zustimmung oder Ablehnung geäußert (Median). Der durchschnittliche Mitarbeiter hätte „Teils, teils" mit Tendenz zu „Stimme zu" ausgewählt.

6.5.4.4 Streuungsparameter

Lageparameter geben nur Aufschluss darüber, wie ein typischer Mitarbeiter die Frage beantwortet hätte. Interessant ist aber auch, wie stark ein beliebiger Mitarbeiter vom typischen Mitarbeiter abweicht. Schließlich macht es einen Unterschied, ob alle Mitarbeiter „Teils, teils" ausgewählt haben oder ob die eine Hälfte der Aussage überhaupt nicht zustimmt, die andere Hälfte aber voll.

1. **Positive und negative Abweichler:** Unter der Anzahl der positiven (negativen) Abweichler versteht man die absolute Anzahl an Mitarbeitern, die eine bessere (schlechtere) Antwort als der typische Mitarbeiter gegeben haben. Dieses Maß für die Schiefe der Verteilung kann genutzt werden, um die oben vorgestellten Lageparameter um eine Tendenz zu erweitern. Gibt es beispielsweise mehr positive als negative Abweichler, so wählt ein beliebiger Mitarbeiter wahrscheinlich eine andere Antwortoption als der typische Mitarbeiter. Allerdings kann auf diesem Weg nur die Richtung der Streuung, nicht aber ihre Intensität untersucht werden.

2. **Absolute Mittlere Abweichung:** Hat man sich dafür entschieden, den Mittelwert zu betrachten, so sollte man auch den mittleren absoluten Abstand der gegebenen Antworten zum Mittelwert betrachten. Ein kleiner Wert bedeutet, dass der typische Mitarbeiter die Meinung eines Großteils der Befragten teilt, während ein hoher Wert eine große Streuung über das gesamte Antwortspektrum signalisiert.

3. **Quantilsabstand:** Der Median teilt den Datensatz in zwei gleich große Hälfte. Ein Quantil ist ein Wert, der den Datensatz in unterschiedlich große Hälften teilt. Oft

schaut man sich an, in welchem Bereich die mittleren 50 % und die mittleren 75 % der Daten liegen. Sind diese Bereiche bereits groß, so streuen sich die Daten über ein sehr breites Spektrum und die Meinungen der Befragten gehen stark auseinander, während kleine Quantile auf eine einheitlichere Meinung innerhalb der untersuchten Gruppe hindeuten.

4. **Spannweite:** Die Spannweite ist ein Spezialfall des Quantilsabstands und der Abstand der besten und schlechtesten gewählten Option. Dieses Maß ist nur für große Skalen sinnvoll, da beispielsweise auf der fünfstufigen Likert-Skala, wie sie im Beispiel verwendet wird, meist alle Antwortmöglichkeiten von mindestens einer Person ausgewählt werden.

6.5.4.5 Summenwerte

Die Lage- und Streuungsparameter helfen Alfred und Marlene, sich einen Überblick über die abgegebenen Antworten zu allen einzelnen Fragen zu verschaffen. Ihr Fragebogen war so konstruiert, dass immer mehrere Fragen zu einem Faktor wie Tätigkeit, Unternehmensbindung oder Vergütung zugeordnet sind. Die Summenwerte helfen ihnen, diese Faktoren zu bewerten.

Bisher haben wir uns nur solche Verfahren angesehen, die Ergebnisse aus allen Fragebögen gleichzeitig betrachten. Dadurch gehen jedoch viele Informationen verloren. Gibt es in unserem Beispiel viele Mitarbeiter, die bei einigen Aussagen nicht zugestimmt haben, aber im Großen und Ganzen zufrieden sind, oder gibt es einige sehr unzufriedene Mitarbeiter? Diese Frage lässt sich nur beantworten, wenn man die Antworten eines Fragebogens miteinander verknüpft. Eine einfache Methode ist durch die mittleren Summenwerte gegeben. Angenommen, die Fragen A–G beziehen sich auf denselben Faktor (beispielsweise das Verhältnis zu den Führungskräften), dann wird der Summenwert aus der Summe aller Antworten gebildet.

ABB. 151:	Der Summenwert eines Fragebogens kann durch einfaches Aufaddieren der gegebenen Antworten bestimmt werden.	
	Antwort	**Reskalierung**
Frage A	Teils, teils	0
Frage B	Stimme voll zu	2
Frage C	Teils, teils	1
Frage D	Stimme zu	0
Frage E	Stimme nicht zu	−1
Frage F	Stimme zu	1
Frage G	Stimme zu	1
	Summenwert	4

In diesem Beispiel kann der Summenwert also Werte zwischen −14 und 14 annehmen und ist ein Maß für die Zufriedenheit des Mitarbeiters bezogen auf den zu den Fragen gehörenden Faktor. Auf den Summenwert können nun ebenfalls die obigen Lageparameter angewandt werden, um ein genaueres Bild zu erhalten.

In professionellen Fragebögen werden bei der Bildung der Summenwerte manchmal einzelne Fragen unterschiedlich stark gewichtet.

Marlene ist überglücklich. 84 % der Mitarbeiter der Brauerei Mälzers haben sich an der Umfrage beteiligt. Für sie ist das schon ein erster Erfolg, der zeigt, dass das Thema Mitarbeiterzufriedenheit für viele Beschäftigte von hoher Relevanz ist und es richtig war, die Thematik anzugehen.

Doch Alfred scheint nicht besonders zufrieden zu sein: „Wie sollen wir uns nur in all diesen Daten zurechtfinden? Wir werden uns niemals einen Überblick verschaffen können."

Marlene ist optimistischer: „Aus der Struktur unseres Fragebogens ergibt sich ein guter Weg, die Daten auszuwerten. Hier zahlt sich gute Vorbereitung aus. Wir hatten die verschiedenen Einflussfaktoren auf die Mitarbeiterzufriedenheit zu sechs Faktoren zusammengefasst: Tätigkeit, Entwicklungsmöglichkeiten, Kollegen, Führungskräfte, Vergütung und Unternehmensbindung. Im Fragebogen ist jede Aussage zu genau einem dieser sechs Faktoren zugeordnet. Um die Daten besser analysieren zu können, wollten wir die Summenwerte der Fragebögen zu jedem Faktor bestimmen. Mit dem Summenwert für den gesamten Fragebogen haben wir so jeden Fragebogen auf sieben Werte heruntergebrochen. Die einzelnen Aussagen schauen wir uns ja nur in der Detailanalyse an, wenn es bei einzelnen Faktoren Verbesserungsbedarf gibt." Tatsächlich lassen sich auf diesem Weg schon eine Vielzahl von Fragen beantworten. Berechnet man die Mittelwerte der Summenwerte für das gesamte Unternehmen, erhält man einen „Zufriedenheitsindex", der sich auf die sechs gewählten Faktoren aufteilt. Interessant ist es auch, die Mittelwerte zu den einzelnen Abteilungen (also den Mittelwert über die Fragebögen der Abteilungen) zu bilden. Durch den Vergleich dieser Daten mit dem Zufriedenheitsindex des Gesamtunternehmens kann man u. a. folgende Fragen beantworten:

► *Die Mitarbeiter welcher Abteilungen sind deutlich besser oder schlechter als der Durchschnitt zufrieden?*

► *In welchen Faktoren ist die Zufriedenheit besonders hoch? In welchen Faktoren ist sie besonders niedrig?*

Marlene plant, auf jeden Fall die Mitarbeiterbefragung regelmäßig, sie denkt an einmal im Jahr, zu wiederholen. Dadurch sind auch zeitliche Vergleiche interessant:

► *Welche Werte haben sich verbessert?*

► *Welche Werte haben sich verschlechtert?*

Alfred ist überrascht, dass Marlene die Analyse mit wenigen Klicks erstellen konnte: „Ich hatte dir doch gesagt, dass unsere Mitarbeiter gut zufrieden sind. Schau, wir haben fast überall sehr hohe Werte."

„Das ist auf jeden Fall sehr gut. Ich möchte mir trotzdem die Abteilungen genauer ansehen, bei denen es negative Abweichungen gibt. Schau dir z. B. mal den Einkauf an. Die meisten Faktoren liegen auf dem Niveau der gesamten Brauerei. Der Faktor Kollegen wurde sogar überdurchschnittlich gut bewertet."

Ihr Vater unterbricht: „Es arbeiten ja auch sehr viele nette Leute im Einkauf."

„Klar, aber das meine ich nicht. Schau dir mal den Faktor Tätigkeit an. Der ist viel schlechter bewertet als die anderen Faktoren. Woran mag das liegen? Das will ich mir genauer ansehen." Nach kurzer Zeit stellt Marlene fest, dass vor allem zwei Aussagen von den Mitarbeitern schlecht bewertet wurden. Aussage 2 und Aussage 4, die nach Selbstentfaltung und Eigenverantwortlichkeit fragen, scheinen das Problem zu sein. „Zu diesen Punkten werde ich auf jeden Fall das Gespräch mit der Abteilung suchen", beschließt Marlene.

Mit den bis hierher vorgestellten Methoden kann bereits eine gute Erstanalyse durchgeführt werden. Wir wollen nun auf zwei ergänzende und etwas komplexere Methoden eingehen, die vor allem bei der Nutzung von Umfragesoftwaretools oft genutzt werden: Kreuztabellen und Signifikanztests.

6.5.4.6 Kreuztabellen

In einer Kreuztabelle ist ein einfacher Weg, Bezüge zwischen zwei Fragen herauszuarbeiten oder Antworten mit demografischen Daten zu verknüpfen.

Auch diese Methode wollen wir anhand eines einfachen Beispiels verstehen. Zur Illustration nehmen wir an, dass wir erneut das Verhältnis der Mitarbeiter zu ihren Führungskräften einschätzen wollen. Auf Basis der Fragebögen, beispielsweise durch Nutzung der oben vorgestellten Methode der Summenwerte, konnten die abgegebenen Fragebögen in zwei Cluster unterteilt werden. Einen Anteil von Mitarbeitern, die das Verhältnis zum Führungspersonal als gut empfinden, und einen Anteil von Mitarbeitern, bei denen das Verhältnis noch Verbesserungspotenzial aufweist. In unserem Beispiel sehen zehn von 30 Mitarbeitern noch Verbesserungspotenzial. Wir wollen dieses Ergebnis nun beispielhaft mit dem demografischen Datum Geschlecht, welches ebenfalls im Fragebogen erhoben wurde, verknüpfen und untersuchen, ob es einen Unterschied in der Beurteilung der Führungskräfte zwischen den Geschlechtern gibt. Aus den Fragebögen können wir folgende Ergebnisse erhalten:

Bei den Fragebögen finden wir 19 Männer und elf Frauen. Von den Männern haben 17 eine gute Beziehung zu den Führungskräften und bei zwei Männern gibt es Verbesserungspotenzial. Bei den Frauen haben drei eine gute Beziehung und acht Verbesserungspotenzial. Diese Werte können wir übersichtlich in einer Kreuztabelle darstellen.

ABB. 152: Beispielhafte Darstellung einer Kreuztabelle

		Beziehung zu Führungskräften		
		Gut	Verbessungs-potenzial	
Geschlecht	Männer	**17**	**2**	19
	Frauen	**3**	**8**	11
		20	10	30

In den grauen Feldern werden die Werte eingetragen, die sowohl der Spalte als auch der Zeile entsprechen. In den weißen Feldern sind die entsprechenden Summen der Werte aus den Spalten und Zeilen zu sehen und das Feld unten rechts in der Ecke entspricht der Gesamtzahl der Fragebögen.

Häufig sind die absoluten Werte unübersichtlich, da die Zahlen groß und krumm sind. In dieser Situation ist es hilfreich, statt absoluter Werte die relativen Werte zu betrachten.

Diese erhält man, indem alle Werte durch den Wert in der Ecke rechts unten geteilt werden. In unserem Beispiel erhalten wir dieses Ergebnis:

ABB. 153:	Viele Menschen empfinden relative Häufigkeiten als leichter zu interpretieren, da diese „normalisiert" sind.

		Beziehung zu Führungskräften		
		Gut	Verbessungs- potenzial	
Geschlecht	Männer	**57 %**	**7 %**	63 %
	Frauen	**10 %**	**27 %**	37 %
		67 %	33 %	100 %

In der Kreuztabelle lässt sich nun leicht ablesen, dass der größte Anteil derjenigen, die Verbesserungspotenzial sehen, weiblich ist (80 % derjenigen, die Verbesserungspotenzial sehen, sind weiblich). Ohne Kreuztabelle wäre dieser Zusammenhang unentdeckt geblieben, da die separate Betrachtung der Items „Beziehung zu den Führungskräften" und „Geschlecht" diese Information nicht enthält.

Eine große Schwierigkeit ist es zu überlegen, welche Items man auf diese Art in Beziehung setzen sollte. Neben demografischen Daten können auch verschiedene Faktoren der Mitarbeiterzufriedenheit verglichen werden. Ein Beispiel ist: Sind diejenigen, die ein gutes Verhältnis zu den Kollegen haben, auch diejenigen, die ein gutes Verhältnis zu den Führungskräften haben?

Es ist auch möglich, die Kreuztabelle auf mehr als zwei Cluster zu erweitern. Es sollte aber darauf geachtet werden, die Tabelle nicht zu unübersichtlich zu gestalten.

ABB. 154:	Generelles Schema einer Kreuztabelle mit unterschiedlich vielen Optionen pro Item

		Item 1		
		Option 1.1	Option 1.2	Option 1.3
Item 2	Option 2.1	A	B	C	A + B + C
	Option 2.2	D	E	F	D + E + F
		A + D	B + E	C + F	A + B + C + D + E + F

6.5.4.7 Signifikanztests

Bisher haben wir ein zentrales Element der Analyse einer Befragung ausgespart, die **Signifikanz**, welche vor allem bei der Nutzung von Softwarelösungen immer wieder auftaucht. Signifikanztests untersuchen, ob eine Hypothese sich tatsächlich in den Daten widerspiegelt oder ob es sich nur um zufällige Ausreißer in den Daten handelt.

Betrachten wir noch einmal das Beispiel der Kreuztabellen. Wir wollen die Grundthese „Das Verhältnis zu den Führungskräften wird von weiblichen Mitarbeitern eher als verbesserungswürdig angesehen als bei männlichen" untersuchen. Welche Daten würden diese These bestätigen? Welche Daten würden gegen diese These sprechen?

Um diese Fragen beantworten können, bilden wir zunächst die Gegenhypothese, die sog. **Nullhypothese**. Diese besagt, dass es keinen Zusammenhang zwischen den zwei betrachteten Items gibt. Wir schauen uns nun an, wie die Daten verteilt sind, wenn diese These zutrifft. Weiterhin wissen wir, dass im Unternehmen 63 % Männer und 37 % Frauen arbeiten. Außerdem bewerten 67 % der Mitarbeiter das Verhältnis zu den Führungskräften positiv und 33 % sehen Verbesserungsbedarf. Wenn es keinen Zusammenhang zum Geschlecht gibt, sollten die 33 % der Mitarbeiter, die Verbesserungsbedarf sehen, genauso auf die Kategorien männlich und weiblich verteilt sein, wie die gesamte Belegschaft. Das bedeutet, 33 % · 63 % = 21 % der Befragten sollten männlich sein und Verbesserungsbedarf sehen und 33 % · 37 % = 12 % der Befragten sollten weiblich sein und Verbesserungsbedarf sehen. Unter der Annahme, dass es keinen Zusammenhang zwischen den Items gibt, sieht die Kreuztabelle in diesem Beispiel also wie folgt aus.

ABB. 155:	Kreuztabelle unter der Nullhypothese: Es gibt keinen Zusammenhang zwischen Geschlecht und der Beziehung zu den Führungskräften. Die Werte in den grauen Feldern entsprechen dem Produkt der Prozentwerte in den weißen Feldern der jeweiligen Spalte und Zeile.

		Beziehung zu Führungskräften		
		Gut	Verbessungs-potenzial	
Geschlecht	Männer	42 %	21 %	63 %
	Frauen	24 %	12 %	37 %
		67 %	33 %	100 %

Nun gilt, weicht die beobachtete Kreuztabelle aus den Daten von dieser idealtypischen Kreuztabelle ab, so ist die Nullhypothese, dass kein Zusammenhang besteht, widerlegt und ein Zusammenhang zwischen den Items kann gerechtfertigterweise angenommen werden.

Kleine Abweichungen genügen jedoch noch nicht, um die Nullhypothese zu verwerfen, da der Idealzustand der Kreuztabelle unter der Nullhypothese unrealistisch ist und kleinere zufällige Abweichungen erwartet werden müssen.

Deshalb kann die Nullhypothese erst bei großen Abweichungen verworfen werden. In diesem Fall spricht man von Signifikanz. Signifikanz hängt stark von der Gesamtzahl der Befragten ab. Umso mehr Befragungen in die Umfrage eingegangen sind, desto eher sind auch kleinere Abweichungen schon relevant. Daher können Signifikanztests nur auf den absoluten Werten durchgeführt werden. Die relativen Werte haben allerdings auch eine große Bedeutung, da sie die Verteilung unter der Nullhypothese beschreiben.

Signifikanz festzustellen, ist im Allgemeinen eine komplexe Angelegenheit. Es gibt eine Vielzahl verschiedener Tests, die unter verschiedenen Annahmen Signifikanz nachweisen können. Diese sind im Regelfall nicht ohne statistische Vorkenntnisse durchführbar. Einige Tools zur Auswertung von Befragungen können Signifikanzen automatisiert überprüfen. Wenn man mit einem solchen Tool arbeitet, ist es wichtig, dass man versteht, was Signifikanz bedeutet. Signifikanz sagt nur aus, ob ein Effekt vorliegt, aber nicht in welcher Form und mit welcher Stärke.

Wir wollen einen einfachen Signifikanztest für Kreuztabellen vorstellen, der aus einfachen Rechenschritten besteht und auch in vielen Statistikprogrammen der Goldstandard ist, ein Spezialfall des **Chi-Quadrat-Tests**.

Wie in unserem Beispiel wollen wir den Zusammenhang zwischen zwei Items „Item 1" und „Item 2" mit jeweils zwei Clustern „Option 1.1", „Option 1.2", „Option 2.1" und „Option 2.2" untersuchen. Wir nehmen an, dass wir N Umfragebögen auswerten. Die absoluten Häufigkeiten sind dann allgemein wie folgt gegeben:

		Item 1		
		Option 1.1	Option 1.2	
Item 2	Option 2.1	d_{11}	d_{12}	$d_{11} + d_{12}$
	Option 2.2	d_{21}	d_{22}	$d_{21} + d_{22}$
		$d_{11} + d_{21}$	$d_{12} + d_{22}$	N

Damit können wir die relativen Häufigkeiten der einzelnen Optionen errechnen. Es gilt:

Option 2.1 tritt $\dfrac{d_{11} + d_{12}}{N}$ mal auf.

Option 2.2 tritt $\dfrac{d_{21} + d_{22}}{N}$ mal auf.

Option 1.1 tritt $\dfrac{d_{11} + d_{21}}{N}$ mal auf.

Option 1.2 tritt $\dfrac{d_{12} + d_{22}}{N}$ mal auf.

Unter der Nullhypothese, das kein Zusammenhang zwischen Item 1 und Item 2 besteht, können wir damit die erwarteten absoluten Häufigkeiten der einzelnen Zellen bestimmen, da die erwartete relative Häufigkeit aus dem Produkt der relativen Häufigkeiten der einzelnen Optionen gegeben ist.

Für die Zelle links oben erwarten wir eine Häufigkeit von $N \cdot \dfrac{d_{11} + d_{12}}{N} \cdot \dfrac{d_{11} + d_{21}}{N} \cdot \overline{d_{11}}$.

Für die Zelle rechts oben erwarten wir eine Häufigkeit von $N \cdot \dfrac{d_{11} + d_{12}}{N} \cdot \dfrac{d_{12} + d_{22}}{N} \cdot \overline{d_{12}}$.

Für die Zelle links unten erwarten wir eine Häufigkeit von $N \cdot \dfrac{d_{11} + d_{21}}{N} \cdot \dfrac{d_{21} + d_{22}}{N} \cdot \overline{d_{12}}$.

Für die Zelle rechts unten erwarten wir eine Häufigkeit von $N \cdot \dfrac{d_{12} + d_{22}}{N} \cdot \dfrac{d_{21} + d_{22}}{N} \cdot \overline{d_{22}}$.

Eine wichtige Daumenregel ist, dass der Chi-Quadrat-Test nur dann sinnvolle Ergebnisse liefert, wenn die erwarteten Häufigkeiten nicht kleiner als 5 sind.

Die Idee des Chi-Quadrat-Tests ist, den Abstand der erwarteten Häufigkeiten zu den tatsächlichen Häufigkeiten zu betrachten. Wir greifen bei der Bestimmung des Abstands auf die Methode der summierten quadratischen Fehler, wie wir sie so ähnlich bereits bei der Bestimmung der Regressionsanalyse des Forecasts gesehen haben, zurück.

$$\chi^2 = \frac{(d_{11} - \overline{d_{11}})^2}{\overline{d_{11}}} + \frac{(d_{12} - \overline{d_{12}})^2}{\overline{d_{12}}} + \frac{(d_{21} - \overline{d_{21}})^2}{\overline{d_{21}}} + \frac{(d_{22} - \overline{d_{22}})^2}{\overline{d_{22}}}$$

Wenn χ^2 klein ist, so liegen die beobachteten Werte nah an den erwarteten Werten und die Items 1 und 2 haben keinen signifikanten Zusammenhang. Eine einfache Daumenregel besagt, dass ein Zusammenhang zwischen den Items 1 und 2 angenommen werden kann, wenn $\chi^2 > 3{,}84$ gilt.

6.5.5 Die Ergebnisse präsentieren

Die Präsentation der Ergebnisse ist der Schritt, in dem die meisten Fallstricke liegen. In den bisherigen Prozess waren fast alle Mitarbeiter aktiv eingebunden und über einen längeren Zeitraum wurde immer wieder auf das Thema Mitarbeiterzufriedenheit hingewiesen. Dadurch ist die **Erwartungshaltung der Mitarbeiter** gestiegen. Sie haben ein berechtigtes Interesse, über die Ergebnisse informiert zu werden. Gleichzeitig sind die Ergebnisse für viele Führungskräfte mit Ängsten und Sorgen verbunden: „Was, wenn meine Abteilung schlechter abschneidet als erhofft?“, „Was, wenn ich persönlich negativ beurteilt wurde?“. Eine Mitarbeiterbefragung macht angreifbar und verletzbar.

Es ist wichtig, diese Befürchtungen ernst zu nehmen. Von Anfang an sollte deutlich gemacht werden, dass es bei der Messung der Mitarbeiterzufriedenheit nicht um eine Beurteilung der Vorgesetzten geht, sondern die **gemeinsame Suche nach Verbesserungspotenzialen** im Mittelpunkt steht.

Daher sind Präsentationen vor großen Gruppen, in denen im schlimmsten Fall Ergebnisse einzelner Abteilungen auch noch im Plenum diskutiert werden, zu vermeiden. Besser ist es, die Ergebnisse langsam von oben nach unten zu veröffentlichen, also zunächst die Geschäftsleitung und dann nach und nach die verschiedenen Ebenen. Dabei sollte jeder Mitarbeiter nur Zugang zu den Ergebnissen bekommen, die ihn direkt betreffen. Es ist zwar aufwendiger, die Ergebnisse immer neu zusammenzustellen, aber die gesammelten Daten sind hoch sensibel und sollten auch bei der Präsentation entsprechend behandelt werden. Viele Befragungstools können diesen Schritt auch teilautomatisiert lösen, wodurch der Arbeitsaufwand geringer wird. Als Faustregel gilt, dass der Detailgrad niemals den Schwellenwert von fünf Mitarbeitern unterschreiten sollte, da dann die Anonymität der Mitarbeiter nicht mehr gesichert ist.

Die Präsentation der Ergebnisse sollte nicht bei einer reinen Zustandsbeschreibung stehen bleiben. Auch welche Maßnahmen nun angedacht sind und wie die weitere Nachverfolgung aussieht, sollte Teil der Präsentation sein.

Ein möglicher Weg:
Zunächst bekommen alle Mitarbeiter eine generelle Information **per Mail**. In dieser wird darauf hingewiesen, dass die Analyse der Mitarbeiterbefragung abgeschlossen ist. An dieser Stelle kann ein grober Überblick über die **Hauptresultate** für das ganze Unternehmen gegeben werden. Außerdem findet sich in der Mail ein Hinweis, dass die konkreten Ergebnisse auf einer separaten abteilungsinternen Infoveranstaltung präsentiert werden. Diese Infoveranstaltung wird von einer abteilungsexternen Person geleitet. Hier besteht die Möglichkeit, auf Details der Analyse einzugehen, und es kann auch erneut über mögliche Maßnahmen gesprochen werden.

Bei der Darstellung der Ergebnisse gilt, dass **Grafiken** optisch ansprechender und verständlicher auf den Betrachter wirken als reine Zahlen. Außerdem ist weniger meist mehr. Eine starke **Reduzierung** auf die wesentlichen Aussagen schafft eine bessere Übersichtlichkeit.

ZufriedenheitsbaroMEEter | 8

Eine Übersicht über alle gemessenen Aspekte von Zufriedenheit.
Je höher/weiter außen die Ergebnisse, desto zufriedener sind die Mitarbeiter.

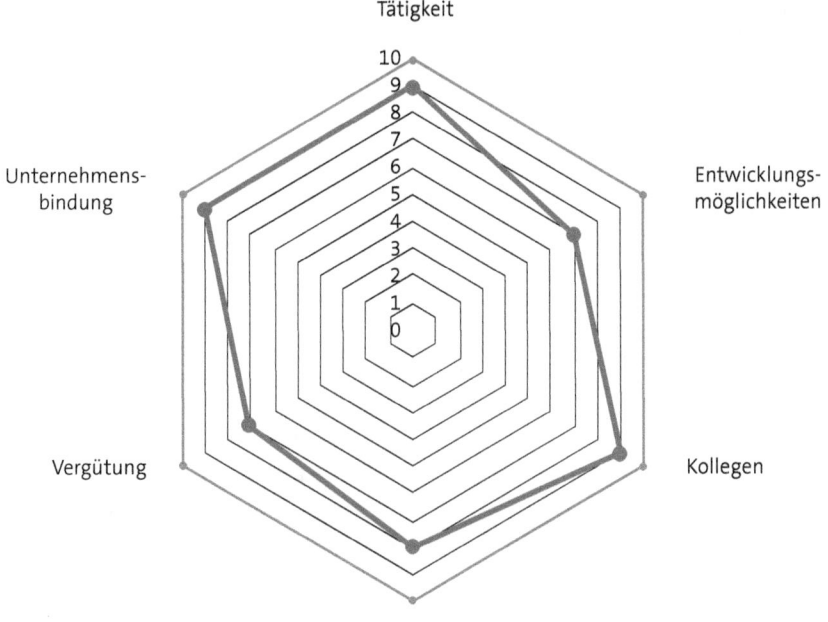

Analysebereich	Erreichte Punkte	Maximalpunkte
Tätigkeit	9	10
Entwicklungsmöglichkeiten	7	10
Kollegen	9	10
Führungskräfte	8	10
Vergütung	7	10
Unternehmensbindung	9	10

Eine möglichst übersichtliche graphische Auswertung kann dabei helfen, die komplexe Analyse herunterzubrechen und Handlungsfelder auf einen Blick sichtbar zu machen. In dieser Auswertung werden die einzelnen Items eines Faktors zu einer Gesamtnote zusammengefasst. Hierzu wird die Summe der Noten der Analysebereiche, die sich aus der Methode der Summenwerte ergeben, (9 + 8 + 9 + 9 + 6 + 10), durch die Anzahl der Analysebereiche (6) dividiert.

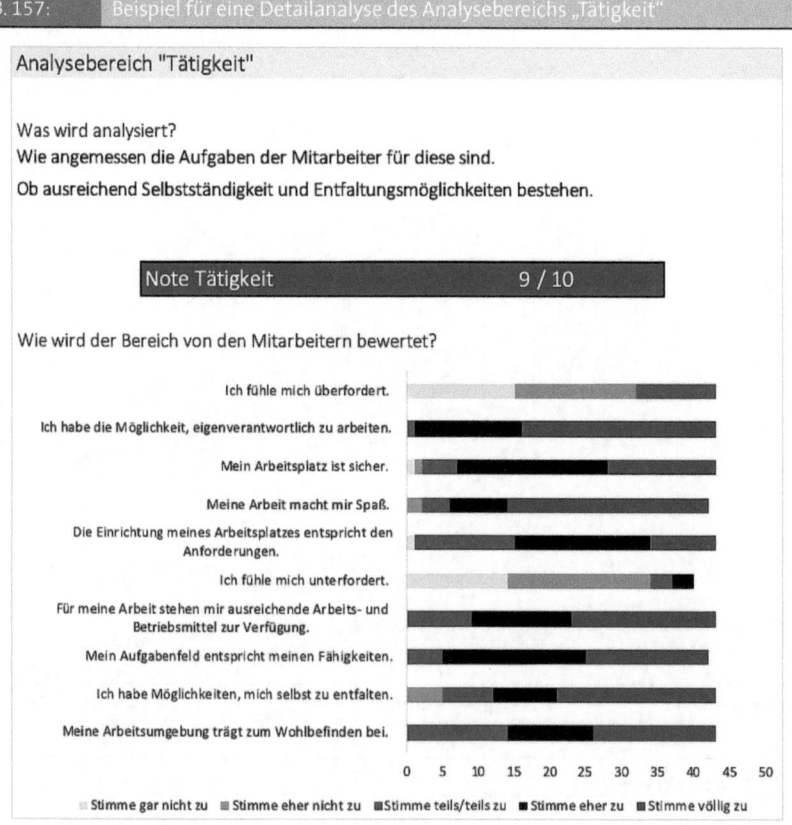

ABB. 157: Beispiel für eine Detailanalyse des Analysebereichs „Tätigkeit"

In der obigen Grafik werden die Ergebnisse des Analysebereichs „Tätigkeit" aufgeführt. Hierzu werden die Ergebnisse der Antworten in Form eines Balkendiagramms ausgewertet. Über die Färbung des Balkens „Stimme gar nicht zu" kann abgeschätzt werden, ob kritische Ausreißer in der Gesamtnote „untergehen". Auf diese ist separat einzugehen.

6.5.6 Maßnahmen ableiten und setzen

ABB. 158: Der Prozess zur Mitarbeiterbefragung endet mit einer zielgerichteten Veränderungsphase auf Basis der erhaltenen Ergebnisse

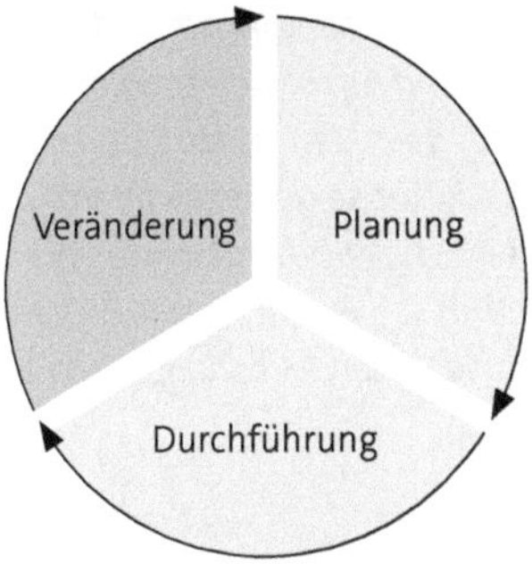

Wir haben schon ausführlich über das **Ableiten**, **Setzen** und **Nachverfolgen** von Maßnahmen gesprochen. Die meisten der dort geltenden Hinweise lassen sich auf die Mitarbeiterzufriedenheit übertragen. Bei der Mitarbeiterzufriedenheit ergeben sich allerdings ein paar zusätzliche Hürden.

Wenn die bisherigen Schritte gründlich durchgeführt wurden, fällt es i. d. R. leicht, die zentralen Stellschrauben, an denen Gegenmaßnahmen ansetzen können, zu finden. Es ist jedoch komplizierter, eine geeignete Gegenmaßnahme zu finden. Meistens hilft es, sich eng mit den betroffenen Mitarbeitern abzustimmen. Manchmal können die Maßnahmen mit entsprechender Moderation und Hilfe von den Mitarbeitern selbst erarbeitet werden. So kann Ängsten in Hinblick auf Veränderungen vorgebeugt werden sowie dem unguten Gefühl, Veränderungen „von oben aufgedrückt" zu bekommen. Sind Veränderungen in bestimmten Bereichen nicht umsetzbar, sollte dies **wertschätzend kommuniziert** werden.

Auch die Nachverfolgung der Maßnahmen ist oft schwieriger als bei den Finanzkennzahlen. Man sollte dennoch Kriterien definieren, wann eine Maßnahme als erfolgreich gilt und wann nicht. Eine bewährte Möglichkeit ist, Folgebefragungen zu nutzen.

Man sollte sich nicht zu viele Maßnahmen gleichzeitig vornehmen. Eine gute und sauber durchgeführte Maßnahme bringt mehr Verbesserung, als wenn zahlreiche Einzelmaßnahmen angeschnitten und nicht richtig nachvollzogen werden. Auch blinder Aktionismus ist unangebracht und kontraproduktiv. Es ist wichtig, sich auf die **zentralen Punkte** zu konzentrieren.

Die Auswertung der Mitarbeiterbefragung in der Brauerei Mälzers ergab, dass die Mitarbeiter im Einkauf mehr eigenverantwortliches und selbstentfaltendes Arbeiten wünschen. Bei der Ergebnispräsentation innerhalb der Abteilung konnte das Problem konkretisiert werden. Aktuell werden einige der Aufgaben als stark repetitiv empfunden. So müssen beispielsweise mehrere sehr ähnliche Excel-Tabellen parallel geführt werden. Gemeinsam mit dem Abteilungsleiter besprechen Marlene und Alfred daher, solche Tätigkeiten stärker automatisieren zu wollen. Ihre Hoffnung ist, dass den Mitarbeitern dadurch mehr Zeit für andere Tätigkeiten bleibt und die Produktivität so gesteigert werden kann. In einem ersten Schritt soll daher geprüft werden, welche Tätigkeiten automatisiert und besser strukturiert werden können. Ein erstes Zwischenergebnis soll in einem halben Jahr vorliegen. Marlene hofft, dass sich der Faktor Tätigkeit bei der nächsten Mitarbeiterbefragung in einem Jahr verbessert hat.

6.5.7 Evaluation

Der Prozess zur Messung der Mitarbeiterzufriedenheit sollte mit einer Evaluation enden. Was lief gut? Was lief nicht so gut? Was sollte beim nächsten Mal anders/besser gemacht werden? Diese Fragen sollte die Projektgruppe Mitarbeiterzufriedenheit offen und ehrlich diskutieren. Hier kann auch Feedback der einzelnen Abteilungen einfließen.

Wichtig ist, die Ergebnisse sorgfältig zu protokollieren, so dass sie beim nächsten Durchgang fruchtbar gemacht werden können.

Marlene ist mit der ersten Mitarbeiterbefragung zufrieden. Ein wichtiger Mehrwert ist schon jetzt deutlich geworden. Allein durch das Durchführen der Befragung haben sich die Mitarbeiter stärker wertgeschätzt gefühlt und das Thema Mitarbeiterzufriedenheit ist stärker ins Bewusstsein aller gerückt. Marlene und Alfred hoffen, dass die Mitarbeiterbefragung dazu beiträgt, weiterhin eine Atmosphäre innerhalb des Unternehmens beizubehalten, in der Feedback frei geäußert werden kann und so gute Ideen der Mitarbeiter eine Möglichkeit zur Umsetzung finden.

Auch Alfred freut der Erfolg der Befragung. Die erstmalige Befragung war zwar mit einem vergleichsweise hohen Aufwand verbunden, aber er ist sicher, dass alle Beteiligten viel gelernt haben und auf dieses Wissen bei zukünftigen Befragungen aufbauen können.

6.6 Fallstricke

► **Enttäuschte Erwartungen der Mitarbeiter:** Mit der Mitarbeiterbefragung entsteht bei den Befragten die Erwartung, dass mit den abgegebenen Daten auch etwas passiert. Dieser Konsequenz muss man sich bewusst sein.

► **Konzeptionelle Schwäche der Mitarbeiterbefragung:** Das Format der Mitarbeiterbefragung sollte der Zielsetzung entsprechen. Alle Ergebnisse sollten gut interpretiert und präsentiert werden. Der Betriebsrat sollte in die Planung und Konzeption eingebunden werden.

► **Ergebnisse werden nicht sensibel genug kommuniziert:** Beispielsweise sollten schlechte Ergebnisse von Einzelabteilungen nicht im Plenum diskutiert werden. Vorgesetzte werden auf die Ergebnisse vorbereitet.

► **Mitarbeiterzufriedenheit wird nicht als Frühwarnindikator erkannt:** Die Kennzahlen zur Mitarbeiterzufriedenheit sollten im Reporting integriert werden und im Wirkungszusammenhang mit den finanziellen Kennzahlen interpretiert werden.

7. Nachhaltigkeitscontrolling

„Wir haben mittlerweile ein sehr rundes System aufgebaut. Ich denke, wir können stolz darauf sein, was wir geschafft haben. Ich denke jedoch, dass uns noch ein letzter Baustein fehlt: Die Nachhaltigkeit. Wir haben die ganze Zeit über die Zukunft gesprochen, da ist es doch nur konsequent, wenn wir den Punkt Nachhaltigkeit noch ganz konkret mit in unseren Prozess integrieren."

Während Marlene tausende Ideen hat, stutzt Alfred einen Moment: „Nachhaltigkeit ist auf jeden Fall ein wichtiges Thema. Gerade für uns als Familienunternehmen hat das natürlich eine hohe Relevanz. Deshalb haben wir das auch von Anfang an in unserem Controlling-Projekt mitgedacht, wenn wir es auch nie so explizit benannt haben. Zum Beispiel achten wir verstärkt darauf, dass unsere Investitionen nachhaltig sind. Das ist mir besonders wichtig, weil ich dir die Brauerei mit gutem Gewissen übergeben können möchte. Auch beim Thema Mitarbeiterzufriedenheit ist uns wichtig, unseren Mitarbeitern gute und langfristig sichere Arbeitsplätze anzubieten. Auch das ist Nachhaltigkeit."

Dem stimmt Marlene zu: „Wir machen auf jeden Fall schon einiges und als regionales Familienunternehmen ist eine Ausrichtung auf nachhaltige Ziele für uns selbstverständlich. Allerdings verfolgen wir unsere Anstrengungen noch nicht strukturiert. Die vielen Methoden, die wir in der letzten Zeit erfolgreich im Unternehmen umgesetzt haben, können uns sicherlich helfen, das zu ändern."

„Wir müssen aber aufpassen, dass wir uns nicht zu sehr ablenken lassen. Im Fokus muss stehen, unser Unternehmen wirtschaftlich erfolgreich zu führen", wirft Alfred ein. „Darauf muss der größte Teil unserer Konzentration gesetzt werden."

„Da sehe ich keinen Widerspruch", entgegnet Marlene. „Schließlich bietet das Thema Nachhaltigkeit direkte Mehrwerte für unser Unternehmen in Form von Werbung und Wettbewerbsvorteilen. Für manche Zielgruppen ist ein nachhaltiges Produkt sogar Voraussetzung für einen Kauf. Ein kluges Nachhaltigkeitskonzept könnte in Zukunft Vorteile bei einer potenziellen Finanzierungssuche bringen."

„Zwar ist mir aufgefallen, dass Nachhaltigkeit immer mehr beworben wird, aber die Vielzahl der anderen positiven Effekte finde ich sehr überzeugend. Allerdings bin ich mir unsicher, ob Controlling der richtige Ansatzpunkt ist, sich dem Thema zu nähern."

„Auf jeden Fall", sagt Marlene, „Wenn wir Nachhaltigkeit erfolgreich umsetzen wollen, brauchen wir klare Ziele und Maßnahmen, die nachverfolgt werden. Das entspricht der Methodik des Controllings. Die steuerungsrelevanten Informationen nehmen wir ins Reporting auf. Gleichzeitig verhilft uns dies zu einem umfassenden Blick auf alle Unternehmensbereiche."

7.1 Was versteht man unter Nachhaltigkeitscontrolling?

Durch die aktuelle Umweltdebatte und die Notwendigkeit, sich dem Thema zu widmen, ist „Nachhaltigkeit" ein zentrales Schlagwort unserer Zeit geworden. Nachhaltigkeit ist ein **hochaktuelles Thema**, aber trotzdem keine Modeerscheinung, sondern wird an Bedeutung wohl noch gewinnen.

Nachhaltigkeit ist ein Mantelbegriff, unter dem sich eine Vielzahl verschiedener Ansätze und Aspekte sammeln. Um den Begriff leichter fassen zu können, hat die Enquete-Kommission des Deutschen Bundestages „Schutz des Menschen und der Umwelt" das Drei-Säulen-Modell der nachhaltigen Entwicklung vorgeschlagen. Nach diesem manifestiert sich Nachhaltigkeit in den drei Dimensionen Ökologische Nachhaltigkeit, Ökonomische Nachhaltigkeit und **Soziale Nachhaltigkeit**.

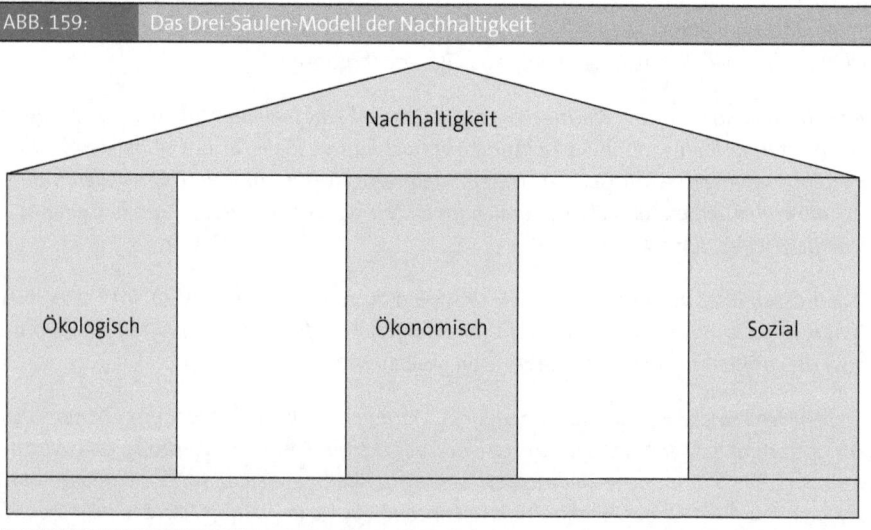

ABB. 159: Das Drei-Säulen-Modell der Nachhaltigkeit

Im Jahr 2010 wurde vom Rat für Nachhaltige Entwicklung innerhalb eines groß angelegten Dialogprozesses der deutsche Nachhaltigkeitskodex (DNK) entwickelt, welcher Unternehmen dabei helfen soll, ihren Beitrag zu einer nachhaltigen Entwicklung sichtbar zu machen. Der deutsche Nachhaltigkeitskodex bezieht sich auf obigen Nachhaltigkeitsbegriff und führt 20 Kriterien auf, mit deren Hilfe Unternehmen eine eigene Nachhaltigkeitsstrategie aufbauen können. In Nachhaltigkeitsberichten berichten auch kleine und mittlere Unternehmen zu den insgesamt 20 Kriterien, die jeweils mit eigenen Checklisten und Leistungsindikatoren verknüpft sind und sich in die vier Bereiche Strategie, Prozessmanagement, Umweltbelange und Gesellschaft unterteilen. Der deutsche Nachhaltigkeitskodex hat große Schnittmengen mit den 17 UN-Nachhaltigkeitszielen.

Die 17 Ziele für nachhaltige Entwicklung (englisch „Sustainable Development Goals" oder kurz „SDGs") der Vereinten Nationen (UN) wurden in einem Konsultationsprozess von 193 UN-Mitgliedsländern und der globalen Zivilgesellschaft als Weiterentwicklung der Millenniums-Entwicklungsziele (MDGs) von 2000 entworfen und traten Anfang 2016 mit einer Laufzeit von 15 Jahren (bis 2030) in Kraft. Die Ziele dienen der weltweiten Sicherung einer nachhaltigen Entwicklung auf ökonomischer, sozialer sowie ökologischer Ebene. Die 17 Ziele umfassen 169 Unterziele und richten sich sowohl an Staaten als auch Organisationen und Privatpersonen.

ABB. 160: Die 17 Ziele für nachhaltige Entwicklung der Vereinten Nationen (vgl. https://17ziele.de)

Die 17 Nachhaltigkeitsziele bieten einen umfassenden Überblick an Themen für eine nachhaltige Ausrichtung der Geschäftstätigkeit von Unternehmen. Mit den unternehmerischen Aktivitäten werden die Ziele berührt und können ebenso beeinflusst werden: Beispielsweise über die Arbeitsbedingungen für Mitarbeitende, über die Auswahl von Lieferanten und Partnern sowie über die Umwelt- und Sozialverträglichkeit von Produkten. Die Nachhaltigkeitsziele bieten die Chance, sich den positiven und negativen Auswirkungen der unternehmerischen Aktivitäten bewusst zu werden.

In der Praxis hat sich die Ausrichtung und Auseinandersetzung mit den 17 Nachhaltigkeitszielen bewährt, wenn es darum geht, eine Standortbestimmung zu dem für viele etwas diffusen und teilweise auf Umwelt- und Klimaschutz verengten Begriff der Nachhaltigkeit zu machen. Durch die Breite des Ansatzes vermittelt sich schnell, welche vielfältigen Aspekte unter dem Thema Nachhaltigkeit subsummiert werden. Durch den intensiven Diskussionsprozess bei der Erarbeitung durch 193 UN-Mitgliedsländer haben sich diese 17 Ziele als global akzeptiertes, allgemein gültiges Wertegerüst für eine nachhaltige Gesellschaft und Wirtschaft herauskristallisiert. Dadurch schaffen die Nachhaltigkeitsziele die Möglichkeit, einen gemeinsamen Orientierungsrahmen für unterschiedliche Interessen und Zielsetzungen in Unternehmen zu bilden, ohne als erhobener Zeigefinger oder als moralische Instanz wahrgenommen zu werden.

7.2 Was sind die Mehrwerte?

Ökonomische Nachhaltigkeit, die ja Wesenskern der meisten Unternehmen ist, kann auch ohne Rücksicht auf soziale und ökologische Aspekte erreicht werden. Zusätzlich sind soziale und ökologische Veränderungen häufig mit hohen Kosten verbunden, die keine direkten kurzfristigen ökonomischen Vorteile mit sich bringen. Ein Beispiel hierfür ist die Umstellung auf teureren Ökostrom. Warum also sollten sich Unternehmen mit dem Thema Nachhaltigkeit beschäftigen?

7.2.1 Verantwortung übernehmen

Viele Unternehmer werden von ihrer intrinsischen, persönlichen Überzeugung getrieben. Gerade kleine und mittelständische Unternehmen sind sich ihrer **Verantwortung** für die Gesellschaft oftmals stark bewusst und leiten daraus einen hohen Anspruch an ihr eigenes Handeln ab.

7.2.2 Wettbewerbsvorteile

Auch aus rein praktischen Erwägungen führt eine umfassende Nachhaltigkeitsstrategie zu vielen Vorteilen, die auch ökonomischer Natur sind. Man denke beispielsweise an **Werbeeffekte** oder mögliche **Wettbewerbsvorteile** durch die höhere Attraktivität als Arbeitgeber gerade für kommende Generationen. Außerdem kann die bewusste Auseinandersetzung mit dem Thema „Nachhaltigkeit" ein wichtiger Innovationstreiber sein. Direkte finanzielle Vorteile beispielsweise in Form von Förderprogrammen oder in der Finanzierungssuche können einen zusätzlichen Anreiz schaffen.

7.2.3 Agieren statt reagieren

Wirtschaftlicher Erfolg wird sich langfristig noch stärker an sozialen und ökologischen Zielen orientieren müssen. Die Beschäftigung mit dem Thema wird **alternativlos**. Die Wahrscheinlichkeit, dass der Gesetzgeber in Zukunft stärker regulierend eingreift, ist hoch. Daher ist es sinnvoll, sich frühzeitig einen Vorsprung zu erarbeiten.

Aufgrund der Ressourcenknappheit ist nur in einer nachhaltig lebenden Gesellschaft ökonomischer Erfolg dauerhaft möglich. Wer über Zukunft redet, muss auch über Nachhaltigkeit sprechen.

7.3 Was zeichnet erfolgreiches Nachhaltigkeitscontrolling aus?

7.3.1 Den ersten Schritt machen

Komplexe gesellschaftliche Probleme können nicht von einzelnen Unternehmen gelöst werden. Deshalb wird das Thema Nachhaltigkeit auf den ersten Blick manchmal als zu komplex für eine pragmatische Umsetzung im Tagesgeschäft von Unternehmen wahrgenommen. Das Engagement kleiner und mittlerer Unternehmen trägt dennoch zu einer nachhaltigen Welt bei. Wichtiger, als von Anfang an alle Lösungen zu kennen, ist, den ersten kleinen Schritt zu gehen.

7.3.2 Frühwarnindikation

Langfristige Ziele werden auch unter der Berücksichtigung von Nachhaltigkeitsfaktoren erarbeitet. Nachhaltigkeitscontrolling sollte daher auch genutzt werden, um den Kurs auf diese langfristigen Ziele zu halten. In diesem Sinne ist Nachhaltigkeitscontrolling ein wichtiger Indikator für ein Frühwarnsystem und sollte als solcher genutzt werden.

7.3.3 Nachhaltigkeit leben

Nur wenn das Thema Nachhaltigkeit im Unternehmensalltag ernstgenommen und bei allen Entscheidungen selbstverständlich mitgedacht wird, können fruchtbare Veränderungen bewirkt werden. Dazu gehört auch die Integration in das Reporting als Informationssystem für die Geschäftsführung.

7.3.4 Synergien nutzen

Auch wenn die ökonomischen Vorteile nicht immer von Anfang an klar auf der Hand liegen, so bestehen zahlreiche versteckte Synergien zwischen den drei Säulen der Nachhaltigkeit. Oft lassen sich Maßnahmen bewusst so setzen, dass diese Synergien ausgenutzt werden. Auf diesem Weg können verschiedene positive Effekte mit einer Maßnahme erreicht werden.

7.4 Nachhaltigkeit im Unternehmen

Auch wenn wir das Thema Nachhaltigkeit bisher nicht explizit angesprochen haben, zieht es sich doch als roter Faden durch alle bisherigen Buchkapitel, beginnend damit, dass im Reporting langfristige Ziele im Blick behalten werden und diese auch von der kurzfristigen Planung mitgedacht werden können, über einen Vertriebsprozess, der Mehrwerte für den Kunden berücksichtigt und nicht nur auf den kurzfristigen Verkaufserfolg abstellt, bis hin zum Mitarbeitercontrolling, wo das Schaffen und Erhalten von guten Arbeitsplätzen in den Fokus gerückt wird.

Diese Beispiele zeigen, dass Nachhaltigkeit ein **Querschnittsthema** ist und sich nicht durch das Umsetzen einzelner Maßnahmen erreichen lässt. Nachhaltigkeit ist ein langfristiges Unternehmensziel. Als solches ist es mit anderen Zielen in Einklang zu bringen. Die in diesem Buch vorgestellten Methoden und Instrumente helfen, es praktisch umzusetzen.

Eine ganzheitliche Nachhaltigkeitsstrategie lässt sich allerdings nicht von heute auf morgen umsetzen. Vielmehr handelt es sich um einen langen Prozess, an dessen Ende ein umfassendes Nachhaltigkeitskonzept steht, das im Unternehmen gelebt wird. Aber auch wenn der Prozess lang ist, es ist besser, klein zu starten als gar nicht.

ABB. 161: Der Weg zur ganzheitlichen Nachhaltigkeitsstrategie

Die konkrete Ausgestaltung dieses Prozesses ist stark von individuellen Gegebenheiten und unternehmensspezifischen Anforderungen geprägt. Dieses Kapitel ist als erster Ansatzpunkt gedacht, den ersten oder zweiten Schritt zu gehen. Die konkrete Ausgestaltung sollte durch weiterführende Literatur oder externe Expertise begleitet werden.

Dazu geben wir drei wichtige Anhaltspunkte, die sich kohärent in einen zukunftsorientierten Controlling-Ansatz, wie er in diesem Buch beschrieben wird, einfügen lassen.

1. Wie kann ein Leitbild „Nachhaltigkeit" im Unternehmen etabliert werden, an dem sich zukünftige Handlungen orientieren?

2. Wie lässt sich der Status quo erfassen?

3. Wie können nachhaltigkeitsorientierte Kennzahlen in den standardisierten Controlling-Prozess aufgenommen werden?

7.4.1 Nachhaltigkeit als gelebte Firmenidentität

Ein Leitbild „Nachhaltigkeit" kann eine wichtige Orientierungshilfe im Transformationsprozess darstellen. Auch in kleinen und mittleren Unternehmen werden Leitbilder, wie sie in Konzernen schon üblich sind, genutzt, um ein gemeinsames Wertegerüst aufzubauen und zu verstärken. Besteht bereits ein Leitbild im Unternehmen, so kann dieses um den Aspekt der Nachhaltigkeit ergänzt werden. Hat ein Unternehmen noch kein Leitbild entwickelt, so kann die Nachhaltigkeits-Transformation als Anlass genommen werden, eines zu erarbeiten. Es ist auch möglich, ein separates Leitbild Nachhaltigkeit zu erstellen, welches ausschließlich auf dieses Thema gerichtet ist.

„Als wir unser Reporting aufgebaut haben, haben wir uns überlegt, welche entscheidenden Stellschrauben es für unseren Unternehmenserfolg gibt", erinnert sich Marlene. „Hierbei sind wir von unseren langfristigen, strategischen Zielen ausgegangen. In dem Zusammenhang hatten wir auch überlegt, welche Leitlinien für unser Unternehmen zentral sind. Damals hatten wir den Aspekt ‚Beitrag zu einer besseren Umwelt leisten' bereits notiert und uns vorgenommen die einzelnen Punkte im Zeitverlauf zu konkretisieren."

Langfristig sollen alle Ziele des Unternehmens geschärft und in ein übergeordnetes Leitbild eingearbeitet werden. Zum jetzigen Zeitpunkt wollen Alfred und Marlene mit der Nachhaltigkeit starten, da ihnen dieser Aspekt besonders gut geeignet zu sein scheint, den Prozess zu üben, so dass sie ihn in Zukunft auch für die anderen Bereiche nutzen können.

Adressaten des Leitbilds sind alle Menschen, die Berührungspunkte mit dem Unternehmen haben. Das sind zunächst alle **Mitarbeiter**, denn diese sollen das Leitbild umsetzen und tragen mit ihrem Handeln dazu bei, dass das Leitbild mit Leben gefüllt wird. Es soll ihnen beim Treffen von Entscheidungen und beim Lösen von Konflikten zur Seite stehen.

Da das Leitbild die Grundlage für die Unternehmensstrategie bildet, sind die **Führungskräfte** hier in einer besonderen Verantwortung.

Auch die **Lieferanten** und **Kunden** werden durch ein Leitbild adressiert, da das Leitbild eine Basis für die Zusammenarbeit bildet und durch die im Leitbild festgelegten Visionen bestimmte Erwartungen geschürt werden. Gerade Nachhaltigkeitsfragen haben einen hohen Einfluss auf die Partner des Unternehmens.

Der Aufbau des Leitbilds kann sich von Unternehmen zu Unternehmen unterscheiden. Es gibt keine einheitliche Regelung.

Eine Orientierung können die folgenden Fragen geben:

► Was ist das Selbstverständnis unseres Unternehmens?

► Wofür stehen wir?

► Was sind unsere Visionen und Ziele?

► Was wollen wir erreichen?

► Wie können wir unsere Ziele umsetzen?

► Was sind unsere Werte?

► Nach welchem Motto richtet sich unser Handeln?

► Was bedeutet Nachhaltigkeit für unser Unternehmen?

► Was können und wollen wir zu einer nachhaltigen Welt beitragen?

Auch die Form des Leitbilds ist jedem Unternehmen freigestellt. Es sind Fließtexte, zentrale Leitsätze oder auch Wortwolken denkbar. Wichtig ist, dass das Leitbild klar und verständlich ist. Dabei sollte das Leitbild nicht zu konkret sein, aber auch nicht so abstrakt, dass Handlungen sich nicht mehr an dem Leitbild ausrichten lassen. Die im Leitbild festgehaltenen Ziele sollten realisierbar sein und sich veränderten Rahmenbedingungen anpassen können.

Alfred und Marlene ist wichtig, dass sich alle Mitarbeiter mit dem Leitbild identifizieren können. Daher sollten sie aktiv in den Entwicklungsprozess einbezogen werden. Aus diesem Grund organisieren sie einen Workshop, an dem Mitarbeiter aller Abteilungen beteiligt werden. Dieser unterteilt sich in eine Reflexions-Phase, in der die Fragen „Wo wollen wir hin?" und „Wie wollen wir wahrgenommen werden?" beantwortet werden, und eine Analyse-Phase, in der die Ergebnisse der Reflexions-Phase mit dem IST-Zustand der Brauerei abgeglichen werden. Daraus ergeben sich Grundsätze, die für das Leitbild fixiert werden. Diese Ergebnisse wollen sie sichtbar im Eingangsbereich der Brauerei aufhängen.

7.4.2 Den Status quo erfassen

Die Nachhaltigkeits-Transformation kann nur erfolgreich umgesetzt werden, wenn der IST-Zustand regelmäßig evaluiert wird. In Analogie zum Controlling-Regelkreis kann ein Prozess zur Erreichung der Fernziele etabliert werden. Dabei ist es hilfreich, die aus dem Leitbild abgeleiteten Fernziele in kleinere Ziele zu unterteilen und im Laufe der Zeit zu erweitern.

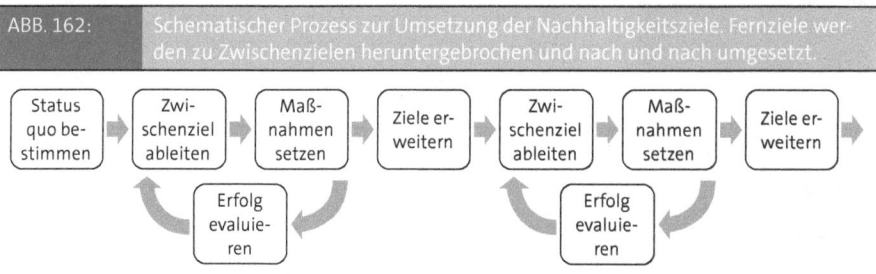

ABB. 162: Schematischer Prozess zur Umsetzung der Nachhaltigkeitsziele. Fernziele werden zu Zwischenzielen heruntergebrochen und nach und nach umgesetzt.

Gerade wenn der Aspekt Nachhaltigkeit neu in bestehende Unternehmensstrukturen integriert werden soll, hilft es, in einem ersten Schritt den Status quo zu erfassen. Welche konkreten Bereiche bedürfen einer besonderen Berücksichtigung beim Thema und was sind die Stellschrauben im Unternehmen? Wo steht das Unternehmen aktuell?

Das Beratungsunternehmen B. A. U. M. Consult hat dazu ein Workshopdesign („CHECK-N") entwickelt, in dem die 17 Nachhaltigkeitsziele der UN systematisch mithilfe einer Matrix aus interner und externer Sicht (Interessengruppen/Stakeholder) bewertet werden. Die Nachhaltigkeitsziele werden dazu auf konkrete Zielfragen heruntergebrochen, die Unternehmen unmittelbar betreffen. Hier vier ausgewählte Ziele zur Verdeutlichung:

SDG	Zielfragen
1 KEINE ARMUT	▶ Wie ist in Ihrem Unternehmen die Bezahlung gestaltet? Wird unter- oder übertariflich gezahlt bzw. über den Mindestlohn hinaus? ▶ Bieten Sie i. d. R. feste Arbeitsverhältnisse an? ▶ Welche Möglichkeiten der betrieblichen Altersversorgung bzw. Betriebsrente oder sonstige Leistungen bieten Sie Ihren Mitarbeitern an? ▶ Welche Möglichkeiten zum beruflichen Aufstieg gibt es, auch für Alleinerziehende? Stehen diese Möglichkeiten allen offen? Gibt es ein Recht auf befristete Teilzeit? Von Teilzeit zurück in Vollzeit?

SDG	Zielfragen
3 GESUNDHEIT UND WOHLERGEHEN	▸ Welche Maßnahmen werden im Rahmen des betrieblichen Gesundheitsmanagements (BGM) angeboten (Vermeidung von Übergewicht, Vorsorgeuntersuchungen)? ▸ Welche Angebote zur Gesundheitsförderung bestehen für Ihre Mitarbeiter in Ihrem Unternehmen (z. B. Sportkurse, Seminare zu Gesundheitsthemen etc.)? ▸ Setzt sich Ihr Unternehmen für gesundheitliche Aufklärung ein (Risiken des Tabak-, Alkohol- und Drogenmissbrauchs)? ▸ Gibt es flächendeckende Gefährdungsbeurteilungen, auch für psychische Gefährdung?
13 MASSNAHMEN ZUM KLIMASCHUTZ	▸ Wo entstehen in Ihrem Unternehmen die meisten Emissionen (Herstellung, Transport, Dienstfahrten)? ▸ Führen Sie in Ihrem Unternehmen eine Messung/Bilanzierung der Emissionen durch? Gibt es Klimabilanzen? ▸ Gibt es Maßnahmen, die Emissionen zu verringern? ▸ Bestehen Maßnahmen zur Verringerung des produktionsbedingten ökologischen Fußabdrucks? ▸ Haben Sie Maßnahmen/Gefährdungen für Ihr Unternehmen in Hinblick auf Klimafolgenanpassung durchgeführt?
17 PARTNER-SCHAFTEN ZUR ERREICHUNG DER ZIELE	▸ Fördern Sie einen aktiven Dialog zu allen Stakeholdern Ihres Unternehmens? ▸ In welchen Unternehmensnetzwerken (z. B. Global Compact) sind Sie Mitglied? ▸ Wird bei Einkauf und Nutzung Wert auf unter fairen Produktionsbedingungen hergestellte Produkte gelegt? ▸ Wird das ehrenamtliche Engagement der Mitarbeitenden gefördert?

Das Wesentlichkeitsprinzip beruht auf der Annahme, dass für eine Organisation nicht jedes Nachhaltigkeitsziel gleich hohe Bedeutung hat. Oder anders ausgedrückt: Je nach Geschäftstätigkeit eines Unternehmens gibt es relevantere oder weniger relevante Nachhaltigkeitsthemen. Ein Bürobetrieb wird das Ziel „Nachhaltige/r Produktion und Konsum" schwächer bewerten, ein Hersteller von Chemikalien hat die Gesundheit der Mitarbeitenden stärker im Auge als andere, für eine Reinigungsfirma wird das Ziel „keine Armut" relevanter sein als für ein High-Tech-Unternehmen mit vielen hochqualifizierten Fachkräften.

Die Wesentlichkeitsanalyse (auch Materialitätsanalyse genannt) wird im Zusammenhang mit der Nachhaltigkeitsberichterstattung von internationalen wie nationalen Standards gefordert, wie der Global Reporting Initiative und dem Deutschen Nachhaltigkeitskodex. Sie dient der Eingrenzung und Priorisierung von Themen. Nicht mit der Gießkanne, sondern gezielt auf die wichtigsten Fragestellungen soll das Unternehmen eine Antwort geben.

Die wichtigsten Nachhaltigkeitsziele und deren Ausprägung für das spezifische Unternehmen ergeben sich aus zwei Dimensionen: der Sicht des Unternehmens (Innenblick) und der der Stakeholder (externer Blick). Beide werden im CHECK-N-Workshop mit der Geschäftsführung, Führungskräften und Stabstellen abgefragt. Die SDGs werden nach und nach auf einer Matrix zugeordnet.

ABB. 163:   Ergebnis-Matrix eines produzierenden Unternehmens aus der Möbelbranche

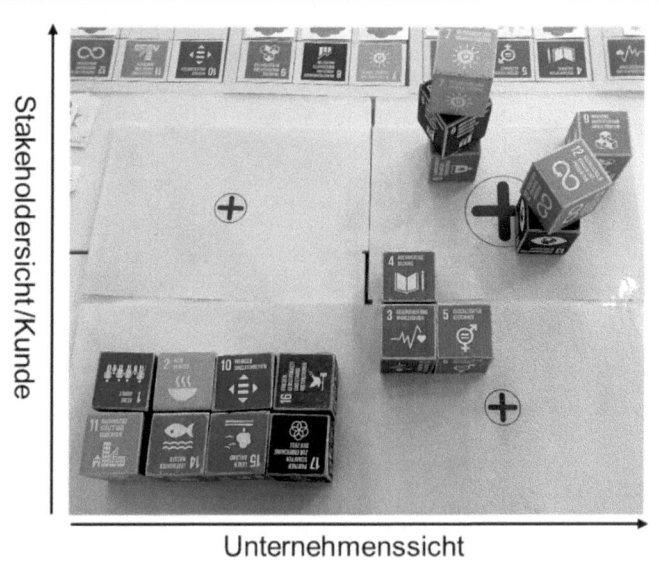

Im Anschluss erfolgt die Bewertung des Status quo im Unternehmen. Dazu bedient sich B. A. U. M. wie auch die Bundesregierung in ihrer Nachhaltigkeitsstrategie der Wettersymbole (Sonne, Sonne/Wolken, Regen, Gewitter). Dies gibt einen ersten guten Überblick über den Handlungsrahmen: Wo im Unternehmen gibt es Lücken und damit Handlungsbedarf? Welche Themen wurden bereits systematisch aufbereitet?

Ergebnisse sind eine gefüllte Matrix, die Bewertung des Status quo und eine Sammlung von Maßnahmen, die bereits durchgeführt oder geplant sind, sowie Ideen, welche Maßnahmen den Zielen zuträglich sind.

ABB. 164:	Ergebnis-Matrix, Beispiel Gastronomiebetrieb, Catering				
	1 KEINE ARMUT	**2** KEIN HUNGER	**3** GESUNDHEIT UND WOHLERGEHEN	**4** HOCHWERTIGE BILDUNG	**5** GESCHLECHTER-GLEICHHEIT
Wesentlichkeit	intern	intern und extern	intern und extern	intern und extern	nicht relevant
Bewertung	(Wolke/Regen)	(Wolke/Regen)	(Wolke/Regen)	(Wolke)	nicht relevant
Anmerkungen	► Kunde / B2B: keine Anforderungen ► Bezahlbarer Wohnraum für die MA v. a. im Niedriglohnsektor (50 % aller MA) wichtig ► Aufgrund Tätigkeitsfeld viele befristete Verträge	► Überschüsse von Catering (Überangebot aufgrund Kundenwunsch) ► Kunde: Nachfrage nach vegan/vegetarischem Angebot (Trend in Gastro) → hohe Kompetenz im Haus ► über Einkauf Hebel vorhanden → Einsparung Rohstoffe/ Ressourcen, Logistikaufwand, Kosten	► Herausforderungen: MA für Gesundheit sensibilisieren, viel Nachtarbeit ► Kunde: Nachfrage nach gesunden (vegan/vegetarische) Lebensmitteln ► Kantine: vegan/ vegetarisches Angebot wegen CO$_2$, nicht vorrangig Gesundheit	► Herausforderung: Aufklärung/Sensibilisierung der MA bzgl. NH-Themen → Spannungsfeld: Wieso Nachhaltigkeit? ► interne Kommunikation zu NH-Themen fehlt ► Bewertung: Schulung = Sonne, NH-Themen = Regen	► Frauen = 50 % der MA (ab 2. Führungsebene) ► Frauenanteil in erster Führungsebene: 2 von 14 → Teilzeit mit viel Verantwortung schwierig
bereits umgesetzte/bestehende Maßnahmen	► Maßnahmen für MA-Gewinnung: Kinderbetreuung, kostenloses Mittagessen (Verknüpfung zu SDG 2), MA-Wohnungen	► Newsletter an B2B: Umgang mit Verpackung ► Kooperation mit Tafel ► kostenlose MA-Verpflegung (aus Verkauf in Kantine) → Verknüpfung zu SDG 1	► Kooperation mit Fitnessstudios ► B2 Run und vorherige Lauftrainings ► Gesundheitstag ► Stehtische in den Büros ► Leasingrad für MA	► Bildungsangebot für MA vorhanden, bisher finden sich Nachhaltigkeitsthemen nur in der Ausbildung wieder ► Manufakturabend für Kunden: Interesse bzgl. Produkten	► Faire Gehälter ► Einstellung nach Qualifikation ► Betreuungszuschuss
Potenziale/ mögliche Möglichen	► Anreize über MA-Mobilität ► Anhebung des Lohnniveaus bei gleichzeitig steigender Produktivität	► Kantine: Ausbau des vegetarischen/ veganen Angebots	► Arbeitsabläufe analysieren und optimieren (bereits in Küche umgesetzt) ► Vorgaben in Zeitarbeitsverträgen ergänzen ► Kantine: veganes/ vegetarisches Angebot wg. Gesundheit	► Kompetenz bei MA schaffen → Mehrwert von nachhaltigen Produkten im Verkauf vermitteln ► Bestehende Schulungen für MA im Nachhaltigkeitsbereich ergänzen ► Manufakturabend für Kunden: Informationsvermittlung zu NH ► Steigerung der Inanspruchnahme des bestehenden Schulungsangebots	► Frauen in Teilzeit in Führungspositionen ► Angebot Homeoffice ► Jobsharing (Tandem) ► Geringe Akzeptanz gegenüber Vätern in Elternzeit

7.4.3 Nachhaltigkeitsziele mit Kennzahlen überwachen

Die wesentlichen Ziele bilden nun den Rahmen für das Nachhaltigkeitsengagement der Unternehmen. Eingegrenzt auf wenige Themen können Ressourcen zielgerichtet eingesetzt werden.

Im nächsten Schritt gilt es, Ziele und Kennzahlen zu den wesentlichen Themen zu entwickeln. Was soll erreicht werden? Mit welchen Programmen und Maßnahmen erreiche ich diesen Zustand und mit welchen Kennzahlen kann die Verbesserung gemessen und nachgehalten werden?

ABB. 165:	Beispielhafte Darstellung von Maßnahmen und Kennzahl auf Basis der Nachhaltigkeitsziele
 **3 GESUNDHEIT UND WOHLERGEHEN**	Beispiel für Ziel 3: Gesundheit und Wohlergehen ► Ziel: Wir möchten, dass bis 2022 50 % der Mitarbeiter ein intern gefördertes Sport- oder Fitnessangebot wahrnehmen. ► Kennzahl: Teilnahme an Sportkursen (Jahresstunden/Mitarbeiter) ► Maßnahme: Bekanntmachung von bestehenden Angeboten, Etablierung neuer Kurse, Prämierung der „sportlichsten" Teams, Zuschuss zu den Angeboten
13 MASSNAHMEN ZUM KLIMASCHUTZ	Beispiel für Ziel 13: Maßnahmen zum Klimaschutz ► Ziel: Klimaneutralität bis 2030 ► Kennzahlen: Scope 1- und 2-Emissonen sowie ausgewählte Scope 3-Emissionen ► Maßnahmen: Ermittlung der Klimabilanz alle zwei Jahre, Umsetzung aller wirtschaftlich sinnvollen Energieeffizienzmaßnahmen (ROI < fünf Jahre), Umstellung auf Ökostrom, Kompensation von verbleibenden Emissionen

In der Praxis werden durch die Auseinandersetzung mit den 17 Nachhaltigkeitszielen der UN natürlich auch Zielkonflikte und konkurrierende Prioritäten sichtbar. Diese können dann aufgegriffen und unter verschiedenen Nachhaltigkeitsaspekten bewertet werden. Oft zeigt sich dabei, dass sich anfänglich konträr scheinende Zielstellungen auf einen gemeinsamen Nenner bringen lassen.

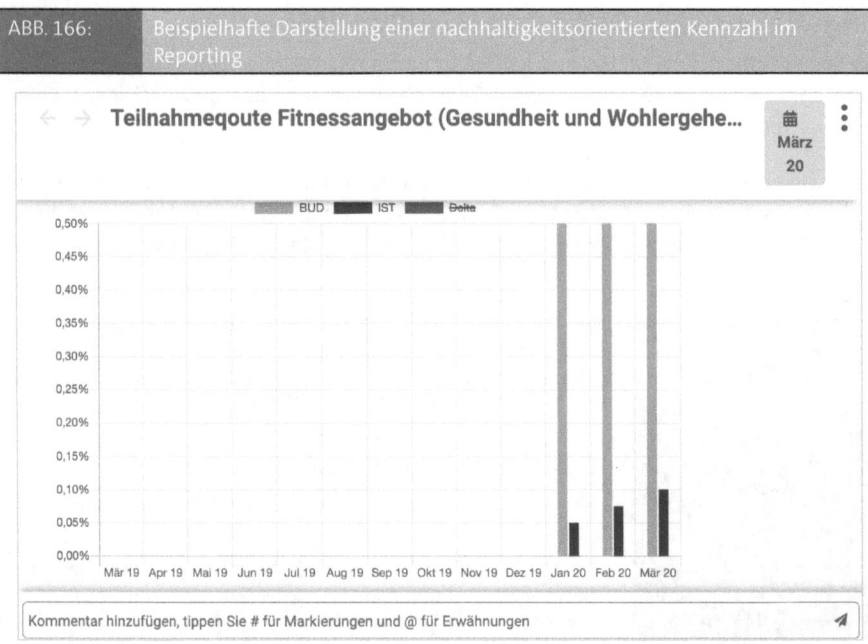

In der Brauerei Mälzers wird überlegt, welche Maßnahmen ein erster Schritt zu mehr Nachhaltigkeit sein könnten. Im Workshop zur Erarbeitung des Leitbildes Nachhaltigkeit wurden die ökologischen Vorteile der Glasmehrwegflasche, in der die Brauerei ihr Bier verkauft, erkannt. Aus diesem Grund wird das Ziel gesetzt, dass auch die neue Fassbrause, die im nächsten Sommer neu auf den Markt kommen soll, nur in Glasflaschen vertrieben wird, obwohl bisher mit PET-Flaschen geplant wurde. Dies hat den positiven Effekt, dass Glasflaschen mit der bestehenden Infrastruktur der Brauerei leichter zu verarbeiten sind, wodurch geringere Produktionskosten für die Fassbrause anfallen. Auch die Marketingabteilung, die am Workshop beteiligt war, konnte von dieser Zielsetzung überzeugt werden. In der Folge wurde ein Design für die Glasflaschen entwickelt, das den ökologischen Mehrwert ästhetisch ansprechend und „greifbar" vermittelte. Auch das Ziel 3: Gesundheit und Wohlergehen wurde in punkto Produktgestaltung und Inhaltsstoffe aufgegriffen, um „versteckten" Zucker und in der Kritik stehende Zusatzstoffe zu vermeiden und schrittweise zu substituieren. Dies führte wiederum zu einer stärkeren Wahrnehmung des Themas in der Mitarbeiterschaft und zu zahlreichen Vorschlägen, das gemeinsame Mittagessen ebenfalls stärker an gesundheitlichen Aspekten auszurichten. Dazu soll ein Freisitz im Grünen geschaffen werden.

Im Grundsatz können die Nachhaltigkeitskennzahlen mit den aus anderen Kapiteln bekannten Methoden analysiert werden. Bei der Bewertung sind hauptsächlich das Verhältnis zur Zielsetzung sowie die Entwicklung der Kennzahl entscheidend. Zusätzlich sollte berücksichtigt und bei der Analyse transparent gemacht werden, dass nicht alle Nachhaltigkeitskennzahlen vollständig objektiv sind. Beispielsweise Kennzahlen zum ökologischen Fußabdruck unterliegen zum Teil Schätzungen.

Durch die Optimierung des bestehenden Stromnetzes und die verstärkte Nutzung energiesparsamer Technologien möchte die Brauerei Mälzers den Stromverbrauch des Unternehmens mittelfristig deutlich senken. Dazu führen sie die Kennzahl „Stromverbrauch pro verkauftem Hektoliter" ein. In Absprache mit allen betroffenen Abteilungen unterteilen sie ihr Fernziel in ambitionierte, aber erreichbare Jahresziele. Auf diesem Weg kann die Zielerreichung mithilfe des etablierten Budgetvergleichs gut evaluiert werden.

Da die Auswahl der konkreten Kennzahlen stark von den unternehmensindivduellen Voraussetzungen und Zielen abhängt, können an dieser Stelle keine detaillierten Methoden vorgestellt werden. Stattdessen wollen wir uns noch einige Beispiele für mögliche Maßnahmen ansehen:

► In einem Betrieb aus der Baustoffbranche führte eine Diskussion zum ökologischen Fußabdruck von Elektrofahrzeugen, die durch das Ziel 7 „Bezahlbare und saubere Energie" innerhalb der Geschäftsführung ausgelöst wurde, zur Erkenntnis, dass nur der Einsatz von „echtem" Ökostrom hier den ökologischen Durchbruch bringen kann. In der Folge wurden die verfügbaren Dachflächen für eine Photovoltaiknutzung geprüft und das lange stiefmütterlich behandelte Thema „Eigenerzeugung von Ökostrom" angegangen.

► Einen Betrieb aus dem Online-Versandhandel brachte die Auseinandersetzung mit dem als intern sehr wesentlich erkannten Ziel „keine Armut" auf die Idee, einen Betriebskindergarten einzurichten und speziell für alleinerziehende Eltern im Bürotrakt einen abgetrennten Bereich einzurichten, der als betreuter Spiel- und Aufenthaltsbereich für Kinder dient.

► Ein weiteres Unternehmen aus dem Einzelhandel hat durch die Auseinandersetzung mit dem Ziel 4 „Hochwertige Bildung" eine interne digitale Wissensbörse eingerichtet, deren Fragen und Ausgestaltung auch von Azubis betreut wird. Dadurch hat sich der interne Wissenstransfer verbessert, es kommen mehr Verbesserungsvorschläge aus der Mitarbeiterschaft und die Attraktivität als Arbeitgeber ist gestiegen, wodurch sich das Problem fehlender Nachwuchskräfte ein Stück weit entspannt hat.

Diese Beispiele illustrieren, dass die Beschäftigung und Auseinandersetzung mit den 17 Nachhaltigkeitszielen der UN die Chance bieten, bislang nicht im Fokus stehende Maßnahmen anzustoßen, deren Umsetzung zu zahlreichen Synergien führen kann und die zeigen, dass Ökologie und Ökonomie sich keineswegs ausschließen.

7.5 Typische Fallstricke

▶ **Nachhaltigkeit wird als Randthema wahrgenommen:** Das Thema Nachhaltigkeit ist als Teil der Unternehmensstrategie zu sehen. Abgeleitete Kennzahlen können entsprechend als Frühwarnindikator interpretiert werden. Das Handeln des Unternehmens muss auf die gesetzten Ziele abgestimmt sein.

▶ **Nachhaltigkeit ist nur auf einzelne Bereiche beschränkt:** Nachhaltigkeit betrifft alle Unternehmensbereiche und sollte von allen Mitarbeitern unter dem Aspekt der kontinuierlichen Verbesserung als ganzheitlicher Ansatz gelebt werden.

▶ **Die Maßnahmen bleiben zu unkonkret oder werden nicht richtig nachverfolgt:** Alle Maßnahmen sollten messbar und zu festen Terminen überprüft werden, z. B. im Rahmen des Reportings.

▶ **Moralische Überhöhung:** Nachhaltigkeit sollte mit hochgekrempelten Ärmeln, nicht mit dem ausgestreckten Zeigefinger angegangen werden.

▶ **Fehlende Kreativität:** Die Suche nach kreativen Lösungsansätzen sollte aktiv gefördert und das Potenzial von Mitarbeiterideen erkannt werden.

ABBILDUNGSVERZEICHNIS

STICHWORTVERZEICHNIS